高等职业教育"十三五"规划新形态教材

高等数学习题册

主　编　楚　薇
副主编　李勇刚
参　编　贡云梅

北京理工大学出版社
BEIJING INSTITUTE OF TECHNOLOGY PRESS

内 容 简 介

本书是作者根据当前高等职业教育发展的趋势和广大高职高专教师的实际需要及学生自身的状况编写的,它以主教材为主要教科书,同时兼顾其他同类教材的内容,对主教材的重点、难点逐一进行分析讲解,对典型例题进行归纳,着重理清解题的思路、方法和规律,以帮助学生正确地理解数学概念,提高学生的解题能力和数学素质.

本书包括函数、极限与连续、导数与微分、中值定理及导数的应用、不定积分、定积分、常微分方程、无穷级数、多元函数微积分,共9章,本书的主要特点是:注意内容与实用相结合,更注重实用性,培养学生掌握基本运算和实际应用知识的能力.

本书可作为高职院校的工程类专业、管理类专业、经济类专业、医药类专业、计算机类专业的教学用书,也可作为大专或成人教育学院、继续教育学院的学生及数学爱好者的自学用书.

版权专有　侵权必究

图书在版编目(CIP)数据

高等数学习题册 / 楚薇主编 . —北京:北京理工大学出版社,2018.8(2020.9重印)
ISBN 978 − 7 − 5682 − 6070 − 1

Ⅰ.①高… Ⅱ.①楚… Ⅲ.①高等数学-高等职业教育-习题集
Ⅳ.①O13 − 44

中国版本图书馆 CIP 数据核字(2018)第 182540 号

出版发行 /	北京理工大学出版社有限责任公司
社　　址 /	北京市海淀区中关村南大街5号
邮　　编 /	100081
电　　话 /	(010)68914775(总编室)
	(010)82562903(教材售后服务热线)
	(010)68948351(其他图书服务热线)
网　　址 /	http://www.bitpress.com.cn
经　　销 /	全国各地新华书店
印　　刷 /	河北盛世彩捷印刷有限公司
开　　本 /	787毫米×1092毫米　1/16
印　　张 /	14.5
字　　数 /	330千字
版　　次 /	2018年8月第1版　2020年9月第2次印刷
定　　价 /	36.00元

责任编辑 / 李志敏
文案编辑 / 江　立
责任校对 / 周瑞红
责任印制 / 施胜娟

图书出现印装质量问题,请拨打售后服务热线,本社负责调换

前　　言

　　数学是高等院校的重要基础课程,对培养学生的思维能力、创新精神、科学态度及分析问题的能力都起着重要的作用.为提高应用数学课的教学质量,全面提高学生解决实际问题的能力,编者在认真总结多年教学经验的基础上,参考中外多种同类教材,编写了这本《高等数学练习册》.

　　本书分九章,按照教学要求设计了四个板块:教学目标;知识点概括;典型例题、同步训练.在编写过程中,力求做到以下几点.

　　(1)明确教学目标及要求,通过每章知识点、重点的归纳,帮助学生把握重点,理解知识间的内在联系.在内容上,注意理论与应用相结合,注重实用价值,以培养学生解决问题的能力.注意学习的"可持续发展",为学生学习专业课打下基础,同时也为学生进一步深造提供必要的知识准备.

　　(2)典型例题与同步训练在试题选取上,力求做到深浅适度,强调知识覆盖面,无论从题型、题量,还是从难易程度等方面都能恰到好处地反映高职高专院校数学课程教学的基本要求,对文科、理科学生进行兼顾.书中每章、每节均附有参考答案,供学生自主学习.

　　(3)在帮助高职高专学生系统掌握相关数学知识的同时,更注意对学生获取知识能力和思维能力的培养.

　　本书由楚薇主编,李勇刚为副主编,贡云梅参加编写.

　　由于编写时间仓促,加之水平有限,书中如有不足之处敬请广大读者批评指正.

编　者

目　录

第1章　函数 ………………………………………………………………………（1）
　1.1　教学目标 ……………………………………………………………………（1）
　1.2　知识点概括 …………………………………………………………………（1）
　　1.2.1　函数的定义 ……………………………………………………………（1）
　　1.2.2　函数的特性 ……………………………………………………………（2）
　　1.2.3　初等函数 ………………………………………………………………（2）
　1.3　典型例题 ……………………………………………………………………（3）
　1.4　同步训练 ……………………………………………………………………（5）
　　习题1.1 ………………………………………………………………………（5）
　　习题1.2 ………………………………………………………………………（6）
　　习题1.3 ………………………………………………………………………（7）
　总习题1 …………………………………………………………………………（8）

第2章　极限与连续 ……………………………………………………………（13）
　2.1　教学目标 ……………………………………………………………………（13）
　2.2　知识点概括 …………………………………………………………………（13）
　　2.2.1　数列的极限 ……………………………………………………………（13）
　　2.2.2　函数的极限 ……………………………………………………………（13）
　　2.2.3　极限的四则运算 ………………………………………………………（14）
　　2.2.4　两个重要极限 …………………………………………………………（14）
　　2.2.5　无穷小与无穷大 ………………………………………………………（15）
　　2.2.6　函数的连续性 …………………………………………………………（16）
　2.3　典型例题 ……………………………………………………………………（17）
　2.4　同步训练 ……………………………………………………………………（21）
　　习题2.1 ………………………………………………………………………（21）
　　习题2.2 ………………………………………………………………………（22）
　　习题2.3 ………………………………………………………………………（23）
　　习题2.4 ………………………………………………………………………（24）
　　习题2.5 ………………………………………………………………………（26）
　　习题2.6 ………………………………………………………………………（27）
　总习题2 …………………………………………………………………………（29）

第3章　导数与微分 ……………………………………………………………（36）
　3.1　教学目标 ……………………………………………………………………（36）
　3.2　知识点概括 …………………………………………………………………（36）

3.2.1　导数的概念 ……………………………………………………………（36）
　　3.2.2　导数的运算法则 ………………………………………………………（37）
　　3.2.3　微分 ……………………………………………………………………（38）
3.3　典型例题 ………………………………………………………………………（39）
3.4　同步训练 ………………………………………………………………………（43）
　习题 3.1 …………………………………………………………………………（43）
　习题 3.2 …………………………………………………………………………（44）
　习题 3.3 …………………………………………………………………………（46）
总习题 3 ……………………………………………………………………………（47）

第 4 章　中值定理及导数的应用 ……………………………………………………（54）
4.1　教学目标 ………………………………………………………………………（54）
4.2　知识点概括 ……………………………………………………………………（54）
　　4.2.1　费马定理 ………………………………………………………………（54）
　　4.2.2　洛必达法则 ……………………………………………………………（55）
　　4.2.3　函数的单调性与极值 …………………………………………………（55）
　　4.2.4　导数在经济中的应用 …………………………………………………（56）
4.3　典型例题 ………………………………………………………………………（56）
4.4　同步训练 ………………………………………………………………………（60）
　习题 4.1 …………………………………………………………………………（60）
　习题 4.2 …………………………………………………………………………（62）
　习题 4.3 …………………………………………………………………………（63）
　习题 4.4 …………………………………………………………………………（64）
总习题 4 ……………………………………………………………………………（66）

第 5 章　不定积分 ……………………………………………………………………（71）
5.1　教学目标 ………………………………………………………………………（71）
5.2　知识点概括 ……………………………………………………………………（71）
　　5.2.1　不定积分的概念与性质 ………………………………………………（71）
　　5.2.2　换元积分法 ……………………………………………………………（72）
　　5.2.3　分部积分法 ……………………………………………………………（73）
5.3　典型例题 ………………………………………………………………………（73）
5.4　同步训练 ………………………………………………………………………（77）
　习题 5.1 …………………………………………………………………………（77）
　习题 5.2 …………………………………………………………………………（79）
　习题 5.3 …………………………………………………………………………（80）
总习题 5 ……………………………………………………………………………（81）

第 6 章　定积分 ………………………………………………………………………（84）
6.1　教学目标 ………………………………………………………………………（84）
6.2　知识点概括 ……………………………………………………………………（84）
　　6.2.1　定积分的概念和性质 …………………………………………………（84）

- 6.2.2 牛顿—莱布尼茨公式 …………………………………………………………（85）
- 6.2.3 定积分的换元积分法与分部积分法 …………………………………………（86）
- 6.2.4 定积分的应用 …………………………………………………………………（86）
- 6.2.5 广义积分 ………………………………………………………………………（87）
- 6.3 典型例题 ……………………………………………………………………………（87）
- 6.4 同步训练 ……………………………………………………………………………（91）
  - 习题6.1 …………………………………………………………………………………（91）
  - 习题6.2 …………………………………………………………………………………（92）
  - 习题6.3 …………………………………………………………………………………（94）
  - 习题6.4 …………………………………………………………………………………（96）
  - 习题6.5 …………………………………………………………………………………（97）
- 总习题6 …………………………………………………………………………………（98）

第1～6章 模拟试卷（一） ……………………………………………………………（105）
第1～6章 模拟试卷（二） ……………………………………………………………（107）
第1～6章 模拟试卷（三） ……………………………………………………………（109）

第7章 常微分方程 ……………………………………………………………………（112）
- 7.1 教学目标 ……………………………………………………………………………（112）
- 7.2 知识点概括 …………………………………………………………………………（112）
  - 7.2.1 基本概念 ……………………………………………………………………（112）
  - 7.2.2 微分方程的解法 ……………………………………………………………（112）
- 7.3 典型例题 ……………………………………………………………………………（115）
- 7.4 同步训练 ……………………………………………………………………………（126）
  - 习题7.1 …………………………………………………………………………………（126）
  - 习题7.2 …………………………………………………………………………………（127）
  - 习题7.3 …………………………………………………………………………………（129）
  - 习题7.4 …………………………………………………………………………………（130）
  - 习题7.5 …………………………………………………………………………………（131）
- 总习题7 …………………………………………………………………………………（132）

第8章 无穷级数 ………………………………………………………………………（138）
- 8.1 教学目标 ……………………………………………………………………………（138）
- 8.2 知识点概括 …………………………………………………………………………（138）
  - 8.2.1 常数项级数 …………………………………………………………………（138）
  - 8.2.2 幂级数 ………………………………………………………………………（140）
- 8.3 典型例题 ……………………………………………………………………………（142）
- 8.4 同步训练 ……………………………………………………………………………（148）
  - 习题8.1 …………………………………………………………………………………（148）
  - 习题8.2 …………………………………………………………………………………（149）
  - 习题8.3 …………………………………………………………………………………（151）
  - 习题8.4 …………………………………………………………………………………（153）

  总习题 8 ··· (154)

第 9 章 多元函数微积分 ··· (159)

 9.1 教学目标 ··· (159)

 9.2 知识点概括 ·· (159)

  9.2.1 多元函数 ··· (159)

  9.2.2 二元函数的极限与连续 ·· (159)

  9.2.3 偏导数和全微分 ·· (160)

  9.2.4 复合函数与隐函数微分法 ··· (160)

  9.2.5 二元函数的极值 ·· (160)

  9.2.6 二重积分 ··· (161)

 9.3 典型例题 ··· (161)

 9.4 同步训练 ··· (165)

  习题 9.1 ·· (165)

  习题 9.2 ·· (166)

  习题 9.3 ·· (166)

  习题 9.4 ·· (171)

  习题 9.5 ·· (174)

  习题 9.6 ·· (175)

  总习题 9 ··· (180)

第 7～9 章 模拟试卷（一） ··· (188)

第 7～9 章 模拟试卷（二） ··· (190)

第 7～9 章 模拟试卷（三） ··· (193)

习题答案 ·· (196)

第1章 函 数

在客观世界中,有许多量不是孤立存在的,而是彼此关联、相互依赖的.本章就是要研究和揭示客观世界中存在着的量与量之间的一种关系——函数关系.而函数是微积分学研究的对象.在中学里我们已经学习过函数概念,在这里我们要从全新的视角来对它进行描述并重新分类.

1.1 教学目标

(1)理解函数的定义,理解函数符号的含义,掌握决定函数关系的两个因素(函数的定义域和对应法则),会求函数的定义域和判断函数的值域,掌握函数的特性.

(2)基本初等函数是指常数函数、幂函数、指数函数、对数函数、三角函数及反三角函数这六个函数.

(3)理解复合函数与初等函数的概念,掌握复合函数的复合过程.

(4)关于经济分析中常见的函数.

经济分析中常见的函数主要有这样几类:成本函数、需求函数、供给函数、收益函数、利润函数.这些函数反映的都是经济领域中一些重要因素之间的相互制约关系,在本教材中,对这些函数给出了理想化的表达式,但应该了解到在实际问题中确定这些函数关系是非常复杂的.

1.2 知识点概括

1.2.1 函数的定义

1. 函数的定义

设 x 和 y 是两个变量,若变量 x 在非空数集 D 内任取一数值,变量 y 依照某一规则 f 总有一个确定的数值与之对应,则称变量 y 为变量 x 的**函数**.记为 $y=f(x)$,这里 x 称为**自变量**,y 称为**因变量**或**函数**,f 是**函数符号**,它表示 y 与 x 的对应规则,有时函数符号也可以用其他字母表示,如:$y=g(x)$,$y=\varphi(x)$ 等.D 为**定义域**.

2. 函数的定义域

函数的定义域通常根据两种情形来确定:一种是对有实际背景的函数,根据现实背景中变量的实际意义确定.另一种是对抽象地用算式表达的函数,通常约定这种函数的定义域是使得算式有意义的一切实数组成的集合,这种定义域称为函数的自然定义域,通常有下面几种情况.

(1)分式的分母不能为零;

(2)偶次根式,被开方数必须为非负;

(3)对数式中的真数要大于零;

(4)三角函数、反三角函数要考虑各自的定义域.

在求解函数定义域的过程中,还要使用本章所介绍的一些数学基本知识,且要求解不等式或不等式组.

3. 函数值

当自变量 x 在定义域内取定某确定值 x_0 时,因变量 y 按照所给函数关系 $y=f(x)$ 求出的对应值 y_0 叫做当 $x=x_0$ 时的**函数值**,记作 $y|_{x=x_0}$ 或 $f(x_0)$.

函数值的全体 $Z=\{y|y=f(x),x\in D\}$ 为**函数值域**.

4. 两个函数相同

确定一个函数,起决定作用的因素是:

(1)对应法则 f;(2)定义域 D_f.

若两个函数的对应法则 f 和定义域 D_f 都相同,那么这两个函数就**相同**;否则不相同.

5. 函数的表示方法

函数的表示方法一般有解析法、表格法和图形法.

1.2.2 函数的特性

函数的特性包括:有界性、奇偶性、单调性、周期性.

1.2.3 初等函数

1. 基本初等函数

基本初等函数包括:常值函数、幂函数、指数函数、对数函数、三角函数、反三角函数.

2. 复合函数

设函数 $y=f(u)$ 的定义域为 D_f,而函数 $u=\varphi(x)$ 的定义域为 D_φ,如果 $u=\varphi(x)$ 的值域 $Z_\varphi \subseteq D_f$,则称由 x 经过 u 到 y 的函数 $y=f[\varphi(x)]$ 为由 $y=f(u),u=\varphi(x)$ 复合而成的复合函数,u 称为中间变量.

(1)不是任何两个函数都可以构成一个复合函数.

(2)复合函数不仅可以有一个中间变量,还可以有多个中间变量,这些中间变量是经过多次复合产生的.

(3)复合函数通常不一定是由纯粹的基本初等函数复合而成的,更多的是由基本函数经过运算形成的简单函数构成的,这样,复合函数的合成和分解往往是针对简单函数的.

准确分解复合函数成一系列简单的函数是微积分计算的基础.其基本方法是:从外往里顺序拆开,使拆开后的函数都是基本初等函数,或是由基本初等函数通过四则运算构成的简单函数.

3. 初等函数

由基本初等函数经过有限次四则运算及复合运算,并可用一个解析式表示的函数称为**初等函数**.例如,下列函数等都是初等函数.

$$y=\sqrt{1-x^2}+\ln x^2, y=\frac{\tan x+3\mathrm{e}^{\sqrt{x}}}{x^3}-5, y=\ln\cos x+\frac{x+1}{\arcsin 2x}.$$

而 $y=1+x+x^2+x^3+\cdots$ 不是初等函数(不满足有限的四则运算),本书所讨论的函数基本上都是初等函数.但要注意,分段函数一般不是初等函数,因为分段函数往往不满足初等函数是由一个解析式所表示这一条件. $f(x)=\begin{cases}1,x>0\\x,x\leqslant 0\end{cases}$ 不是一个解析表达式,因此不是初等函数.

1.3 典型例题

【例 1-1】 求下列函数的定义域.

(1) $f(x)=\dfrac{3}{5x^2+2x}$； (2) $f(x)=\sqrt{9-x^2}$.

解 (1)在分式 $\dfrac{3}{5x^2+2x}$ 中,分母不能为零,所以 $5x^2+2x\neq 0$,解得 $x\neq \dfrac{-2}{5}$ 且 $x\neq 0$,即定义域为

$$\left(-\infty,-\dfrac{2}{5}\right)\cup\left(-\dfrac{2}{5},0\right)\cup(0,+\infty).$$

(2)在偶次根式中,被开方式必须大于等于零,所以有 $9-x^2\geqslant 0$,解得 $-3\leqslant x\leqslant 3$,即定义域为 $[-3,3]$.

【例 1-2】 已知函数 $f(x)$ 的定义域是 $[1,2]$,求下列函数的定义域.

(1) $f(x^2+1)$； (2) $f(ax)(a\neq 0)$.

解 (1)因为 $f(x)$ 的定义域是 $[1,2]$,则有 $1\leqslant x^2+1\leqslant 2$,即 $0\leqslant x^2\leqslant 1$,故 $f(x^2+1)$ 的定义域为 $[-1,1]$.

(2)对于 $f(ax)(a\neq 0)$,有 $1\leqslant ax\leqslant 2$.

当 $a>0$ 时,即 $\dfrac{1}{a}\leqslant x\leqslant \dfrac{2}{a}$,故有 $\left[\dfrac{1}{a},\dfrac{2}{a}\right](a>0)$ 为 $f(ax)$ 的定义域.

当 $a<0$ 时,即 $\dfrac{2}{a}\leqslant x\leqslant \dfrac{1}{a}$,故有 $\left[\dfrac{2}{a},\dfrac{1}{a}\right](a<0)$ 为 $f(ax)$ 的定义域.

【例 1-3】 下列各对函数是否相同? 为什么?

(1) $f(x)=\sqrt[3]{x^4-x^3}, g(x)=x\sqrt[3]{x-1}$；

(2) $f(x)=1, f(x)=\sec^2 x-\tan^2 x$.

解 (1)相同.因为定义域、对应法则均相同.

(2)不同.因为定义域不同.

【例 1-4】 判断下列函数的奇偶性.

(1) $f(x)=\dfrac{1-x^2}{1+x^2}$； (2) $f(x)=\dfrac{a^x+a^{-x}}{2}$.

解 (1)因为 $f(-x)=\dfrac{1-(-x)^2}{1+(-x)^2}=\dfrac{1-x^2}{1+x^2}=f(x)$,所以 $f(x)$ 是偶函数.

(2)因为 $f(-x)=\dfrac{a^{(-x)}+a^{-(-x)}}{2}=\dfrac{a^{-x}+a^x}{2}=f(x)$,所以 $f(x)$ 是偶函数.

【例 1-5】 设 $f(x)$ 为定义在 $(-l,l)$ 内的奇函数,若 $f(x)$ 在 $(0,l)$ 内单调增加,证明 $f(x)$ 在 $(-l,0)$ 内也单调增加.

证明 对于 $\forall x_1, x_2 \in (l,0)$,且 $x_1 < x_2$,有 $-x_1, -x_2 \in (0,l)$ 且 $-x_1 > -x_2$.

因为 $f(x)$ 在 $(0,l)$ 内单调增加且为奇函数,所以

$$f(-x_2)<f(-x_1), -f(x_2)<-f(x_1), f(x_2)>f(x_1).$$

这就证明了对于 $\forall x_1 x_2 \in (l,0)$ 有 $f(x_1) < f(x_2)$，所以 $f(x)$ 在 $(-l,0)$ 内也单调增加.

【例 1-6】 下列各函数中哪些是周期函数？对于周期函数，指出其周期.

(1) $y = \cos(x-2)$;　　　　　(2) $y = \cos 4x$;　　　　　(3) $y = 1 + \sin \pi x$;

(4) $y = x\cos x$;　　　　　　(5) $y = \sin^2 x$.

解：(1) 是周期函数，周期为 $l = 2\pi$.

(2) 是周期函数，周期为 $l = \dfrac{\pi}{2}$.

(3) 是周期函数，周期为 $l = 2$.

(4) 不是周期函数.

(5) 是周期函数，周期为 $l = \pi$.

【例 1-7】 设 $f(x) = \begin{cases} 1, & |x| \leqslant 1 \\ 0, & |x| > 1 \end{cases}$, $g(x) = \begin{cases} 2-x^2, & |x| \leqslant 1 \\ 2, & |x| > 1 \end{cases}$.

求：(1) $f[g(x)]$;　　(2) $g[f(x)]$.

解 (1) 当 $|x| < 1$ 时，$f[g(x)] = f(2-x^2) = 0$;

当 $|x| > 1$ 时，$f[g(x)] = f(2) = 0$;

当 $|x| = 1$ 时，$f[g(x)] = f(2-1^2) = f(1) = 1$;

故 $$f[g(x)] = \begin{cases} 0, & |x| \neq 1 \\ 1, & |x| = 1 \end{cases}.$$

(2) 当 $|x| \leqslant 1$ 时，$g[f(x)] = g(1) = 2 - 1^2 = 1$;

当 $|x| > 1$ 时，$g[f(x)] = g(0) = 2 - 0^2 = 2$;

故 $$g[f(x)] = \begin{cases} 1, & |x| \leqslant 1 \\ 2, & |x| > 1 \end{cases}.$$

$f[g(x)] \neq g[f(x)]$，可见复合运算不可交换.

【例 1-8】 指出下列各复合函数的复合过程.

(1) $y = 2^{\sin^2 x}$;　　(2) $y = \ln \sqrt{x^2 - 3x + 2}$;　　(3) $y = \tan^5 \sqrt[3]{\lg(\arcsin x)}$.

解 (1) $y = 2^{\sin^2 x}$ 由 $y = 2^u, u = v^2, v = \sin x$ 复合而成.

(2) $y = \ln \sqrt{x^2 - 3x + 2}$ 由 $y = \ln u, u = \sqrt{v}, v = x^2 - 3x + 2$ 复合而成.

(3) $y = \tan^5 \sqrt[3]{\lg(\arcsin x)}$ 由 $y = u^5, u = \tan v, v = \sqrt[3]{w}, w = \lg t, t = \arcsin x$ 复合而成.

根据复合函数的结构，将复合函数分解成若干个简单函数时，应从外到里，一层一层地分解，千万不能漏层.

【例 1-9】 设函数 $f(x)$ 在 $(-\infty, +\infty)$ 内单调增加，且对一切 x 有 $f(x) \leqslant g(x)$.

证明：$f[f(x)] \leqslant g[g(x)]$.

证明 因为 $f(x)$ 在 $(-\infty, +\infty)$ 内单调增加，且 $\forall x \in (-\infty, +\infty), f(x) \leqslant g(x)$,

所以 $$f[f(x)] \leqslant f[g(x)].$$

又因为 $f[g(x)] \leqslant g[g(x)]$，所以 $f[f(x)] \leqslant g[g(x)]$.

1.4　同步训练

习题 1.1

1. 选择题.

(1) 函数 $y=\dfrac{\ln(x+1)}{\sqrt{x-1}}$ 的定义域是(　　).

　　A. $(-1,+\infty)$　　　　B. $(1,+\infty)$　　　　C. $[-1,+\infty)$　　　　D. $[1,+\infty)$

(2) 函数 $f(x)=\dfrac{1}{\ln(x-1)}$ 的定义域是(　　).

　　A. $(1,+\infty)$　　　　　　　　　　　　B. $(0,1)\cup(1,+\infty)$

　　C. $(0,2)\cup(2,+\infty)$　　　　　　　　D. $(1,2)\cup(2,+\infty)$

(3) 函数 $f(x)=\dfrac{1}{x^2-x-2}$ 的定义域是(　　).

　　A. $(-\infty,-1)\cup(-1,2)\cup(2,+\infty)$　　B. $(-\infty,-1)\cup(-1,+\infty)$

　　C. $(-\infty,2)\cup(2,+\infty)$　　　　　　　D. $(-\infty,+\infty)$

(4) 下列各函数对中,(　　)中的两个函数相等.

　　A. $f(x)=\ln x^2, g(x)=2\ln x$　　　　B. $f(x)=\ln x^3, g(x)=3\ln x$

　　C. $f(x)=(\sqrt{x})^2, g(x)=x$　　　　　D. $f(x)=\sqrt{x^2}, g(x)=x$

(5) 若函数 $f(x)=\begin{cases}\dfrac{1}{x},0<x\leqslant 1\\ \ln x,1<x\leqslant e\end{cases}$,则 $f(x)$ 的定义域是(　　).

　　A. $(0,1]$　　　　　B. $(1,e)$　　　　　C. $(0,e]$　　　　　D. $[0,e]$

2. 求下列函数的定义域.

(1) $y=\dfrac{1}{\sqrt{x^2-9}}$;　　　　　　　　(2) $y=\log_a \arcsin x$.

3. 设函数 $f(x)=\arcsin x$,求下列函数值.

$f(0)$,　　$f(-1)$,　　$f\left(\dfrac{\sqrt{3}}{2}\right)$,　　$f(2)$.

4. 下列函数是否相同？为什么？

(1) $f(x)=\dfrac{x^2-1}{x+1}, g(x)=x-1$；　　(2) $f(x)=\dfrac{x}{x}, g(x)=x^0$.

习题 1.2

1. 选择题.

(1) 下列函数中为偶函数的是(　　).

A. $y=x\sin x$　　　B. $y=e^x-e^{-x}$　　　C. $y=\ln\dfrac{x-1}{x+1}$　　　D. $y=x^2-x$

(2) 下列函数中，图形关于原点对称的是(　　).

A. $y=\sin x^2$　　　B. $y=\sqrt[3]{x}-x$　　　C. $y=x^3+1$　　　D. $y=e^{-x}+1$

(3) 设函数 $f(x)$ 的定义域为 $(-\infty,+\infty)$，则函数 $f(x)-f(-x)$ 的图形是关于(　　)对称.

A. $y=x$　　　B. x 轴　　　C. y 轴　　　D. 坐标原点

(4) 下列函数在其定义域内为无界函数的是(　　).

A. $y=\sin x$　　　B. $y=\cos x$　　　C. $y=\lg x$　　　D. $y=\operatorname{arccot} x$

(5) 下列函数在其定义域内为单调函数的是(　　).

A. $y=\sin x$　　　B. $y=\cos x$　　　C. $y=\lg x$　　　D. $y=x^2+1$

(6) 下列函数为周期函数的是(　　).

A. $y=\sin x^3$　　　B. $y=x\cos x$　　　C. $y=\sin 2x$　　　D. $y=x^2\sin x$

2. 设 $f(x)=\ln(x+\sqrt{x^2+1})$，试证：$f(x)$ 是奇函数.

3. 设 $f(x)$ 的定义域是 $(-\infty,+\infty)$，试证：$f(x)-f(-x)$ 是奇函数.

4. 讨论函数 $f(x)=\begin{cases} x^2, & -3 \leqslant x \leqslant 0 \\ -x^2, & 0 < x \leqslant 2 \end{cases}$ 的奇偶性、周期性、单调性和有界性.

5. 证明：当函数 $y=f(x)$ 以 T 为周期时，函数 $y=f(ax)(a>0)$ 的周期为 $\dfrac{T}{a}$.

习题 1.3

1. 选择题.

(1) 下列结论中,( )是正确的.
A. 基本初等函数都是单调函数　　　　B. 偶函数的图形关于坐标原点对称
C. 奇函数的图形关于坐标原点对称　　D. 周期函数都是有界函数

(2) 若 $f(x)=\ln 2$, 则 $f(x+1)-f(x)=($).

A. $\ln \dfrac{3}{2}$　　　　B. $\ln 2$　　　　C. $\ln 3$　　　　D. 0

(3) 设 $f(x)=\dfrac{1}{x}+1$, 则 $f(f(x))=($).

A. $\dfrac{x}{1+x}+1$　　B. $\dfrac{x}{1+x}$　　C. $\dfrac{1}{1+x}+1$　　D. $\dfrac{1}{1+x}$

(4) 设函数 $g(x)=1+x, f(x)=\dfrac{2-x}{x-1}$, 则 $f\left[g\left(\dfrac{1}{2}\right)\right]=($).

A. 0　　　　B. 1　　　　C. 3　　　　D. -3

2. 下列函数是由哪些函数复合而成？

(1) $y=\sin 2x$;　　　　　　　　　(2) $y=\sin^2 x$;

(3) $y=\mathrm{e}^{-x^2}$;　　　　　　　　　(4) $y=\dfrac{1}{\ln \ln x}$;

(5) $y=\sqrt{\cot \dfrac{x}{2}}$;　　　　　　　(6) $y=2^{\arcsin \sqrt{1+x}}$.

3. 设 $f(x)$ 的定义域是 $[0,2]$，求复合函数 $y=f(\ln x)$ 的定义域.

总习题 1

1. 选择题.

(1) 函数 $y=\dfrac{x}{\lg(x+1)}$ 的定义域是（　　）.

A. $x>-1$　　　　B. $x\neq 0$

C. $x>0$　　　　D. $x>-1$ 且 $x\neq 0$

(2) 下列函数中为奇函数的是（　　）.

A. $y=x^2-x$　　B. $y=e^x+e^{-x}$　　C. $y=\ln\dfrac{x-1}{x+1}$　　D. $y=x\sin x$

(3) 设函数 $y=f(x)$ 的定义域是 $[0,1]$，则 $y=f(x+1)$ 的定义域是（　　）.

A. $[-2,-1]$　　B. $[-1,0]$　　C. $[0,1]$　　D. $[1,2]$

(4) 若函数 $f(x)=\dfrac{1-x}{x}$，$g(x)=1+x$，则 $f[g(-2)]=(\ \ )$.

A. -2　　B. -1　　C. -1.5　　D. 1.5

(5) 设 $f(x)=\sin(x^2+1)$，则 $f[f(x)]=(\ \ )$.

A. $\sin[(x^2+1)^2+1]$　　　　B. $\sin[\sin(x^2+1)+1]$

C. $\sin\sin(x^2+1)$　　　　D. $\sin[\sin^2(x^2+1)+1]$

(6) 若函数 $f(x+1)=x^2$，则 $f(x)=(\ \ )$.

A. x^2　　B. $(x-1)^2$　　C. $(x+1)^2$　　D. x^2+1

(7) 下列各对函数中，（　　）中的两个函数相等.

A. $y=\dfrac{x\ln(1-x)}{x^2}$ 与 $g=\dfrac{\ln(1-x)}{x}$　　B. $y=\ln x^2$ 与 $g=2\ln x$

C. $y=\sqrt{1-\sin^2 x}$ 与 $g=\cos x$　　D. $y=\sqrt{x(x-1)}$ 与 $y=\sqrt{x}\sqrt{(x-1)}$

(8) 若函数 $y=f(x)$ 的定义域是 $[0,1]$，则 $f(\ln x)$ 的定义域是（　　）.

A. $(0,+\infty)$　　B. $[1,+\infty)$　　C. $[1,e]$　　D. $[0,1]$

(9) 下列函数中，（　　）不是基本初等函数.

A. $y=2^{\sqrt{10}}$　　B. $y=\left(\dfrac{1}{2}\right)^x$　　C. $y=\ln(x-1)$　　D. $y=\sqrt[3]{\dfrac{1}{x}}$

2. 确定下列函数的定义域.

(1) $y=\dfrac{2}{\sin\pi x}$；

(2) $y=\sqrt[3]{\dfrac{1}{x-2}}+\log_a(2x-3)$；

(3) $y = \arccos \dfrac{x-1}{2} + \log_a(4-x^2)$.

3. 求函数 $y = \begin{cases} \sin \dfrac{1}{x}, & x \neq 0 \\ 0, & x = 0 \end{cases}$ 的定义域和值域.

4. 下列各题中,函数 $f(x)$ 和 $g(x)$ 是否相同?

(1) $f(x) = x, g(x) = \sqrt{x^2}$;　　(2) $f(x) = \cos x, g(x) = 1 - 2\sin^2 \dfrac{x}{2}$.

5. 设 $f(x) = \sin x$,证明:$f(x+\Delta x) - f(x) = 2\sin \dfrac{\Delta x}{2} \cos\left(x + \dfrac{\Delta x}{2}\right)$.

6. 设 $f(x) = ax^2 + bx + 5$,且 $f(x+1) - f(x) = 8x + 3$,试确定 a, b 的值.

7. 下列函数是由哪些简单函数复合而成的？

(1) $y = \sqrt[3]{(1+x)^2 + 1}$；

(2) $y = 3^{(x+1)^2}$；

(3) $y = \sin^2(3x+1)$；

(4) $y = \sqrt[3]{\log_a \cos^2 x}$.

8. 下列各组函数中哪些不能构成复合函数？把能构成复合函数的写成复合函数，并指出其定义域.

(1) $y = x^3, x = \sin t$；

(2) $y = a^u, u = x^2$；

(3) $y = \log_a u, u = 3x^2 + 2$；

(4) $y = \sqrt{u}, u = \sin x - 2$；

(5) $y = \sqrt{u}, u = x^3$；

(6) $y = \log_a u, u = x^2 - 2$.

9. 下列函数中哪些是偶函数？哪些是奇函数？哪些是非奇非偶函数？

(1) $y = x^2(1 - x^2)$；

(2) $y = 3x^2 - x^3$；

(3) $y = \dfrac{1-x^2}{1+x^2}$；

(4) $y = x(x-1)(x+1)$；

(5) $y = \sin x - \cos x + 1$；

(6) $y = \dfrac{a^x + a^{-x}}{2}$；

(7) $y = \ln \dfrac{1+x}{1-x}$；

(8) $y = \ln\left(x + \sqrt{x^2+1}\right)$；

(9) $y = \tan x + x$.

10. 设 $f(x) = \dfrac{x}{1-x}$，求 $f[f(x)]$.

11. 设 $f\left(x+\dfrac{1}{x}\right)=x^2+\dfrac{1}{x^2}$，求 $f(x)$.

12. 设 $f(x)$ 为定义在 $(-\infty,+\infty)$ 上的任意函数，证明：
(1) $F_1(x)=f(x)+f(-x)$ 为偶函数；　　(2) $F_2(x)=f(x)-f(-x)$ 为奇函数.

13. 证明：定义在 $(-\infty,+\infty)$ 上的任意函数都可表示为一个奇函数与一个偶函数的和.

14. 下列各函数中哪些是周期函数？对于周期函数，指出其周期.
(1) $y=\cos(x-2)$；　　　　(2) $y=\cos 4x$；　　　　(3) $y=1+\sin\pi x$；
(4) $y=x\cos x$；　　　　　(5) $y=\sin^2 x$；　　　　(6) $y=\sin 3x+\tan x$.

15. 设 $f(x)$ 为定义在 $(-L,L)$ 上的奇函数，若 $f(x)$ 在 $(0,L)$ 上单增，证明：$f(x)$ 在 $(-L,0)$ 上也单增.

16. 当鸡蛋收购价为 4.5 元/千克时,某收购站每月能收购 5 000 千克.若收购价每千克提高 0.1 元,则收购量可增加 400 千克,求鸡蛋的线性供给函数.

17. 已知某商品的需求函数和供给函数分别为 $Q=14.5-1.5p, S=-7.5+4p$,求该商品的均衡价格 p_0.

18. 已知某种产品的总成本函数为 $C=2\,000+\dfrac{q^2}{8}$,求当生产 200 个该产品时的总成本和平均成本.

第2章 极限与连续

极限理论是经济数学的基础,极限概念是研究变量在某一过程中的变化趋势时引出的,它是微积分学的重要基本概念之一,微积分学中的其他几个重要概念,如连续、导数、定积分等,都是利用极限表达的,并且微积分学中的很多定理也是利用极限方法推导出来的,这一章,我们将介绍数列与函数极限的概念,求极限的方法及函数的连续性.

2.1 教学目标

(1)理解数列极限的概念和性质,掌握数列极限运算法则,知道数列极限存在准则.
(2)理解函数极限概念,掌握函数极限的运算法则.
(3)了解函数左、右极限的概念,知道函数在某点处存在极限的充分必要条件.
(4)熟练运用极限四则运算法则和两个重要极限计算数列和函数的极限.
(5)理解无穷小的定义和无穷小的运算法则以及无穷小间的比较,会用等价无穷小求极限.
(6)了解无穷大的定义及无穷大与无穷小之间的关系.
(7)理解函数连续的概念,会求间断点并判断其类型.
(8)了解闭区间上连续函数的性质.

2.2 知识点概括

2.2.1 数列的极限

1. 数列极限的定义

给定一个数列 $\{x_n\}$,如果当 n 无限增大时,x_n 无限地趋于某个固定的常数 A,则称当 $n\to\infty$ 时,数列 $\{x_n\}$ 以 A 为极限.记作 $\lim\limits_{n\to\infty}x_n=A$ 或 $x_n\to A(n\to\infty)$,这时也称数列 $\{x_n\}$ **收敛**. 否则,如果当 $n\to\infty$ 时,x_n 不能趋于任何固定的常数 A,则称当 $n\to\infty$ 时,数列 $\{x_n\}$ **发散**.

2. 数列极限的性质

性质 1 如果数列 $\{x_n\}$ 收敛,则数列 $\{x_n\}$ 的极限是唯一的.

性质 2 如果数列 $\{x_n\}$ 收敛,则数列 $\{x_n\}$ 一定有界,即存在正数 M,对于一切的 x_n,都满足 $|x_n|\leqslant M$.

2.2.2 函数的极限

1. $x\to\infty$ 函数的极限

定义 1 如果当自变量 $x>0$ 且无限增大时,函数 $f(x)$ 无限趋近于一个常数 A,则称当 $x\to+\infty$ 时,函数 $f(x)$ 以 A 为极限,记为

$$\lim_{x \to +\infty} f(x) = A \text{ 或 } f(x) \to A(x \to +\infty).$$

定义 2 如果当自变量 $x<0$ 且 $-x$ 无限增大时,函数 $f(x)$ 无限趋近于一个常数 A,则称当 $x \to -\infty$ 时,函数 $f(x)$ 以 A 为极限,记为

$$\lim_{x \to -\infty} f(x) = A \text{ 或 } f(x) \to A(x \to -\infty).$$

定义 3 如果当自变量 x 的绝对值 $|x|$ 无限增大时,函数 $f(x)$ 无限趋近于一个常数 A,则称当 $x \to \infty$ 时,函数 $f(x)$ 以 A 为极限,记为

$$\lim_{x \to \infty} f(x) = A \text{ 或 } f(x) \to A(x \to \infty).$$

显然,$\lim_{x \to \infty} f(x) = A$ 的充要条件是 $\lim_{x \to +\infty} f(x) = A$ 且 $\lim_{x \to -\infty} f(x) = A$.

2. $x \to x_0$ 函数的极限

定义 4 设函数 $y = f(x)$ 在点 x_0 左侧的某个邻域(点 x_0 本身可以除外)内有定义,如果当 $x < x_0$ 趋于 x_0 时,函数 $f(x)$ 趋于一个常数 A,则称当 x 趋于 x_0 时,$f(x)$ 的左极限为 A. 记作

$$\lim_{x \to x_0^-} f(x) = A \text{ 或 } f(x) \to A(x \to x_0^-).$$

定义 5 设函数 $y = f(x)$ 在点 x_0 右侧的某个邻域(点 x_0 本身可以除外)内有定义,如果当 $x > x_0$ 趋于 x_0 时,函数 $f(x)$ 趋于一个常数 A,则称当 x 趋于 x_0 时,$f(x)$ 的右极限为 A. 记作

$$\lim_{x \to x_0^+} f(x) = A \text{ 或 } f(x) \to A(x \to x_0^+).$$

定义 6 设函数 $y = f(x)$ 在点 x_0 的某个邻域(点 x_0 本身可以除外)内有定义,如果当 x 趋于 x_0(但 $x \neq x_0$)时,函数 $f(x)$ 趋于一个常数 A,则称当 x 趋于 x_0 时,$f(x)$ 以 A 为极限. 记作

$$\lim_{x \to x_0} f(x) = A \text{ 或 } f(x) \to A(x \to x_0).$$

定理 1 当 $x \to x_0$ 时,$f(x)$ 以 A 为极限的充分必要条件是 $f(x)$ 在点 x_0 处左、右极限存在且都等于 A,即

$$\lim_{x \to x_0} f(x) = A \Leftrightarrow \lim_{x \to x_0^-} f(x) = \lim_{x \to x_0^+} f(x) = A.$$

2.2.3 极限的四则运算

定理 2 设 $\lim f(x) = A, \lim g(x) = B$,则有:

(1) $\lim[f(x) \pm g(x)] = \lim f(x) \pm \lim g(x) = A \pm B$;

(2) $\lim[f(x) \cdot g(x)] = [\lim f(x)] \cdot [\lim g(x)] = A \cdot B$;

(3) $\lim \dfrac{f(x)}{g(x)} = \dfrac{\lim f(x)}{\lim g(x)} = \dfrac{A}{B}, (B \neq 0)$.

推论 1 如果 $\lim f(x)$ 存在,而 c 为常数,则

$$\lim[cf(x)] = c \lim f(x).$$

推论 2 如果 $\lim f(x)$ 存在,而 n 是正整数,则

$$\lim[f(x)]n = [\lim f(x)]n.$$

2.2.4 两个重要极限

1. $\lim\limits_{x \to 0} \dfrac{\sin x}{x} = 1$

这个极限的特征是:$f(x) \to 0, \dfrac{\sin f(x)}{f(x)} \to 1.$

2. $\lim\limits_{x\to+\infty}\left(1+\dfrac{1}{x}\right)^x=\mathrm{e}$

(1)此极限主要解决 1^∞ 型幂指函数的极限.

(2)它可形象地表示为

$$\lim_{\square\to\infty}(1+\dfrac{1}{\square})^{\square}=\mathrm{e}(方框\square代表同一变量).$$

2.2.5 无穷小与无穷大

1. 无穷小

定义 7 若函数 $y=f(x)$ 在自变量 x 的某个变化过程中以零为极限,则称在该变化过程中 $f(x)$ 为**无穷小量**,简称**无穷小**.

注意:

(1)无穷小量是以 0 为极限的函数,并非很小的数.

(2)无穷小量的定义对数列也适用,例如,数列 $\left\{\dfrac{1}{n}\right\}$,当 $n\to\infty$ 时就是无穷小量.

(3)不能笼统地说某个函数是无穷小量,必须指出它的极限过程,无穷小量与极限过程有关.在某个变化过程中的无穷小量,在其他过程中则不一定是无穷小量.

定理 3 函数 $f(x)$ 以 A 为极限的充分必要条件是:$f(x)$ 可以表示为 A 与一个无穷小量 α 之和.即

$$\lim f(x)=A \Leftrightarrow f(x)=A+\alpha,其中\lim\alpha=0.$$

2. 无穷小的性质

性质 1 有限个无穷小的代数和为无穷小.

性质 2 有界函数与无穷小之积为无穷小.

性质 3 常数与无穷小之积为无穷小.

性质 4 有限个无穷小之积也是无穷小.

3. 无穷小的比较

定义 8 设 α 与 β 是在自变量同一个变化过程中的两个无穷小.

(1)如果 $\lim\dfrac{\beta}{\alpha}=0$,就说 β 是比 α **高阶的无穷小**,记为 $\beta=0(\alpha)$.

(2)如果 $\lim\dfrac{\beta}{\alpha}=\infty$,就说 β 是比 α **低阶的无穷小**.

(3)如果 $\lim\dfrac{\beta}{\alpha}=c\neq 0$,就说 β 与 α 是**同阶无穷小**.

特别地,如果 $\lim\dfrac{\beta}{\alpha}=c=1$,**就说** β **与** α **是等价无穷小**,记为 $\alpha\sim\beta$.

(4)如果 $\lim\dfrac{\beta}{\alpha^k}=c\neq 0,k>0$,就说 β 是关于 α 的 **k 阶无穷小**.

4. 等价无穷小

定理 4 (等价无穷小替换性质)

设在某一变化过程中 $\alpha,\alpha',\beta,\beta'$ 是无穷小,且 $\alpha\sim\alpha',\beta\sim\beta',\lim\dfrac{\beta}{\alpha'}$ 存在,则

$$\lim \frac{\beta}{\alpha} = \lim \frac{\beta'}{\alpha'}.$$

5. 无穷大

定义 9 在自变量 x 的某变化过程中,若对应的函数值的绝对值 $|f(x)|$ 无限增大,则称 $f(x)$ 为该变化过程中的**无穷大量**,简称**无穷大**. 记作

$$\lim f(x) = \infty.$$

注意:无穷大是极限不存在的一种情形,这里借用极限的记号,但并不表示极限存在.

和无穷小类似,在理解无穷大的概念时,同样应注意:

(1) 无穷大是满足 $\lim f(x) = \infty$ 的一个函数,并非很大的数.

(2) 无穷大量的定义对数列也适用.

(3) 不能笼统地说某个函数是无穷大量,必须指出它的极限过程. 在某个变化过程中的无穷大量,在其他过程中则不一定是无穷大量.

(4) 函数在变化过程中绝对值越来越大且可以无限增大时,才能称无穷大量. 例如,当 $x \to \infty$ 时,x^3 是无穷大量,而 $f(x) = x\sin x$ 的值可以无限增大但不是越来越大,所以不是无穷大量.

定理 5 无穷大与无穷小之间的关系:

(1) 在自变量的同一变化过程中,如果 $f(x)$ 为无穷大,则 $\frac{1}{f(x)}$ 为无穷小;

(2) 如果 $f(x)$ 为无穷小,且 $f(x) \neq 0$,则 $\frac{1}{f(x)}$ 为无穷大.

2.2.6 函数的连续性

1. 函数的连续性

定义 10 设函数 $y = f(x)$ 在点 x_0 的某一个邻域内有定义,如果自变量的增量 $\Delta x = x - x_0$ 趋于零时,对应的函数增量也趋于零,即

$$\lim_{\Delta x \to 0} \Delta y = \lim_{\Delta x \to 0} [f(x_0 + \Delta x) - f(x_0)] = 0,$$

则称函数 $y = f(x)$ **在点** x_0 **处连续**.

在定义 10 中,如果令 $x = x_0 + \Delta x$,则当 $\Delta x \to 0$ 时,$x \to x_0$,则 $\lim\limits_{\Delta x \to 0} \Delta y = 0$ 可以改写为 $\lim\limits_{x \to x_0}[f(x) - f(x_0)] = 0$,即 $\lim\limits_{x \to x_0} f(x) = f(x_0)$.

因此,函数在点 x_0 处连续也可定义为:

定义 11 设函数 $y = f(x)$ 在点 x_0 的某一个邻域内有定义,若 $\lim\limits_{x \to x_0} f(x) = f(x_0)$,则称函数 $y = f(x)$ 在点 x_0 处连续.

说明:函数 $f(x)$ 在点 x_0 连续,必须同时满足以下三个条件:

(1) $f(x)$ 在点 x_0 的一个邻域内有定义;

(2) $\lim\limits_{x \to x_0} f(x)$ 存在;

(3) 上述极限值等于函数值 $f(x_0)$.

如果上述条件中至少有一个不满足,则点 x_0 就是函数 $f(x)$ 的间断点. 当函数 $y = f(x)$ 在点 x_0 处连续时,有

$$\lim_{x \to x_0} f(x) = f(x_0) = f(\lim_{x \to x_0} x).$$

这个等式意味着在函数连续的前提下,极限符号与函数符号可以互换.这一结论给我们求极限带来了很大方便.

2. 函数的间断点及其分类

定义 12 设函数 $y=f(x)$ 在点 x_0 的某个去心邻域内有定义,且在点 x_0 处不连续,则称函数 $y=f(x)$ **在点 x_0 处间断**,x_0 为 $f(x)$ 的**间断点**.

根据连续函数的定义,如果函数 $y=f(x)$ 在点 x_0 处有下列三种情况之一,则点 x_0 为 $f(x)$ 的间断点.

(1) 在 x_0 没有定义;

(2) 虽然在 x_0 有定义,但 $\lim\limits_{x\to x_0}f(x)$ 不存在;

(3) 虽然在 x_0 有定义且 $\lim\limits_{x\to x_0}f(x)$ 存在,但 $\lim\limits_{x\to x_0}f(x)\neq f(x_0)$.

间断点的类型:

(1) **第一类间断点**.

设 x_0 为 $f(x)$ 的一个间断点,如果当 $x\to x_0$ 时,$f(x)$ 的左、右极限都存在,则称 x_0 为 $f(x)$ 的**第一类间断点**.

① 如果 $\lim\limits_{x\to x_0}f(x)=A\neq f(x_0)$(含 $f(x_0)$ 不存在),则 x_0 为可去间断点(可补充或修改定义使其连续);

② 当 $\lim\limits_{x\to x_0^-}f(x)$ 与 $\lim\limits_{x\to x_0^+}f(x)$ 均存在但不相等时,称 x_0 为 $f(x)$ 的**跳跃间断点**.

例如,$f(x_0-0)=A$,$f(x_0+0)=B$,但 $A\neq B$,则 x_0 为跳跃间断点.

(2) **第二类间断点**.

若 $f(x)$ 的左、右极限中至少有一个不存在,则称 x_0 为**第二类间断点**.

3. 闭区间上连续函数的性质

最值定理:设 $f(x)$ 在 $[a,b]$ 上连续,则它在这个区间上一定存在最大值和最小值.

介值定理:设 $f(x)$ 在 $[a,b]$ 上连续,且 $f(a)=M$,$f(b)=m$,则对 m,M 之间的任一数 c,至少存在一点 $\xi\in(a,b)$,使得 $f(\xi)=c$.

零点定理:设 $f(x)$ 在 $[a,b]$ 上连续,且 $f(a)f(b)<0$,则至少存在一点 $\xi\in(a,b)$ 使得 $f(\xi)=0$,即 ξ 是 $f(x)=0$ 的根.

2.3 典型例题

【例 2-1】 求 $f(x)=\dfrac{x}{x}$,$\varphi(x)=\dfrac{|x|}{x}$ 当 $x\to 0$ 时的左、右极限,并说明它们在 $x\to 0$ 时的极限是否存在.

证明 因为

$$\lim_{x\to 0^-}f(x)=\lim_{x\to 0^-}\frac{x}{x}=\lim_{x\to 0^-}1=1,$$

$$\lim_{x\to 0^+}f(x)=\lim_{x\to 0^+}\frac{x}{x}=\lim_{x\to 0^+}1=1,$$

$$\lim_{x\to 0^-}f(x)=\lim_{x\to 0^+}f(x),$$

所以极限$\lim\limits_{x\to 0}f(x)$存在.

因为
$$\lim_{x\to 0^-}\varphi(x)=\lim_{x\to 0^-}\frac{|x|}{x}=\lim_{x\to 0^-}\frac{-x}{x}=-1,$$
$$\lim_{x\to 0^+}\varphi(x)=\lim_{x\to 0^+}\frac{|x|}{x}=\lim_{x\to 0^+}\frac{x}{x}=1,$$
$$\lim_{x\to 0^-}\varphi(x)\neq\lim_{x\to 0^+}\varphi(x),$$

所以极限$\lim\limits_{x\to 0}\varphi(x)$不存在.

【例 2-2】 计算下列极限.

(1) $\lim\limits_{x\to 1}\dfrac{x^2-2x+1}{x^2-1}$; (2) $\lim\limits_{h\to 0}\dfrac{(x+h)^2-x^2}{h}$; (3) $\lim\limits_{x\to 0}\dfrac{x^2}{1-\sqrt{1+x^2}}$;

(4) $\lim\limits_{x\to 1}\left(\dfrac{3}{1-x^3}-\dfrac{1}{1-x}\right)$; (5) $\lim\limits_{x\to\infty}\dfrac{3x^4-2x^2-7}{5x^2+3}$; (6) $\lim\limits_{n\to\infty}\dfrac{1+2+3+\cdots+(n-1)}{n^2}$.

解 (1) 因为$x\to 1$,分子分母极限均为零,因此先将分子、分母因式分解,约去公因子,即
$$\lim_{x\to 1}\frac{x^2-2x+1}{x^2-1}=\lim_{x\to 1}\frac{(x-1)^2}{(x-1)(x+1)}=\lim_{x\to 1}\frac{x-1}{x+1}=\frac{0}{2}=0.$$

(2) 因为$h\to 0$,分子分母极限均为零,因此先将分子展开,约去公因子h,即
$$\lim_{h\to 0}\frac{(x+h)^2-x^2}{h}=\lim_{h\to 0}\frac{x^2+2hx+h^2-x^2}{h}=\lim_{h\to 0}(2x+h)=2x.$$

(3) 因为$\lim\limits_{x\to 0}x^2=0$,$\lim\limits_{x\to 0}(1-\sqrt{1+x^2})=0$,分子分母极限均为零,因此先将分母有理化,约去关于x的公因子,即
$$\lim_{x\to 0}\frac{x^2}{1-\sqrt{1+x^2}}=\lim_{x\to 0}\frac{x^2(1+\sqrt{1+x^2})}{(1-\sqrt{1+x^2})(1+\sqrt{1+x^2})}=-\lim_{x\to 0}(1+\sqrt{1+x^2})=-2.$$

(4) 因为$\lim\limits_{x\to 1}\dfrac{3}{1-x^3}=\infty$,$\lim\limits_{x\to 1}\dfrac{1}{1-x}=\infty$,因此不能直接用求和的极限法则,这时先通分变形.
$$\lim_{x\to 1}\left(\frac{3}{1-x^3}-\frac{1}{1-x}\right)=\lim_{x\to 1}\frac{3-(1+x+x^2)}{1-x^3}=\lim_{x\to 1}\frac{(1-x)(2+x)}{(1+x+x^2)(1-x)}=\lim_{x\to 1}\frac{2+x}{1+x+x^2}=1.$$

(5) 因为分子的最高次幂大于分母的最高次幂,即$n>m$,所以
$$\lim_{x\to\infty}\frac{3x^4-2x^2-7}{5x^2+3}=\infty.$$

(6) 因为$n\to\infty$,分子分母极限均为无穷大,则
$$\lim_{n\to\infty}\frac{1+2+3+\cdots+(n-1)}{n^2}=\lim_{n\to\infty}\frac{\frac{(n-1)n}{2}}{n^2}=\frac{1}{2}\lim_{n\to\infty}\frac{n-1}{n}=\frac{1}{2}.$$

【例 2-3】 计算下列极限.

(1) $\lim\limits_{x\to 0}\dfrac{1-\cos 2x}{x\sin x}$; (2) $\lim\limits_{n\to\infty}2^n\sin\dfrac{x}{2^n}$($x$ 为不等于零的常数).

解 利用等价无穷小求极限:

(1) $\lim\limits_{x\to 0}\dfrac{1-\cos 2x}{x\sin x}=\lim\limits_{x\to 0}\dfrac{2\sin^2 x}{x\sin x}=2\lim\limits_{x\to 0}\dfrac{\sin x}{x}=2.$

(2) $\lim\limits_{n\to\infty}2^n\sin\dfrac{x}{2^n}=\lim\limits_{n\to\infty}\dfrac{\sin\dfrac{x}{2^n}}{\dfrac{x}{2^n}}\cdot x=x.$

【例 2-4】 计算下列极限.

(1) $\lim\limits_{x\to 0}(1+2x)^{\frac{1}{x}}$;　　(2) $\lim\limits_{x\to\infty}\left(\dfrac{1+x}{x}\right)^{2x}$.

解 (1) $\lim\limits_{x\to 0}(1+2x)^{\frac{1}{x}}=\lim\limits_{x\to 0}(1+2x)^{\frac{1}{2x}\cdot 2}=[\lim\limits_{x\to 0}(1+2x)^{\frac{1}{2x}}]^2=\mathrm{e}^2.$

(2) $\lim\limits_{x\to\infty}\left(\dfrac{1+x}{x}\right)^{2x}=\left[\lim\limits_{x\to\infty}\left(1+\dfrac{1}{x}\right)^x\right]^2=\mathrm{e}^2.$

【例 2-5】 利用极限存在准则证明.

(1) $\lim\limits_{n\to\infty}\sqrt{1+\dfrac{1}{n}}=1$;　　(2) $\lim\limits_{n\to\infty}n\left(\dfrac{1}{n^2+\pi}+\dfrac{1}{n^2+2\pi}+\cdots+\dfrac{1}{n^2+n\pi}\right)=1.$

证明 (1) 因为 $1<\sqrt{1+\dfrac{1}{n}}<1+\dfrac{1}{n},$

而 $\lim\limits_{n\to\infty}1=1$ 且 $\lim\limits_{n\to\infty}\left(1+\dfrac{1}{n}\right)=1,$

由极限存在准则 I 知 $\lim\limits_{n\to\infty}\sqrt{1+\dfrac{1}{n}}=1.$

(2) 因为 $\dfrac{n^2}{n^2+n\pi}<n\left(\dfrac{1}{n^2+\pi}+\dfrac{1}{n^2+2\pi}+\cdots+\dfrac{1}{n^2+n\pi}\right)<\dfrac{n^2}{n^2+\pi},$

而 $\lim\limits_{n\to\infty}\dfrac{n^2}{n^2+n\pi}=1, \lim\limits_{n\to\infty}\dfrac{n^2}{n^2+\pi}=1,$

所以 $\lim\limits_{n\to\infty}n\left(\dfrac{1}{n^2+\pi}+\dfrac{1}{n^2+2\pi}+\cdots+\dfrac{1}{n^2+n\pi}\right)=1.$

【例 2-6】 计算下列极限.

(1) $\lim\limits_{x\to 0}x^2\sin\dfrac{1}{x}$;　　(2) $\lim\limits_{x\to\infty}\dfrac{\arctan x}{x}.$

解 利用无穷小的性质(无穷小乘以有界函数仍为无穷小).

(1) $\lim\limits_{x\to 0}x^2\sin\dfrac{1}{x}=0.$ (当 $x\to 0$ 时, x^2 是无穷小, 而 $\sin\dfrac{1}{x}$ 是有界变量)

(2) $\lim\limits_{x\to\infty}\dfrac{\arctan x}{x}=\lim\limits_{x\to\infty}\dfrac{1}{x}\cdot\arctan x=0.$ (当 $x\to\infty$ 时, $\dfrac{1}{x}$ 是无穷小, 而 $\arctan x$ 是有界变量)

【例 2-7】 研究下列函数的连续性, 并画出函数的图形.

(1) $f(x)=\begin{cases}x^2, 0\leqslant x\leqslant 1\\ 2-x, 1<x\leqslant 2\end{cases}$;　　(2) $f(x)=\begin{cases}x, -1\leqslant x\leqslant 1\\ 1, |x|>1\end{cases}.$

解 (1) 已知多项式函数是连续函数, 所以函数 $f(x)$ 在 $[0,1)$ 和 $(1,2]$ 内是连续的.

在 $x=1$ 处, 因为 $f(1)=1, \lim\limits_{x\to 1^-}f(x)=\lim\limits_{x\to 1^-}x^2=1, \lim\limits_{x\to 1^+}f(x)=\lim\limits_{x\to 1^+}(2-x)=1,$

所以 $\lim\limits_{x\to 1}f(x)=1,$ 从而函数 $f(x)$ 在 $x=1$ 处是连续的.

综上所述, 函数 $f(x)$ 在 $[0,2]$ 上是连续函数.

(2) 只需考察函数在 $x=-1$ 和 $x=1$ 处的连续性.

在 $x=-1$ 处, 因为

$f(1)=-1, \lim\limits_{x\to-1^-}f(x)=\lim\limits_{x\to-1^-}1=1\neq f(-1), \lim\limits_{x\to-1^+}f(x)=\lim\limits_{x\to-1^+}x=-1=f(-1)$,所以函数在 $x=1$ 处间断,但右连续.

在 $x=1$ 处,因为 $f(1)=1, \lim\limits_{x\to1^-}f(x)=\lim\limits_{x\to1^-}x=1=f(1), \lim\limits_{x\to1^+}f(x)=\lim\limits_{x\to1^+}1=1=f(1)$,所以函数在 $x=1$ 处连续.

综合上述讨论,函数在 $(-\infty,-1)$ 和 $(-1,+\infty)$ 内连续,在 $x=-1$ 处间断,但右连续.

【例 2-8】 下列函数在指出的点处间断,说明这些间断点属于哪一类,如果是可去间断点,则补充或改变函数的定义使它连续.

(1) $y=\dfrac{x^2-1}{x^2-3x+2}, x=1, x=2$;

(2) $y=\dfrac{x}{\tan x}, x=k\pi, x=k\pi+\dfrac{\pi}{2}(k=0,\pm1,\pm2,\cdots)$;

(3) $y=\cos^2\dfrac{1}{x}, x=0$;

(4) $y=\begin{cases}x-1, & x\leqslant 1\\ 3-x, & x>1\end{cases}, x=1$.

解 (1) $y=\dfrac{x^2-1}{x^2-3x+2}=\dfrac{(x+1)(x-1)}{(x-2)(x-1)}$. 因为函数在 $x=2$ 和 $x=1$ 处无定义,所以 $x=2$ 和 $x=1$ 是函数的间断点.

因为 $\lim\limits_{x\to2}y=\lim\limits_{x\to2}\dfrac{x^2-1}{x^2-3x+2}=\infty$,所以 $x=2$ 是函数的第二类间断点.

因为 $\lim\limits_{x\to1}y=\lim\limits_{x\to1}\dfrac{(x+1)}{(x-2)}=-2$,所以 $x=1$ 是函数的第一类间断点,并且是可去间断点. 在 $x=1$ 处,令 $y=-2$,则函数在 $x=1$ 处成为连续的.

(2) 函数在点 $x=k\pi(k\in\mathbf{Z})$ 和 $x=k\pi+\dfrac{\pi}{2}(k\in\mathbf{Z})$ 处无定义,因而这些点都是函数的间断点.

因 $\lim\limits_{x\to k\pi}\dfrac{x}{\tan x}=\infty(k\neq0)$,故 $x=k\pi(k\neq0)$ 是第二类间断点;

因为 $\lim\limits_{x\to0}\dfrac{x}{\tan x}=1, \lim\limits_{x\to k\pi+\frac{\pi}{2}}\dfrac{x}{\tan x}=0(k\in\mathbf{Z})$,所以 $x=0$ 和 $x=k\pi+\dfrac{\pi}{2}(k\in\mathbf{Z})$ 是第一类间断点,且为可去间断点.

令 $y|_{x=0}=1$,则函数在 $x=0$ 处成为连续的;

令 $x=k\pi+\dfrac{\pi}{2}$ 时,$y=0$,则函数在 $x=k\pi+\dfrac{\pi}{2}$ 处成为连续的.

(3) 因为函数 $y=\cos^2\dfrac{1}{x}$ 在 $x=0$ 处无定义,所以 $x=0$ 是函数 $y=\cos^2\dfrac{1}{x}$ 的间断点. 又因为 $\lim\limits_{x\to0}\cos^2\dfrac{1}{x}$ 不存在,所以 $x=0$ 是函数的第二类间断点.

(4) 因为 $\lim\limits_{x\to1^-}f(x)=\lim\limits_{x\to1^-}(x-1)=0, \lim\limits_{x\to1^+}f(x)=\lim\limits_{x\to1^+}(3-x)=2$,所以 $x=1$ 是函数的第一类不可去间断点.

【例 2-9】 讨论函数 $f(x)=\lim\limits_{n\to\infty}\dfrac{1-x^{2n}}{1+x^{2n}}x$ 的连续性,若有间断点,判别其类型.

解 $f(x) = \lim_{n\to\infty} \frac{1-x^{2n}}{1+x^{2n}} x = \begin{cases} -x, & |x|>1 \\ 0, & |x|=1 \\ x, & |x|<1 \end{cases}$

在分段点 $x=-1$ 处，因为 $\lim_{x\to -1^-} f(x) = \lim_{x\to -1^-}(-x) = 1$, $\lim_{x\to -1^+} f(x) = \lim_{x\to -1^+} x = -1$，所以 $x=-1$ 为函数的第一类可去间断点.

在分段点 $x=1$ 处，因为 $\lim_{x\to 1^-} f(x) = \lim_{x\to 1^-} x = 1$, $\lim_{x\to 1^+} f(x) = \lim_{x\to 1^+}(-x) = -1$，所以 $x=1$ 为函数的第一类可去间断点.

【例 2-10】 设函数 $f(x) = \begin{cases} e^x, & x<0 \\ a+x, & x\geq 0 \end{cases}$，问：应当如何选择数 a，使得 $f(x)$ 成为在 $(-\infty, +\infty)$ 内的连续函数？

解 要使函数 $f(x)$ 在 $(-\infty, +\infty)$ 内连续，只需 $f(x)$ 在 $x=0$ 处连续，即只需
$$\lim_{x\to 0^-} f(x) = \lim_{x\to 0^+} f(x) = f(0) = a.$$
因为 $\lim_{x\to 0^-} f(x) = \lim_{x\to 0^-} e^x = 1$, $\lim_{x\to 0^+} f(x) = \lim_{x\to 0^+} (a+x) = a$，所以只需取 $a=1$.

【例 2-11】 证明方程 $x^5 - 3x = 1$ 至少有一个根介于 1 和 2 之间.

证明 设 $f(x) = x^5 - 3x - 1$，则 $f(x)$ 是闭区间 $[1,2]$ 上的连续函数.

因为 $f(1) = -3, f(2) = 25, f(1)f(2) < 0$，所以由零点定理，在 $(1,2)$ 内至少有一点 $\xi(1<\xi<2)$，使 $f(\xi) = 0$，即 $x = \xi$ 是方程 $x^5 - 3x = 1$ 的介于 1 和 2 之间的根.

因此方程 $x^5 - 3x = 1$ 至少有一个根介于 1 和 2 之间.

【例 2-12】 证明方程 $x = a\sin x + b$，其中 $a>0, b>0$，至少有一个正根，并且它不超过 $a+b$.

证明 设 $f(x) = a\sin x + b - x$，则 $f(x)$ 是 $[0, a+b]$ 上的连续函数.
$f(0) = b, f(a+b) = a\sin(a+b) + b - (a+b) = a[\sin(a+b) - 1] \leq 0$.
若 $f(a+b) = 0$，则说明 $x = a+b$ 就是方程 $x = a\sin x + b$ 的一个不超过 $a+b$ 的根；
若 $f(a+b) < 0$，则 $f(0)f(a+b) < 0$，由零点定理，至少存在一点 $\xi \in (0, a+b)$，使 $f(\xi) = 0$，这说明 $x = \xi$ 也是方程 $x = a\sin x + b$ 的一个不超过 $a+b$ 的根.

总之，方程 $x = a\sin x + b$ 至少有一个正根，并且它不超过 $a+b$.

2.4 同步训练

习题 2.1

1. 选择题.

(1) 下列数列收敛的是(　　).

A. $5, 5, \cdots, 5, \cdots$
B. $1, \sqrt{2}, \sqrt{3}, \sqrt{4}, \sqrt{5}, \cdots, \sqrt{n}, \cdots$
C. $\frac{1}{3}, -\frac{3}{5}, \frac{5}{7}, -\frac{7}{9}, \cdots, (-1)^{n-1} \frac{2n-1}{2n+1}$
D. $-\frac{1}{2}, \frac{2}{3}, -\frac{3}{4}, \frac{4}{5}, \cdots, (-1)^n \frac{n}{n+1}$.

(2) 下列数列收敛于 0 的是(　　).

A. $x_n = \begin{cases} 0, & n \text{ 为奇数} \\ \frac{1}{2^n}, & n \text{ 为偶数} \end{cases}$
B. $\left\{\frac{n}{n+1}\right\}$

C. $-2, \dfrac{3}{2}, -\dfrac{4}{3}, \dfrac{5}{4}, -\dfrac{6}{5}, \dfrac{7}{6}, \cdots, (-1)^n \dfrac{n+1}{n}$ D. $\dfrac{1}{3}, -\dfrac{3}{5}, \dfrac{5}{7}, -\dfrac{7}{9}, \cdots, (-1)^{n-1} \dfrac{2n-1}{2n+1}$

(3)如数列 $\{x_n\}$ 与数列 $\{y_n\}$ 的极限分别为 a 与 b，且 $a \neq b$，则数列 $x_1, y_1, x_2, y_2, x_3, y_3, \cdots$ 的极限为（　　）.

A. a B. b C. $a+b$ D. 不存在

2. 当 $n \to \infty$ 时，下列数列有无极限？若有极限，极限为多少？

(1) $x_n = 2^n$；   (2) $x_n = 25$；

(3) $x_n = \dfrac{1}{3^n}$；   (4) $x_n = 1 + (-1)^n$.

习题 2.2

1. 选择题.

(1)函数 $f(x) = \dfrac{x^2 - 4}{x - 2}$ 在 $x = 2$ 点处（　　）.

A. 有定义   B. 有极限

C. 没有极限   D. 既无定义又无极限

(2)函数 $y = f(x)$ 在 $x = x_0$ 处有定义，$x \to x_0$ 是 $y = f(x)$ 有极限的（　　）.

A. 必要条件   B. 充分条件   C. 充要条件   D. 无关条件

(3)设 $f(x) = \begin{cases} x - 2 & x < 0 \\ 0, & x = 0 \\ x + 3 & x > 0 \end{cases}$，则 $\lim\limits_{x \to 0^+} f(x) = $（　　）.

A. 2   B. -2 C. 5   D. 3

2. 根据函数的图形求下列极限.

(1) $\lim\limits_{x \to \infty} \dfrac{1}{1-x}$；   (2) $\lim\limits_{x \to -\infty} 2^x$；

(3) $\lim\limits_{x \to 1} \dfrac{x^2 - 1}{x - 1}$；   (4) $\lim\limits_{x \to 0} \arcsin x$.

3. 设 $f(x) = \begin{cases} -x^2, & x < 0 \\ x, & x \geq 0 \end{cases}$，画出 $f(x)$ 的图形，求 $\lim\limits_{x \to 0^-} f(x)$ 及 $\lim\limits_{x \to 0^+} f(x)$，并讨论 $\lim\limits_{x \to 0} f(x)$ 是否存在.

习题 2.3

1. 选择题.

(1) 极限 $\lim\limits_{x\to 0}\dfrac{\sqrt{1+x}-1}{x}=$ (　　).

A. 0　　　　　　　B. 1　　　　　　　C. ∞　　　　　　　D. $\dfrac{1}{2}$

(2) 极限 $\lim\limits_{x\to\infty}\dfrac{4x^3-x+2}{5x^3+x^2+x}=$ (　　).

A. 2　　　　　　　B. 1　　　　　　　C. ∞　　　　　　　D. $\dfrac{4}{5}$

(3) 极限 $\lim\limits_{x\to\infty}\dfrac{2^x-1}{3^x+1}=$ (　　).

A. 0　　　　　　　B. 1　　　　　　　C. ∞　　　　　　　D. $\dfrac{2}{3}$

(4) 极限 $\lim\limits_{n\to\infty}\left(1+\dfrac{1}{3}+\dfrac{1}{3^2}+\dfrac{1}{3^3}+\cdots+\dfrac{1}{3^n}\right)=$ (　　).

A. $\dfrac{3}{2}$　　　　　　　B. 1　　　　　　　C. ∞　　　　　　　D. $\dfrac{2}{3}$

2. 求下列极限.

(1) $\lim\limits_{x\to 2}(x^2-2x+3)$;　　　　(2) $\lim\limits_{x\to 1}\dfrac{x^2-1}{x+1}$;

(3) $\lim\limits_{x\to 1}\left(1-\dfrac{x^2+1}{x-1}\right)$;　　　　(4) $\lim\limits_{x\to 1}\dfrac{x^3-1}{x^2-1}$;

(5) $\lim\limits_{x\to -1}\dfrac{x+1}{x^2-x-2}$;　　　　(6) $\lim\limits_{x\to 1}\dfrac{x^3-1}{x^3+2x^2+2x+1}$;

(7) $\lim\limits_{x\to\infty}\left(2-\dfrac{1}{x}+\dfrac{1}{x^2}\right)$;

(8) $\lim\limits_{x\to\infty}\dfrac{2x^2+1}{3x^2+x-2}$;

(9) $\lim\limits_{x\to 1}\left(\dfrac{1}{x-1}-\dfrac{2}{x^2-1}\right)$;

(10) $\lim\limits_{x\to\infty}\left(\dfrac{x^3}{2x^2-1}-\dfrac{x^2}{2x+1}\right)$.

习题 2.4

1. 选择题.

(1) 下列各式中正确的是(　　).

A. $\lim\limits_{x\to 0}\dfrac{x}{\sin x}=0$ 　　　　B. $\lim\limits_{x\to\infty}\dfrac{\sin x}{x}=1$

C. $\lim\limits_{x\to 0}\dfrac{\sin x}{x}=1$ 　　　　D. $\lim\limits_{x\to\infty}\dfrac{x}{\sin x}=1$

(2) 下列极限计算正确的是(　　).

A. $\lim\limits_{x\to 0}\left(1+\dfrac{1}{x}\right)^x=e$ 　　　　B. $\lim\limits_{x\to 0}(1+x)^{\frac{1}{x}}=e$

C. $\lim\limits_{x\to\infty}x\sin\dfrac{1}{x}=1$ 　　　　D. $\lim\limits_{x\to 0}\dfrac{\sin x}{x}=1$

(3) $\lim\limits_{x\to 0}\dfrac{\sin 5x}{\sin 3x}=($ 　　).

A. $\dfrac{5}{3}$ 　　　　B. 1 　　　　C. ∞ 　　　　D. $\dfrac{4}{5}$

(4) $\lim\limits_{x\to 0}x\cdot\cot 2x=($ 　　).

A. $\dfrac{5}{2}$ 　　　　B. $\dfrac{1}{2}$ 　　　　C. ∞ 　　　　D. $\dfrac{4}{5}$

(5) $\lim\limits_{x\to\infty}(1+\dfrac{2}{x})^{2x}=($ 　　).

A. e^4 　　　　B. e^2 　　　　C. ∞ 　　　　D. 1

2. 求下列各极限.

(1) $\lim\limits_{x\to 0}\dfrac{\sin ax}{bx}$;

(2) $\lim\limits_{x\to 0}\dfrac{\tan 5x}{\sin 2x}$;

(3) $\lim\limits_{x\to 0}\dfrac{x-\sin x}{x+\sin x}$;

(4) $\lim\limits_{x\to -1}\dfrac{\sin^2(x+1)}{x+1}$.

3. 求下列各极限.

(1) $\lim\limits_{x\to \infty}\left(1+\dfrac{5}{x}\right)^x$;

(2) $\lim\limits_{x\to 0}(1-3x)^{\frac{1}{x}+1}$;

(3) $\lim\limits_{x\to \infty}\left(\dfrac{2x-1}{2x+1}\right)^{x+1}$;

(4) $\lim\limits_{x\to \infty}\left(\dfrac{x}{1+x}\right)^{-x}$.

4. 已知 $f(x)=\begin{cases}\dfrac{\sin 2x}{x}+1, & x<0 \\ x^2+a, & x\geqslant 0\end{cases}$,求常数 a,使 $\lim\limits_{x\to 0}f(x)$ 存在. 并求此极限.

习题 2.5

1. 选择题.

(1) 当 $x \to 0$ 时,与无穷小 $x + 100x^3$ 等价的无穷小是( ).

A. $\sqrt[3]{x}$ B. $\sqrt{x}$ C. x D. $100x^3$

(2) $\lim\limits_{x \to 0} \dfrac{\sin 2x}{\sin(-x)} = ($).

A. -2 B. 1 C. ∞ D. $\dfrac{4}{5}$

(3) 当 $x \to 0$ 时,与 $\sqrt{1+x} - \sqrt{1-x}$ 等价的无穷小是( ).

A. x^2 B. $\sqrt{x}$ C. x D. $\dfrac{1}{2}x$

(4) 在下列指定的变化过程中,( )为无穷小量.

A. $e^{-x}\ (x \to \infty)$ B. $\ln x\ (x \to 1)$ C. $x\sin\dfrac{1}{x}\ (x \to \infty)$ D. $\dfrac{1}{x}\ (x \to 1\,000)$

(5) 已知 $f(x) = 1 - \dfrac{\sin x}{x}$,若 $f(x)$ 为无穷小量,则 x 的趋向必须是( ).

A. $x \to +\infty$ B. $x \to -\infty$ C. $x \to 1$ D. $x \to 0$

(6) 当 $x \to 0^-$ 时,下列变量中不是无穷小量的有( ).

A. $\dfrac{x^2}{x+1}$ B. $\ln(1+x)$ C. $e^{-\frac{1}{x}}$ D. $\dfrac{\sin x}{x}$

2. 考察下列函数在所给极限过程中,哪些是无穷小量,哪些是无穷大量?

(1) $f(x) = \dfrac{2x+1}{x},\ (x \to \infty)$;   (2) $f(x) = e^{2x},\ (x \to +\infty)$;

(3) $f(x) = \cos x,\ (x \to -\infty)$;   (4) $f(x) = \dfrac{1+x}{x^2},\ (x \to \infty)$.

3. 当 $x \to 0$ 时,比较下列每两个无穷小量的阶.

(1) x^2;   (2) $x^2 + x$;   (3) $2x^2$.

4. 求极限 $\lim\limits_{x\to 0} x^2 \cos\dfrac{1}{x}$，并说明理由.

习题 2.6

1. 选择题.
(1) 函数 $y=f(x)$ 在点 $x=x_0$ 处有定义是 $f(x)$ 在点 $x=x_0$ 处连续的(　　).
A. 必要条件　　　B. 充分条件　　　C. 充要条件　　　D. 无关条件
(2) 函数 $f(x)=\sqrt{x(x-1)}+\dfrac{x^2-1}{(x+1)(x+2)}$ 的间断点的个数是(　　).
A. 0　　　　　　B. 2　　　　　　C. 1　　　　　　D. 3
(3) 函数 $y=x^2+1$ 在区间 $(-1,1)$ 内的最大值是(　　).
A. 0　　　　　　B. 2　　　　　　C. 1　　　　　　D. 不存在
(4) 方程 $x^3+2x^2-x-2=0$ 在 $(-3,2)$ 内(　　).
A. 恰有一个实根　B. 恰有两个实根　C. 至少有一个实根　D. 无实根

2. 已知函数 $y=f(x)=x^2+2x-5$，求 $x=1,\Delta x=0.01$ 时函数的增量 Δy.

3. 试讨论函数 $f(x)=|x|$ 在 $x=0$ 处的连续性.

4. 讨论函数 $f(x)=\begin{cases} x+1, & x<0 \\ 1, & x=0 \\ x^2-1, & x>0 \end{cases}$ 在 $x=0$ 处的连续性.

5. 试用连续的定义证明函数 $f(x)=\cos x$ 在其定义域内连续.

6. 求函数 $f(x)=\dfrac{x^2+1}{x^2-1}$ 的连续区间.

7. 求函数 $f(x)=\begin{cases} x, & -1<x<1 \\ 4, & x=1 \\ 5-x, & 1<x<4 \end{cases}$ 的连续区间.

8. 求下列函数的间断点,并指出类别.

(1) $y=2^{\frac{1}{x-1}}$;   (2) $y=\begin{cases} x-1, & x\leqslant 0 \\ x^2, & x>0 \end{cases}$.

9. 用函数的连续性求下列各极限.

(1) $\lim\limits_{x\to 1}\dfrac{\sqrt{3x^2+2x-1}}{2x-1}$;   (2) $\lim\limits_{x\to \frac{\pi}{2}}\tan\sin x$;

(3) $\lim\limits_{x\to 0}\dfrac{x\sin x}{x+1}$;

(4) $\lim\limits_{x\to 0}\dfrac{\ln(1-x)}{x}$;

(5) $\lim\limits_{x\to 1}\arctan\sqrt{\dfrac{x^2+1}{x+1}}$;

(6) $\lim\limits_{x\to 0}\dfrac{x\ln(1+x)}{\sqrt{1+x^2}-1}$.

10. 试证明:方程 $x^3+2x^2-1=0$ 在区间$(0,1)$内至少有一个实根.

总习题 2

1. 选择题.

(1) 数列$\{x_n\}$有界是数列$\{x_n\}$收敛的( ).

   A. 必要条件   B. 充分条件   C. 充要条件   D. 无关条件

(2) 函数$f(x)$在x_0处连续是$\lim\limits_{x\to x_0}f(x)$存在的( ).

   A. 必要条件   B. 充分条件   C. 充要条件   D. 无关条件

(3) 函数$f(x)=\begin{cases}2x, & 0\leqslant x<1\\ 3-x, & 1<x\leqslant 2\end{cases}$的连续区间是( ).

   A. $[0,2]$ B. $[0,1]$ C. $[0,1)\cup(1,2]$ D. $(1,2]$

(4) 函数$f(x)=\begin{cases}2x, & 0\leqslant x<1\\ a-3x, & 1\leqslant x<2\end{cases}$ 在点$x=1$处连续,则$a=($).

   A. 2   B. 5   C. 3   D. 4

(5) 下列说法不正确的是( ).

   A. 无穷大数列一定是无界的   B. 无界数列不一定是无穷大数列

   C. 有极限的数列一定有界   D. 有界数列一定有极限

2. 下列极限是否存在? 为什么?

(1) $\lim\limits_{x\to+\infty}\sin x$;　　　　(2) $\lim\limits_{x\to\infty}\arctan x$;

(3) $\lim\limits_{x\to 0}\cos\dfrac{1}{x}$;　　　　(4) $\lim\limits_{x\to+\infty}e^{-x}$.

3. 设 $f(x)=\begin{cases} x^2, & x<1 \\ x+1, & x\geqslant 1 \end{cases}$.

(1) 作函数 $y=f(x)$ 的图形；

(2) 根据图形求极限 $\lim\limits_{x\to 1^-}f(x)$ 与 $\lim\limits_{x\to 1^+}f(x)$；

(3) 当 $x\to 1$ 时，$f(x)$ 有极限吗？

4. 计算下列极限.

(1) $\lim\limits_{x\to 2}\dfrac{x^2+5}{x-3}$;　　　(2) $\lim\limits_{x\to\sqrt{3}}\dfrac{x^2-3}{x^2+1}$;　　　(3) $\lim\limits_{x\to 1}\dfrac{x^2-2x+1}{x^2-1}$;

(4) $\lim\limits_{x\to 0}\dfrac{4x^3-2x^2+x}{3x^2+2x}$;　　(5) $\lim\limits_{h\to 0}\dfrac{(x+h)^2-x^2}{h}$;　　(6) $\lim\limits_{x\to\infty}\left(2-\dfrac{1}{x}+\dfrac{1}{x^2}\right)$;

(7) $\lim\limits_{x\to\infty}\dfrac{x^2-1}{2x^2-x-1}$;   (8) $\lim\limits_{x\to\infty}\dfrac{x^2+x}{x^4-3x^2-1}$;   (9) $\lim\limits_{x\to 4}\dfrac{x^2-6x+8}{x^2-5x+4}$;

(10) $\lim\limits_{x\to\infty}\left(1+\dfrac{1}{x}\right)\left(2-\dfrac{1}{x^2}\right)$;   (11) $\lim\limits_{n\to\infty}\left(1+\dfrac{1}{2}+\dfrac{1}{4}+\cdots+\dfrac{1}{2^n}\right)$;

(12) $\lim\limits_{n\to\infty}\dfrac{1+2+3+\cdots+(n-1)}{n^2}$;   (13) $\lim\limits_{n\to\infty}\dfrac{(n+1)(n+2)(n+3)}{5n^3}$;

(14) $\lim\limits_{x\to 1}\left(\dfrac{1}{1-x}-\dfrac{3}{1-x^3}\right)$;   (15) $\lim\limits_{x\to\infty}\dfrac{x^2+1}{1-x^3}(4+\cos x)$.

5. 求下列极限.

(1) $\lim\limits_{x\to 0}\dfrac{\sin ax}{\sin bx}$ $(b\neq 0)$;   (2) $\lim\limits_{x\to 0}\dfrac{\tan x-\sin x}{x^3}$;   (3) $\lim\limits_{x\to 0}\dfrac{1-\cos x}{x\sin x}$;

(4) $\lim\limits_{x \to 0} \dfrac{2x - \tan x}{\sin x}$; (5) $\lim\limits_{x \to 0} \dfrac{\arcsin x}{x}$; (6) $\lim\limits_{n \to \infty} 2^n \sin \dfrac{x}{2^n}$ (x 为不等于零的常数).

6. 求下列极限.

(1) $\lim\limits_{x \to \infty} \left(1 + \dfrac{2}{x}\right)^x$; (2) $\lim\limits_{t \to \infty} \left(1 - \dfrac{1}{t}\right)^t$; (3) $\lim\limits_{x \to \infty} \left(1 + \dfrac{1}{x}\right)^{x+3}$;

(4) $\lim\limits_{x \to 0} (1 + \tan x)^{\cot x}$; (5) $\lim\limits_{x \to \infty} \left(\dfrac{x+a}{x-a}\right)^x$; (6) $\lim\limits_{x \to \infty} \left(\dfrac{x^2+2}{x^2+1}\right)^{x^2+1}$;

(7) $\lim\limits_{n \to \infty} \left(1 - \dfrac{1}{n^2}\right)^n$.

7. 利用等价无穷小的性质求下列极限.

(1) $\lim\limits_{x \to 0} \dfrac{\sin 2x}{\sin 3x}$; (2) $\lim\limits_{x \to 0} \dfrac{\sin 2x}{\arctan x}$;

(3) $\lim\limits_{x\to 0}\dfrac{\sin x^n}{(\sin x)^m}$ (m,n 为正整数)；

(4) $\lim\limits_{x\to 0^+}\dfrac{x}{\sqrt{1-\cos x}}$.

8. 证明：当 $x\to 0$ 时，$\arcsin x \sim x$，$\arctan x \sim x$.

9. 研究下列函数的连续性，并画出函数的图形.

(1) $f(x)=\dfrac{x}{x}$；

(2) $f(x)=\begin{cases} x^2, & 0\leqslant x\leqslant 1 \\ 2-x, & 1<x\leqslant 2 \end{cases}$；

(3) $f(x)=\begin{cases} x^2, & |x|\leqslant 1 \\ x, & |x|>1 \end{cases}$；

(4) $\varphi(x)=\begin{cases} |x|, & x\neq 0 \\ 1, & x=0 \end{cases}$.

10. a 为何值时，函数 $f(x)=\begin{cases} e^x, & 0\leqslant x\leqslant 1 \\ a+x, & 1<x\leqslant 2 \end{cases}$ 在 $[0,2]$ 上连续？

11. 求下列极限.

(1) $\lim\limits_{x \to 0} \sqrt{x^2 - 2x + 5}$;

(2) $\lim\limits_{x \to \frac{\pi}{4}} (\sin 2x)^3$;

(3) $\lim\limits_{x \to 0} \dfrac{\sin 5x - \sin 3x}{\sin x}$;

(4) $\lim\limits_{x \to a} \dfrac{\sin x - \sin a}{x - a}$;

(5) $\lim\limits_{x \to b} \dfrac{a^x - a^b}{x - b} (a > 0)$;

(6) $\lim\limits_{x \to 0} \dfrac{\ln(1 + 3x)}{x}$;

(7) $\lim\limits_{x \to 0} \dfrac{\sin x}{x^2 + x}$;

(8) $\lim\limits_{x \to 0} \dfrac{\sqrt{x+1} - 1}{x}$;

(9) $\lim\limits_{x \to -\infty} (x^3 + 2x - 1)$;

(10) $\lim\limits_{x \to 2^+} \dfrac{\sqrt{x} - \sqrt{2} + \sqrt{x-2}}{\sqrt{x^2 - 4}}$;

(11) $\lim\limits_{x \to +\infty} \dfrac{\sqrt{x + \sqrt{x + \sqrt{x}}}}{\sqrt{x + 1}}$;

(12) $\lim\limits_{x \to 0} \dfrac{\ln(a + x) - \ln a}{x}$.

12. 设 $f(x)$ 在闭区间 $[a,b]$ 上连续，$x_1,x_2,\cdots,x_n$ 是 $[a,b]$ 内的 n 个点，证明：$\exists \xi \in [a,b]$，使得

$$f(\xi) = \frac{f(x_1)+f(x_2)+\cdots+f(x_n)}{n}.$$

第 3 章 导数与微分

在经济工作和工程技术中,除了要知道变量之间的相互依赖关系以及变量的变化趋势外,常常需要讨论变量之间相对变化的快慢程度.为了解决这些问题,在这章,我们就在极限理论的基础上,学习函数的导数和微分.

3.1 教学目标

(1)理解导数定义,会求曲线的切线,知道可导与连续的关系.
(2)熟练掌握导数基本公式、导数的四则运算法则、反函数和复合函数求导法则,掌握求简单隐函数的导数的方法.
(3)了解微分概念,会求函数的微分.
(4)知道高阶导数概念,会求函数的二阶导数.

3.2 知识点概括

3.2.1 导数的概念

1. 导数定义

设函数 $y=f(x)$ 在点 x_0 的某个邻域内有定义,当自变量 x 在点 x_0 处取得改变量 Δx 时,函数 y 取得相应的改变量 Δy.如果极限

$$\lim_{\Delta x \to 0}\frac{\Delta y}{\Delta x}=\lim_{\Delta x \to 0}\frac{f(x_0+\Delta x)-f(x_0)}{\Delta x}$$

存在,则称函数 $f(x)$ 在点 x_0 处**可导**,并把该极限值称为函数 $f(x)$ 在点 x_0 处的**导数**,记为

$$f'(x_0), y'\big|_{x=x_0}, \frac{\mathrm{d}y}{\mathrm{d}x}\bigg|_{x=x_0} \text{ 或 } \frac{\mathrm{d}f(x)}{\mathrm{d}x}\bigg|_{x=x_0}$$

即

$$f'(x_0)=\lim_{\Delta x \to 0}\frac{f(x_0+\Delta x)-f(x_0)}{\Delta x}. \tag{3-1}$$

若令 $x=x_0+\Delta x$,当 $\Delta x \to 0$ 时有 $x \to x_0$,则式(3-1)又可表示为

$$f'(x_0)=\lim_{x \to x_0}\frac{f(x)-f(x_0)}{x-x_0}. \tag{3-2}$$

若令 $\Delta x=h$,则式(3-1)还可表示为

$$f'(x_0)=\lim_{h \to 0}\frac{f(x_0+h)-f(x_0)}{h}. \tag{3-3}$$

式(3-1)~式(3-3)都是导数的定义.

2. 单侧导数定义

如果极限 $\lim\limits_{\Delta x \to 0^-} \dfrac{\Delta y}{\Delta x}$ 存在,则称之为 $f(x)$ 在点 x_0 处的**左导数**,记作 $f'_-(x_0)$,即

$$f'_-(x_0) = \lim_{\Delta x \to 0^-} \frac{\Delta y}{\Delta x} = \lim_{\Delta x \to 0^-} \frac{f(x_0+\Delta x)-f(x_0)}{\Delta x} = \lim_{x \to x_0^-} \frac{f(x)-f(x_0)}{x-x_0}.$$

类似地可以定义函数 $f(x)$ 在点 x_0 处的**右导数**:

$$f'_+(x_0) = \lim_{\Delta x \to 0^+} \frac{\Delta y}{\Delta x} = \lim_{\Delta x \to 0^+} \frac{f(x_0+\Delta x)-f(x_0)}{\Delta x} = \lim_{x \to x_0^+} \frac{f(x)-f(x_0)}{x-x_0}.$$

函数 $f(x)$ 在点 x_0 处的左、右导数统称为**单侧导数**.

3. 导函数定义

若函数 $f(x)$ 在区间 (a,b) 内的每一点处都可导,则称函数 $f(x)$ 在区间 (a,b) 内可导.此时对于区间 (a,b) 内的每一个 x 的值,都有唯一确定的导数值与之对应,这样就确定了区间 (a,b) 内的一个函数 $f'(x)$,称之为函数 $f(x)$ 在区间 (a,b) 内的**导函数**,简称**导数**,记作

$$f'(x),\ y',\ \frac{\mathrm{d}y}{\mathrm{d}x} \text{或} \frac{\mathrm{d}f(x)}{\mathrm{d}x}.$$

显然,函数 $f(x)$ 在点 x_0 处的导数 $f'(x_0)$ 等于导函数 $f'(x)$ 在点 x_0 处的函数值.

4. 导数的几何意义

函数 $f(x)$ 在点 x_0 处的导数 $f'(x_0)$ 就是曲线 $y=f(x)$ 在点 $(x_0,f(x_0))$ 处切线的斜率 k,即 $k=f'(x_0)$.因此,如果 $f'(x_0)$ 存在,则曲线 $y=f(x)$ 在点 $(x_0,f(x_0))$ 处的切线和法线方程分别为

$$\text{切线方程}: y-f(x_0)=f'(x_0)(x-x_0)$$

$$\text{法线方程}: y-f(x_0)=-\frac{1}{f'(x_0)}(x-x_0)$$

5. 可导与连续的关系

若函数 $y=f(x)$ 在点 x_0 处可导,则 $f(x)$ 在点 x_0 处连续.

3.2.2 导数的运算法则

1. 四则运算

设函数 $u=u(x)$,$v=v(x)$ 在点 x 处可导,则它们的和、差、积、商(分母不为零)在点 x 处可导,并且

(1) $(u \pm v)' = u' \pm v'$;

(2) $(u \cdot v)' = u'v + uv'$;

(3) $\left(\dfrac{u}{v}\right)' = \dfrac{u'v - uv'}{v^2}$ $(v \neq 0)$.

2. 反函数求导法则

反函数的导数等于直接函数的导数的倒数: $f'(x) = \dfrac{1}{\varphi'(y)}$.

3. 复合函数求导法则

若函数 $u=\varphi(x)$ 在点 x 处可导,函数 $y=f(u)$ 在相应的点 u 处可导,则复合函数 $y=f[\varphi(x)]$ 在点 x 处也可导,且有

$$y_x' = y_u' \cdot u_x',\ \text{或}\ y_x' = f'(u)\varphi'(x),\ \text{或}\ \frac{\mathrm{d}y}{\mathrm{d}x} = \frac{\mathrm{d}y}{\mathrm{d}u}\frac{\mathrm{d}u}{\mathrm{d}x}.$$

即复合函数的导数等于函数对中间变量的导数乘以中间变量对自变量的导数.

4. 隐函数求导法则

设由方程 $F(x,y)=0$ 确定的隐函数为 $y=y(x)$. 那么求 y' 的步骤为：

① 在方程 $F(x,y)=0$ 两端对 x 求导，将 y 视为 x 的函数；

② 从得到的等式中解出 y'.

5. 导数的基本公式

(1) $(C)'=0$（C 为常数）；　　　　　(2) $(x^n)'=nx^{n-1}$（n 为常数）；

(3) $(a^x)'=a^x\ln a\,(a>0,a\neq 1)$；　　(4) $(e^x)'=e^x$；

(5) $(\log_a x)'=\dfrac{1}{x\ln a}\,(a>0,a\neq 1)$；　(6) $(\ln x)'=\dfrac{1}{x}$；

(7) $(\sin x)'=\cos x$；　　　　　　　(8) $(\cos x)'=-\sin x$；

(9) $(\tan x)'=\sec^2 x=\dfrac{1}{\cos^2 x}$；　　(10) $(\cot x)'=-\csc^2 x=-\dfrac{1}{\sin^2 x}$；

(11) $(\sec x)'=\sec x\tan x$；　　　　(12) $(\csc x)'=-\csc x\cot x$；

(13) $(\arcsin x)'=\dfrac{1}{\sqrt{1-x^2}}$；　　(14) $(\arccos x)'=-\dfrac{1}{\sqrt{1-x^2}}$；

(15) $(\arctan x)'=\dfrac{1}{1+x^2}$；　　(16) $(\text{arccot}\,x)'=-\dfrac{1}{1+x^2}$.

6. 高阶导数定义

如果函数 $y=f(x)$ 的导函数 $f'(x)$ 在点 x 处可导，即极限存在，则称此极限为函数 $f(x)$ 在点 x 处的**二阶导数**，记为

$$\lim_{\Delta x\to 0}\dfrac{f'(x+\Delta x)-f'(x)}{\Delta x}$$

$$f''(x),\ y'',\ \dfrac{d^2 y}{dx^2}\ \text{或}\ \dfrac{d^2 f}{dx^2}.$$

类似地，二阶导数 $f''(x)$ 在点 x 处的导数称为**三阶导数**，记为 $f'''(x)$，y''' 或 $\dfrac{d^3 y}{dx^3}$；三阶导数 $f'''(x)$ 在点 x 处的导数称为**四阶导数**，记为 $f^{(4)}(x)$，$y^{(4)}$ 或 $\dfrac{d^4 y}{dx^4}$.

一般地，如果 $y=f(x)$ 的 $(n-1)$ 阶导数 $f^{(n-1)}(x)$ 的导数存在，则称 $f(x)$ 的 $(n-1)$ 阶导数的导数为 $f(x)$ 的 n **阶导数**，记为 $f^{(n)}(x)$，$y^{(n)}$，$\dfrac{d^n y}{dx^n}$ 或 $\dfrac{d^n f}{dx^n}$.

3.2.3　微　　分

1. 微分定义

若函数 $y=f(x)$ 在点 x_0 处可导，则称 $f'(x_0)\Delta x$ 为函数 y 在点 x_0 处的**微分**，记作 dy，即

$$dy=f'(x_0)\Delta x.$$

若函数 $y=f(x)$ 在点 x_0 有微分，就称函数 y 在点 x_0 处**可微**. 函数 $y=f(x)$ 在任意点 x 处的微分称为**函数的微分**，记为 dy，即

$$dy=f'(x)\Delta x.$$

2. 微分的几何意义

如图 3-1 所示，点 $M(x_0, y_0)$ 为曲线 $y=f(x)$ 上的点，由微分的定义
$$dy = f'(x_0)\Delta x = \tan\varphi \Delta x,$$
当 Δy 是点 M 的纵坐标增量时，dy 就是曲线 $y=f(x)$ 在点 M 处的切线上点的纵坐标的相应增量。当 $|\Delta x|$ 很小时，$|\Delta y - dy|$ 比 $|\Delta x|$ 小得多，因此在点 M 邻近处，我们可以用切线段来近似代替曲线段。

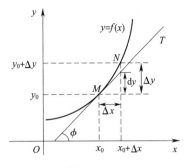

图 3-1

3. 微分的基本公式

(1) $d(C) = 0$;
(2) $d(x^\mu) = \mu x^{\mu-1} dx$;
(3) $d(a^x) = a^x \ln a \, dx$;
(4) $d(e^x) = e^x dx$;
(5) $d(\log_a x) = \dfrac{1}{x \ln a} dx$;
(6) $d(\ln x) = \dfrac{1}{x} dx$;
(7) $d(\sin x) = \cos x \, dx$;
(8) $d(\cos x) = -\sin x \, dx$;
(9) $d(\tan x) = \sec^2 x \, dx$;
(10) $d(\cot x) = -\csc^2 x \, dx$;
(11) $d(\sec x) = \sec x \tan x \, dx$;
(12) $d(\csc x) = -\csc x \cot x \, dx$;
(13) $d(\arcsin x) = \dfrac{1}{\sqrt{1-x^2}} dx$;
(14) $d(\arccos x) = -\dfrac{1}{\sqrt{1-x^2}} dx$;
(15) $d(\arctan x) = \dfrac{1}{1+x^2} dx$;
(16) $d(\operatorname{arccot} x) = -\dfrac{1}{1+x^2} dx$.

4. 微分的和、差、积、商的运算法则

(1) $d(u \pm v) = du \pm dv$;
(2) $d(uv) = v\,du + u\,dv$;
(3) $d(ku) = k\,du$ (k 是常数);
(4) $d\left(\dfrac{u}{v}\right) = \dfrac{v\,du - u\,dv}{v^2}$ ($v \neq 0$).

5. 复合函数的微分法则

设函数 $y = f(u)$ 可微，那么 $dy = f(u) du$。若函数 $u = \varphi(x)$ 也可微，则复合函数 $y = f[\varphi(x)]$ 的微分为
$$dy = y'_x dx = f'(u)\varphi'(x) dx.$$

3.3 典型例题

【例 3-1】 求 $f(x) = \dfrac{1}{x}$ 的导数。

解 $f'(x) = \lim\limits_{h \to 0} \dfrac{f(x+h) - f(x)}{h} = \lim\limits_{h \to 0} \dfrac{\dfrac{1}{x+h} - \dfrac{1}{x}}{h}$
$= \lim\limits_{h \to 0} \dfrac{-h}{h(x+h)x} = -\lim\limits_{h \to 0} \dfrac{1}{(x+h)x} = -\dfrac{1}{x^2}.$

【例 3-2】 求 $f(x) = \sqrt{x}$ 的导数。

解 $f'(x) = \lim\limits_{h \to 0} \dfrac{f(x+h) - f(x)}{h} = \lim\limits_{h \to 0} \dfrac{\sqrt{x+h} - \sqrt{x}}{h}$
$= \lim\limits_{h \to 0} \dfrac{h}{h(\sqrt{x+h} + \sqrt{x})} = \lim\limits_{h \to 0} \dfrac{1}{\sqrt{x+h} + \sqrt{x}} = \dfrac{1}{2\sqrt{x}}.$

【例 3-3】 求函数 $f(x)=|x|$ 在 $x=0$ 处的导数.

解
$$f'_{-}(0)=\lim_{h\to 0^{-}}\frac{f(0+h)-f(0)}{h}=\lim_{h\to 0^{-}}\frac{|h|}{h}=-1,$$
$$f'_{+}(0)=\lim_{h\to 0^{+}}\frac{f(0+h)-f(0)}{h}=\lim_{h\to 0^{+}}\frac{|h|}{h}=1,$$

因为 $f'_{-}(0)\neq f'_{+}(0)$,所以函数 $f(x)=|x|$ 在 $x=0$ 处不可导.

【例 3-4】 求双曲线 $y=\dfrac{1}{x}$ 在点 $\left(\dfrac{1}{2},2\right)$ 处的切线的斜率,并写出在该点处的切线方程和法线方程.

解 $y'=-\dfrac{1}{x^2}$,所求切线及法线的斜率分别为
$$k_1=-\left.\frac{1}{x^2}\right|_{x=\frac{1}{2}}=-4, k_2=-\frac{1}{k_1}=\frac{1}{4}$$

所求切线方程为 $y-2=-4\left(x-\dfrac{1}{2}\right)$,即 $4x+y-4=0$.

所求法线方程为 $y-2=\dfrac{1}{4}\left(x-\dfrac{1}{2}\right)$,即 $2x-8y+15=0$.

【例 3-5】 求曲线 $y=x\sqrt{x}$ 的通过点 $(0,-4)$ 的切线方程.

解 设切点的横坐标为 x_0,则切线的斜率为
$$f'(x_0)=(x^{\frac{3}{2}})'=\frac{3}{2}x^{\frac{1}{2}}\bigg|_{x=x_0}=\frac{3}{2}\sqrt{x_0},$$

于是所求切线的方程可设为
$$y-x_0\sqrt{x_0}=\frac{3}{2}\sqrt{x_0}(x-x_0),$$

根据题目要求,点 $(0,-4)$ 在切线上,因此
$$-4-x_0\sqrt{x_0}=\frac{3}{2}\sqrt{x_0}(0-x_0),$$

解之,得 $x_0=4$,于是所求切线的方程为
$$y-4\sqrt{4}=\frac{3}{2}\sqrt{4}(x-4), 即 3x-y-4=0.$$

【例 3-6】 $y=2x^3-5x^2+3x-7$,求 y'.

解 $y'=(2x^3-5x^2+3x-7)'=(2x^3)'-(5x^2)'+(3x)'-(7)'=2(x^3)'-5(x^2)'+3(x)'$
$=2\cdot 3x^2-5\cdot 2x+3=6x^2-10x+3.$

【例 3-7】 $f(x)=x^3+4\cos x-\sin\dfrac{\pi}{2}$,求 $f'(x)$ 及 $f'\left(\dfrac{\pi}{2}\right)$.

解
$$f'(x)=(x^3)'+(4\cos x)'-\left(\sin\frac{\pi}{2}\right)'=3x^2-4\sin x,$$
$$f'\left(\frac{\pi}{2}\right)=\frac{3}{4}\pi^2-4.$$

【例 3-8】 $y=\mathrm{e}^x(\sin x+\cos x)$,求 y'.

解 $y'=(\mathrm{e}^x)'(\sin x+\cos x)+\mathrm{e}^x(\sin x+\cos x)'$
$=\mathrm{e}^x(\sin x+\cos x)+\mathrm{e}^x(\cos x-\sin x)$
$=2\mathrm{e}^x\cos x.$

【例 3-9】 $y = \tan x$,求 y'.

解 $y' = (\tan x)' = \left(\dfrac{\sin x}{\cos x}\right)' = \dfrac{(\sin x)' \cos x - \sin x (\cos x)'}{\cos^2 x}$

$= \dfrac{\cos^2 x + \sin^2 x}{\cos^2 x} = \dfrac{1}{\cos^2 x} = \sec^2 x.$

即 $(\tan x)' = \sec^2 x.$

【例 3-10】 $y = \sec x$,求 y'.

解 $y' = (\sec x)' = \left(\dfrac{1}{\cos x}\right)' = \dfrac{(1)' \cos x - 1 \cdot (\cos x)'}{\cos^2 x}$

$= \dfrac{\sin x}{\cos^2 x} = \sec x \tan x.$

即 $(\sec x)' = \sec x \tan x.$

【例 3-11】 设 $x = a^y (a > 0, a \neq 1)$ 为直接函数,则 $y = \log_a x$ 是它的反函数. 函数 $x = a^y$ 在区间 $I_y = (-\infty, +\infty)$ 内单调、可导,且

$$(a^y)' = a^y \ln a \neq 0.$$

因此,由反函数的求导法则,在对应区间 $I_x = (0, +\infty)$ 内有

$$(\log_a x)' = \dfrac{1}{(a^y)'} = \dfrac{1}{a^y \ln a} = \dfrac{1}{x \ln a}.$$

【例 3-12】 $y = e^{x^3}$,求 $\dfrac{dy}{dx}$.

解 函数 $y = e^{x^3}$ 可看作是由 $y = e^u, u = x^3$ 复合而成的,因此

$$\dfrac{dy}{dx} = \dfrac{dy}{du} \cdot \dfrac{du}{dx} = e^u \cdot 3x^2 = 3x^2 e^{x^3}.$$

【例 3-13】 $y = \ln \sin x$,求 $\dfrac{dy}{dx}$.

解 $\dfrac{dy}{dx} = (\ln \sin x)' = \dfrac{1}{\sin x} \cdot (\sin x)' = \dfrac{1}{\sin x} \cdot \cos x = \cot x.$

【例 3-14】 $y = \ln \cos(e^x)$,求 $\dfrac{dy}{dx}$.

解 $\dfrac{dy}{dx} = [\ln \cos(e^x)]' = \dfrac{1}{\cos(e^x)} \cdot [\cos(e^x)]'$

$= \dfrac{1}{\cos(e^x)} \cdot [-\sin(e^x)] \cdot (e^x)' = -e^x \tan(e^x).$

【例 3-15】 $y = e^{\sin \frac{1}{x}}$,求 $\dfrac{dy}{dx}$.

解 $\dfrac{dy}{dx} = (e^{\sin \frac{1}{x}})' = e^{\sin \frac{1}{x}} \cdot \left(\sin \dfrac{1}{x}\right)' = e^{\sin \frac{1}{x}} \cdot \cos \dfrac{1}{x} \cdot \left(\dfrac{1}{x}\right)'$

$= -\dfrac{1}{x^2} \cdot e^{\sin \frac{1}{x}} \cdot \cos \dfrac{1}{x}.$

【例 3-16】 $y = \sin nx \cdot \sin^n x$($n$ 为常数),求 y'.

解 $y' = (\sin nx)' \sin^n x + \sin nx \cdot (\sin^n x)'$

$= n \cos nx \cdot \sin^n x + \sin nx \cdot n \cdot \sin^{n-1} x \cdot (\sin x)'$

$= n \cos nx \cdot \sin^n x + n \sin^{n-1} x \cdot \cos x$

$$= n\sin^{n-1}x \cdot \sin(n+1)x.$$

【例 3-17】 求函数 $y = e^x$ 的 n 阶导数.

解 $y' = e^x, y'' = e^x, y''' = e^x, y^{(4)} = e^x,$

一般地,可得
$$y^{(n)} = e^x,$$
即
$$(e^x)^{(n)} = e^x.$$

【例 3-18】 求由方程 $e^y + xy - e = 0$ 所确定的隐函数 y 的导数.

解 方程两边的每一项对 x 求导数得
$$(e^y)' + (xy)' - (e)' = (0)',$$
即
$$e^y \cdot y' + y + xy' = 0,$$
从而
$$y' = -\frac{y}{x + e^y}(x + e^y \neq 0).$$

【例 3-19】 求由方程 $y^5 + 2y - x - 3x^7 = 0$ 所确定的隐函数 $y = f(x)$ 在 $x = 0$ 处的导数 $y'|_{x=0}$.

解 把方程两边分别对 x 求导数得
$$5y^4 \cdot y' + 2y' - 1 - 21x^6 = 0,$$
由此得
$$y' = \frac{1 + 21x^6}{5y^4 + 2}.$$

因为当 $x = 0$ 时,从原方程得 $y = 0$,所以
$$y'\Big|_{x=0} = \frac{1 + 21x^6}{5y^4 + 2}\Big|_{x=0} = \frac{1}{2}.$$

【例 3-20】 求椭圆 $\dfrac{x^2}{16} + \dfrac{y^2}{9} = 1$ 在 $\left(2, \dfrac{3}{2}\sqrt{3}\right)$ 处的切线方程.

解 椭圆方程的两边分别对 x 求导,得
$$\frac{x}{8} + \frac{2}{9}y \cdot y' = 0,$$
从而
$$y' = -\frac{9x}{16y}.$$

当 $x = 2$ 时,$y = \dfrac{3}{2}\sqrt{3}$,代入上式得所求切线的斜率
$$k = y'\Big|_{x=2} = -\frac{\sqrt{3}}{4},$$
所求的切线方程为
$$y - \frac{3}{2}\sqrt{3} = -\frac{\sqrt{3}}{4}(x - 2).$$
即
$$\sqrt{3}x + 4y - 8\sqrt{3} = 0.$$

【例 3-21】 求由方程 $x - y + \dfrac{1}{2}\sin y = 0$ 所确定的隐函数 y 的二阶导数.

解 方程两边对 x 求导,得
$$1 - \frac{dy}{dx} + \frac{1}{2}\cos y \cdot \frac{dy}{dx} = 0,$$

于是
$$\frac{dy}{dx} = \frac{2}{2-\cos y}.$$

上式两边再对 x 求导，得
$$\frac{d^2 y}{dx^2} = \frac{-2\sin y \cdot \dfrac{dy}{dx}}{(2-\cos y)^2} = \frac{-4\sin y}{(2-\cos y)^3}.$$

【例 3-22】 求函数 $y=x^2$ 在 $x=1$ 和 $x=3$ 处的微分.

解 函数 $y=x^2$ 在 $x=1$ 处的微分为
$$dy = (x^2)'\big|_{x=1} \Delta x = 2\Delta x;$$
函数 $y=x^2$ 在 $x=3$ 处的微分为
$$dy = (x^2)'\big|_{x=3} \Delta x = 6\Delta x.$$

【例 3-23】 $y=\sin(2x+1)$，求 dy.

解 把 $2x+1$ 看成中间变量 u，则
$$\begin{aligned} dy &= d(\sin u) = \cos u \, du \\ &= \cos(2x+1) d(2x+1) \\ &= \cos(2x+1) \cdot 2dx \\ &= 2\cos(2x+1) dx. \end{aligned}$$

在求复合函数的导数时，可以不写出中间变量.

【例 3-24】 $y=\ln(1+e^{x^2})$，求 dy.

解
$$\begin{aligned} dy &= d\ln(1+e^{x^2}) = \frac{1}{1+e^{x^2}} d(1+e^{x^2}) \\ &= \frac{1}{1+e^{x^2}} \cdot e^{x^2} d(x^2) = \frac{1}{1+e^{x^2}} \cdot e^{x^2} \cdot 2xdx = \frac{2xe^{x^2}}{1+e^{x^2}} dx. \end{aligned}$$

【例 3-25】 在括号中填入适当的函数，使等式成立.

(1) $d(\quad) = xdx$；

(2) $d(\quad) = \cos\omega t\, dt$.

解 (1) 因为 $d(x^2) = 2xdx$，所以 $xdx = \dfrac{1}{2}d(x^2) = d\left(\dfrac{1}{2}x^2\right)$，即 $d\left(\dfrac{1}{2}x^2\right) = xdx$.

一般地，有 $d\left(\dfrac{1}{2}x^2 + C\right) = xdx$（$C$ 为任意常数）.

(2) 因为 $d(\sin\omega t) = \omega\cos\omega t\, dt$，所以
$$\cos\omega t\, dt = \frac{1}{\omega}d(\sin\omega t) = d\left(\frac{1}{\omega}\sin\omega t\right).$$
因此
$$d\left(\frac{1}{\omega}\sin\omega t + C\right) = \cos\omega t\, dt\ (C\ \text{为任意常数}).$$

3.4 同步训练

习题 3.1

1. 设函数 $f(x) = x^2$，则 $\lim\limits_{x \to 2} \dfrac{f(x)-f(2)}{x-2} = (\quad)$.

A. $2x$　　　　　　B. 2　　　　　　C. 1　　　　　　D. 4

2. 若 $f\left(\dfrac{1}{x}\right)=x$，则 $f'(x)=($ 　　$)$．

A. $\dfrac{1}{x}$　　　　　　B. $-\dfrac{1}{x}$　　　　　　C. $\dfrac{1}{x^2}$　　　　　　D. $-\dfrac{1}{x^2}$

3. 函数 $f(x)=\sqrt{x}$，在点 $x=1$ 处的切线方程是（　　）．

A. $2y-x=1$　　　　B. $2y-x=2$　　　　C. $y-2x=1$　　　　D. $y-2x=2$

4. 用导数定义求函数 $f(x)=\mathrm{e}^x$ 的导数 $f'(x)$．

5. 讨论函数 $y=|x|$ 在点 $x=0$ 处的可导性．

6. 求曲线 $y=\mathrm{e}^x$ 在点 $(1,\mathrm{e})$ 处的切线和法线方程．

7. 设函数 $f(x)=\begin{cases}x^2,&x\leqslant 1\\ax+b,&x>1\end{cases}$ 在点 $x=1$ 处可导，问 a,b 分别应取什么值？

习题 3.2

1. 曲线 $y=\dfrac{1}{2}(x+\sin x)$ 在 $x=0$ 处的切线方程为（　　）．

A. $y=x$　　　　　　B. $y=-x$　　　　　　C. $y=x-1$　　　　　　D. $y=-x-1$

2. 若 $f(x)=\mathrm{e}^{-x}\cos x$，则 $f'(0)=($ 　　$)$．

A. 2　　　　　　B. 1　　　　　　C. -1　　　　　　D. -2

3. 若 $y=(x-1)x(x+1)(x+2)$，则 $y'(0)=($ 　　$)$．
A. 0　　　　　　　B. -2　　　　　　C. 1　　　　　　D. 2

4. 若 $f(x)=\cos(x^2)$，则 $f'(x)=($ 　　$)$．
A. $\sin(x^2)$　　　B. $2x\sin(x^2)$　　C. $-\sin(x^2)$　　D. $-2x\sin(x^2)$

5. 若 $f(x)=\sin x+a^3$，其中 a 是常数，则 $f''(x)=($ 　　$)$．
A. $\cos x+3a^2$　　B. $\sin x+6a$　　C. $-\sin x$　　D. $\cos x$

6. 若 $f(x)=x\cos x$，则 $f''(x)=($ 　　$)$．
A. $\cos x+x\sin x$　　B. $\cos x-x\sin x$　　C. $-2\sin x-x\cos x$　　D. $2\sin x+x\cos x$

7. 求下列函数的导数．

(1) $y=\sqrt{x}+\sin x+5$；

(2) $y=\sqrt{x}\sin x$；

(3) $y=5\log_2 x-2x^4$；

(4) $y=\sec x+2^x+x^3$；

(5) $y=(2x^2-3)^2$；

(6) $y=\tan(3x+2)$；

(7) $y=\sin^3\dfrac{x}{3}$；

(8) $y=(x\cot x)^2$．

8. 已知函数 $y=y(x)$ 由方程 $xy+\ln y=1$ 确定，试求 y'．

9. 求由下列方程所确定的隐函数的导数 y'.

(1) $xy+3x^2-5y-7=0$; (2) $xy=e^{x+y}$.

10. 求 $y=a_0x^n+a_1x^{n-1}+\cdots+a_{n-1}x+a_n$ 的 n 阶导数 $y^{(n)}$.

习题 3.3

1. 设 $y=\lg 2x$,则 $dy=(\quad)$.

A. $\dfrac{1}{2x}dx$ B. $\dfrac{1}{x\ln 10}dx$ C. $\dfrac{\ln 10}{x}dx$ D. $\dfrac{1}{x}dx$

2. 设 $y=f(x)$ 是可微函数,则 $df(\cos 2x)=(\quad)$.

A. $2f'(\cos 2x)dx$ B. $f'(\cos 2x)\sin 2x d2x$

C. $2f'(\cos 2x)\sin 2x dx$ D. $-f'(\cos 2x)\sin 2x d2x$

3. 已知函数 $y=\ln(1+2x)$,求当 $x_0=1,\Delta x=0.003$ 时的微分.

4. 求下列函数的微分.

(1) $y=x^2+3\tan x+e^x$; (2) $y=e^x\cos x$;

(3) $y=\dfrac{\sin x}{1+x^2}$; (4) $y=\dfrac{1}{2}\arcsin(2x)$;

(5) $y=\ln^2(1-x)$; (6) $y=x^2 e^{2x\sin x}$.

5. 求下列方程所确定的隐函数 $y=y(x)$ 或 $x=x(y)$ 的微分.

(1) $\dfrac{x^2}{a^2}+\dfrac{y^2}{b^2}=1$; (2) $\cos(xy)=x^2 y^2$.

6. 由方程 $\cos(x+y)+e^y=x$ 确定 y 是 x 的隐函数,求 dy.

总习题 3

一、选择题

1. 函数 $f(x)$ 的 $f'(x_0)$ 存在等价于(　　).

A. $\lim\limits_{n\to\infty} n\left[f\left(x_0+\dfrac{1}{n}\right)-f(x_0)\right]$ 存在　　　B. $\lim\limits_{h\to 0}\dfrac{f(x_0-h)-f(x_0)}{h}$ 存在

C. $\lim\limits_{\Delta x\to 0}\dfrac{f(x_0+\Delta x)-f(x_0-\Delta x)}{\Delta x}$ 存在　　　D. $\lim\limits_{\Delta x\to 0}\dfrac{f(x_0+3\Delta x)-f(x_0+\Delta x)}{\Delta x}$ 存在

2. 若函数 $f(x)$ 在点 x_0 处可导,则 $|f(x)|$ 在点 x_0 处(　　).

A. 可导　　　　B. 不可导　　　　C. 连续但未必可导　　　D. 不连续

3. 设 $y=x\sin x$,则 $f'\left(\dfrac{\pi}{2}\right)=$(　　).

A. -1　　　　B. 1　　　　C. $\dfrac{\pi}{2}$　　　　D. $-\dfrac{\pi}{2}$

4. 已知 $f'(3)=2$,$\lim\limits_{h\to 0}\dfrac{f(3-h)-f(3)}{2h}=$(　　).

A. $\dfrac{3}{2}$　　　　B. $-\dfrac{3}{2}$　　　　C. 1　　　　D. -1

5. 设 $f(x)=\ln(x^2+x)$,则 $f'(x)=$(　　).

A. $\dfrac{2}{x+1}$　　　　B. $\dfrac{2}{x^2+x}$　　　　C. $\dfrac{2x+1}{x^2+x}$　　　　D. $\dfrac{2x}{x^2+x}$

6. 设 $f(x)$ 为偶函数且在 $x=0$ 处可导,则 $f'(0)=$( ).

A. 1 B. -1
C. 0 D. A、B、C 三选项均不对

7. 设 $y=x\ln x$,则 $y^{(3)}=$( ).

A. $\ln x$ B. x C. $\dfrac{1}{x^2}$ D. $-\dfrac{1}{x^2}$

8. 设 $y=f(-x)$,则 $y'=$( ).

A. $f'(x)$ B. $-f'(x)$ C. $f'(-x)$ D. $-f'(-x)$

9. 若两个函数 $f(x),g(x)$ 在区间 (a,b) 内各点的导数相等,则这两个函数在区间 (a,b) 内( ).

A. $f(x)-g(x)=x$ B. 相等 C. 仅相差一个常数 D. 均为常数

10. 已知一个质点作变速直线运动的位移函数为 $S=3t^2+e^{2t}$,t 为时间,则在时刻 $t=2$ 处的速度和加速度分别为( ).

A. $12+2e^4$,$6+4e^4$ B. $12+2e^4$,$12+2e^4$
C. $6+4e^4$,$6+4e^4$ D. $12+e^4$,$6+e^4$

11. 设 $y=\cos x^2$,则 $dy=$( ).

A. $-2x\cos x^2 dx$ B. $2x\cos x^2 dx$
C. $-2x\sin x^2 dx$ D. $2x\sin x^2 dx$

12. 设 $y=f(u)$ 是可微函数,u 是 x 的可微函数,则 $dy=$( ).

A. $f'(u)dx$ B. $f'(u)du$ C. $f'(u)dx$ D. $f'(u)u'du$

二、填空题

1. 设 $f(x)$ 在 x_0 处可导,则 $\lim\limits_{\Delta x\to 0}\dfrac{f(x_0-\Delta x)-f(x_0)}{\Delta x}=$ _____,

$\lim\limits_{h\to 0}\dfrac{f(x_0+h)-f(x_0-h)}{h}=$ _____.

2. 若 $f'(0)$ 存在且 $f(0)=0$,则 $\lim\limits_{x\to 0}\dfrac{f(x)}{x}=$ _____.

3. 已知 $f(x)=\begin{cases} x^2, & x\geq 0 \\ -x^2, & x<0 \end{cases}$,则 $f'(0)=$ _____.

4. 填写下列空格.

(1) $(\sqrt{2})'=$ _____; (2) $(x^\mu)'=$ _____,其中 μ 为实常数;
(3) $(e^x)'=$ _____; (4) $(2^x)'=$ _____;
(5) $(\ln x)'=$ _____; (6) $(\log_a x)'=$ _____,$a>0$ 且 $a\neq 1$;
(7) $(\sin x)'=$ _____; (8) $(\cos x)'=$ _____;
(9) $(\tan x)'=$ _____; (10) $(\cot x)'=$ _____;
(11) $(\arcsin x)'=$ _____; (12) $(\arccos x)'=$ _____;
(13) $(\arctan x)'=$ _____; (14) $(\text{arccot} x)'=$ _____;
(15) $(\cos 2x^2)'=$ _____; (16) $(\cos 2x^2)'_{(2x^2)}=$ _____;
(17) $(\cos 2x^2)'_{(x^2)}=$ _____;(其中圆括号中的下标表示相对求导变量)
(18) $y=2x^2+\ln x$,则 $y''|_{x=1}=$ _____;

(19) $y=10^x$，则 $y^{(n)}(0)=$ _____.

5. 设 $f(x)=\ln 2x+2e^{\frac{1}{2}x}$，则 $f'(2)=$ _____.

6. 设 $f(x)=\ln\cot x$，则 $f'\left(\dfrac{\pi}{4}\right)=$ _____.

7. 曲线 $y=\ln x+e^x$ 在 $x=1$ 处的切线方程是 _____.

8. 设 $f(x)=\begin{cases} x, & x\geqslant 0 \\ \tan x, & x<0 \end{cases}$，则 $f(x)$ 在 $x=0$ 处的导数为 _____.

9. 设 $y=e^{\cos x}$，则 $y''=$ _____.

10. 设 $y=f\left(\dfrac{1}{x}\right)$，其中 $f(u)$ 为二阶可导函数，则 $\dfrac{d^2y}{dx^2}=$ _____.

11. 设 $y=x^3+\ln(1+x)$，则 $dy=$ _____.

12. 设由方程 $x^2+y^2-xy=1$ 确定隐函数 $y=y(x)$，则 $y'=$ _____.

13. 设 $y=(1-3x)^{100}+3\log_2 x+\sin 2x$，则 $y''=$ _____.

14. 设 $f(x)=\begin{cases} \dfrac{\sin x^2}{2x}, & x\neq 0 \\ 0, & x=0 \end{cases}$，则 $f'(0)=$ _____.

15. $2x^2 dx=d$ _____ ;

16. 设 $y=a^x+\operatorname{arccot}x$，则 $dy=$ _____ dx.

17. d _____ $=\dfrac{1}{\sqrt{x}}dx$;

18. 设 $y=e^x\ln x$，则 $dy=$ _____ ;

19. 设 $y=e^{\sqrt{\sin 2x}}$，则 $dy=$ _____ $d(\sin 2x)$.

三、计算题

1. 求下列函数的导数.

(1) $y=x^2(\cos x+\sqrt{x})$；   (2) $y=\dfrac{1-\sqrt{x}}{1+\sqrt{x}}$;

(3) $y=(x-1)(x-2)(x-3)$；   (4) $y=\sqrt[3]{x}\sin x+a^x e^x$;

(5) $y = x\log_2 x + \ln 2$;

(6) $y = \cot x \arctan x$;

(7) $y = \cos\dfrac{1}{x}$;

(8) $y = \ln\left(\dfrac{1}{x} + \ln\dfrac{1}{x}\right)$;

(9) $y = \ln(1-x)$;

(10) $y = \ln(x + \sqrt{1+x^2})$.

2. 求曲线 $y = x^4 - 3$ 在点 $(1, -2)$ 处的切线方程和法线方程.

3. 设 $f(x) = \sqrt{x + \ln^2 x}$，求 $f'(1)$.

4. 设 $f(x) = \pi^x + x^\pi + x^x$，求 $f'(1)$.

5. 已知 $y=x^3+\ln\sin x$,求 y''.

6. 设 $f(x)=x^2\varphi(x)$,且 $\varphi(x)$ 有二阶连续导数,求 $f''(0)$.

7. 设函数 $f(x)=\begin{cases}\sin x+a, x\leqslant 0\\ bx+2, x>0\end{cases}$ 在 $x=0$ 处可导,求常数 a 与 b 的值.

8. 设 $y=\ln(x+\sqrt{x^2+1})$,求 $y'(\sqrt{3})$.

9. 设 $y=\sqrt{\ln x}+\dfrac{1}{2x-1}$,求 $\mathrm{d}y$.

10. 设 $y=x\ln x+\dfrac{1}{\sqrt{x}}$,求 $\dfrac{\mathrm{d}y}{\mathrm{d}x}$ 及 $\dfrac{\mathrm{d}y}{\mathrm{d}x}\bigg|_{x=1}$.

11. 设 $y=f(x)$ 由方程 $e^{xy}+y^3-5x=0$ 所确定,试求 $\dfrac{dy}{dx}\bigg|_{x=0}$.

12. 设隐函数 $y=f(x)$ 由方程 $x=\ln(x+y)$ 确定,求 $\dfrac{dy}{dx}$.

13. 设由 $x^2y-e^{2y}=\sin y$ 确定 y 是 x 的函数,求 $\dfrac{dy}{dx}$.

14. 已知 $y=\sqrt[3]{1+\ln^2 x}$,求 dy.

15. 由方程 $\cos(x^2+y)=xy$ 确定 y 是 x 的隐函数,求 dy.

16. 已知 $f(x)=2^x\cos x+\ln\dfrac{1-x}{1+x}$,求 dy.

17. 设 $y = x\sqrt{x\sqrt{x}} + \ln x$,求 d$y$.

18. 设 $y = \sqrt{\ln x} + \dfrac{1}{2x-1}$,求 d$y$.

第4章 中值定理及导数的应用

我们已经建立了导数和微分的概念,并研究了导数的计算方法.本章介绍中值定理和求极限的洛必达法则,然后利用导数来研究函数的性质及导数在经济分析中的一些运用.

4.1 教学目标

(1)了解中值定理的内容及用法,会用洛必达法则求极限.
(2)掌握函数单调性的判别方法,会求函数的单调区间.
(3)了解函数极值的概念,知道极值存在的必要条件,掌握极值点的判别方法.知道函数的极值点与驻点的区别与联系,会求函数的极值.
(4)了解边际函数概念,掌握求边际函数的方法.
(5)熟练掌握经济分析中的平均成本最低、收入最大和利润最大等应用问题的解法,会求简单的几何问题的最大(小)值问题.

4.2 知识点概括

4.2.1 费马定理

1. 费马定理

若函数 $f(x)$ 在点 x_0 处可导,且在 x_0 的某邻域内恒有
$$f(x) \leqslant f(x_0) \text{ 或 } f(x) \geqslant f(x_0),$$
则必有 $f'(x_0)=0$.

2. 罗尔定理

若函数 $y=f(x)$ 满足:
(1)在闭区间 $[a,b]$ 上连续;
(2)在开区间 (a,b) 内可导;
(3)$f(a)=f(b)$.
则在开区间 (a,b) 内至少存在一点 ξ,使得 $f'(\xi)=0$.

3. 拉格朗日中值定理

如果函数 $y=f(x)$ 满足:
(1)在闭区间 $[a,b]$ 上连续;
(2)在开区间 (a,b) 内可导.
则在开区间 (a,b) 内至少存在一点 ξ,使得
$$f'(\xi)=\frac{f(b)-f(a)}{b-a}.$$

4. 柯西中值定理

设函数 $f(x)$ 与 $g(x)$ 都满足：

(1) 在闭区间 $[a,b]$ 上连续；

(2) 在开区间 (a,b) 内可导，且在开区间 (a,b) 内 $g'(x) \neq 0$.

那么，在开区间 (a,b) 内至少存在一点 ξ，使得

$$\frac{f(b)-f(a)}{g(b)-g(a)} = \frac{f'(\xi)}{g'(\xi)}.$$

4.2.2 洛必达法则

1. 洛必达法则

如果函数 $f(x)$ 与函数 $g(x)$ 满足：

(1) $\lim\limits_{x \to x_0} f(x) = \lim\limits_{x \to x_0} g(x) = 0$；

(2) 函数 $f(x)$ 与 $g(x)$ 在点 x_0 的某邻域内（点 x_0 可除外）均可导，且 $g'(x) \neq 0$；

(3) $\lim\limits_{x \to x_0} \dfrac{f'(x)}{g'(x)}$ 存在（或为无穷大）.

那么

$$\lim_{x \to x_0} \frac{f(x)}{g(x)} = \lim_{x \to x_0} \frac{f'(x)}{g'(x)}.$$

2. 其他类型的未定式

洛必达法则还可以用来求"$0 \cdot \infty$""$\infty - \infty$""0^0""1^∞""∞^0"等未定型的极限. 虽然它们不能直接利用洛必达法则求解，但我们可以通过简单的变形把它们化为"$\dfrac{0}{0}$"型或"$\dfrac{\infty}{\infty}$"型，然后再用洛必达法则求出极限.

4.2.3 函数的单调性与极值

1. 函数的单调性

设函数 $y = f(x)$ 在开区间 I 内可导.

(1) 如果对 $\forall x \in I$，有 $f'(x) > 0$，那么函数 $f(x)$ 在 I 内单调递增；

(2) 如果对 $\forall x \in I$，有 $f'(x) < 0$，那么函数 $f(x)$ 在 I 内单调减少.

2. 驻点定义

可导函数 $f(x)$ 在单调区间的分界点处导数为零. 我们称满足 $f'(x) = 0$ 的点叫做函数的**驻点**.

3. 极值定义

设函数 $f(x)$ 在 x_0 的某个邻域内有定义. 如果对于该邻域内的任意点 $x(x \neq x_0)$，恒有 $f(x) < f(x_0)$（或 $f(x) > f(x_0)$），则称 $f(x_0)$ 为函数 $f(x)$ 的**极大值**（或**极小值**），点 x_0 称为 $f(x)$ 的**极大值点**（或**极小值点**）.

函数的极大值与极小值统称为函数的**极值**，极大值点与极小值点统称为函数的**极值点**.

4. 极值存在的必要条件

如果函数 $f(x)$ 在点 x_0 处可导且取得极值，那么 $f'(x_0) = 0$.

5. 极值判别法 Ⅰ

设函数 $f(x)$ 在 x_0 处连续，且在 x_0 的某左、右邻域内可导.

(1) 若 $x<x_0$ 时，$f'(x)>0$，而 $x>x_0$ 时，$f'(x)<0$，则函数 $f(x)$ 在点 x_0 取极大值；

(2) 若 $x<x_0$ 时，$f'(x)<0$，而 $x>x_0$ 时，$f'(x)>0$，则函数 $f(x)$ 在点 x_0 取极小值；

(3) 若在点 x_0 的左、右两侧 $f'(x)$ 不变号，则函数 $f(x)$ 在点 x_0 不取极值.

6. 极值判别法 Ⅱ

设函数 $f(x)$ 在点 x_0 处有二阶导数，且 $f'(x_0)=0$，$f''(x_0)\neq 0$.

(1) 若 $f''(x_0)<0$，则函数 $f(x)$ 在点 x_0 处取得极大值；

(2) 若 $f''(x_0)>0$，则函数 $f(x)$ 在点 x_0 处取得极小值.

7. 求最值的方法

连续函数 $f(x)$ 在闭区间 $[a,b]$ 上的最值只可能在极值点或区间端点取得. 由此得到求 $f(x)$ 的最值的一般步骤如下.

① 求出 $f(x)$ 在 (a,b) 内的所有驻点和不可导点，计算各点的函数值；

② 求出 $f(x)$ 在端点的函数值 $f(a)$ 和 $f(b)$；

③ 比较求出的所有函数值，其中最大（小）者就是 $f(x)$ 在 $[a,b]$ 上的最大（小）值.

4.2.4 导数在经济中的应用

1. 边际函数定义

若函数 $f(x)$ 可导，则称其导函数 $f'(x)$ 为 $f(x)$ 的边际函数.

2. 边际函数在经济问题中的应用

边际成本就是总成本函数的导数，边际收入就是收入函数的导数，而边际利润就是利润函数的导数. 如已知成本函数 $C=C(q)$，收入函数 $R=R(q)$，利润函数 $L=L(q)$，则

$$L(q)=R(q)-C(q), L'(q)=R'(q)-C'(q).$$

3. 极值在经济中的应用

4.3 典型例题

【例 4-1】 证明当 $x>0$ 时，$\dfrac{x}{1+x}<\ln(1+x)<x$.

证 设 $f(x)=\ln(1+x)$，显然 $f(x)$ 在区间 $[0,x]$ 上满足拉格朗日中值定理的条件，根据定理，有

$$f(x)-f(0)=f'(\xi)(x-0), 0<\xi<x.$$

由于 $f(0)=0$，$f'(x)=\dfrac{1}{1+x}$，因此上式即为

$$\ln(1+x)=\dfrac{x}{1+\xi}.$$

又由 $0<\xi<x$，有

$$\dfrac{x}{1+x}<\ln(1+x)<x.$$

【例 4-2】 求 $\lim\limits_{x\to 0}\dfrac{\sin ax}{\sin bx}(b\neq 0)$.

解 $\lim\limits_{x\to 0}\dfrac{\sin ax}{\sin bx}=\lim\limits_{x\to 0}\dfrac{(\sin ax)'}{(\sin bx)'}=\lim\limits_{x\to 0}\dfrac{a\cos ax}{b\cos bx}=\dfrac{a}{b}.$

【例 4-3】 求 $\lim\limits_{x\to 1}\dfrac{x^3-3x+2}{x^3-x^2-x+1}.$

解 $\lim\limits_{x\to 1}\dfrac{x^3-3x+2}{x^3-x^2-x+1}=\lim\limits_{x\to 1}\dfrac{(x^3-3x+2)'}{(x^3-x^2-x+1)'}$
$$=\lim\limits_{x\to 1}\dfrac{3x^2-3}{3x^2-2x-1}=\lim\limits_{x\to 1}\dfrac{6x}{6x-2}=\dfrac{3}{2}.$$

【例 4-4】 求 $\lim\limits_{x\to 0}\dfrac{x-\sin x}{x^3}.$

解 $\lim\limits_{x\to 0}\dfrac{x-\sin x}{x^3}=\lim\limits_{x\to 0}\dfrac{1-\cos x}{3x^2}=\lim\limits_{x\to 0}\dfrac{\sin x}{6x}=\dfrac{1}{6}.$

【例 4-5】 求 $\lim\limits_{x\to +\infty}\dfrac{\dfrac{\pi}{2}-\arctan x}{\dfrac{1}{x}}.$

解 $\lim\limits_{x\to +\infty}\dfrac{\dfrac{\pi}{2}-\arctan x}{\dfrac{1}{x}}=\lim\limits_{x\to +\infty}\dfrac{-\dfrac{1}{1+x^2}}{-\dfrac{1}{x^2}}=\lim\limits_{x\to +\infty}\dfrac{x^2}{1+x^2}=1.$

【例 4-6】 求 $\lim\limits_{x\to +\infty}\dfrac{\ln x}{x^n}(n>0).$

解 $\lim\limits_{x\to +\infty}\dfrac{\ln x}{x^n}=\lim\limits_{x\to +\infty}\dfrac{\dfrac{1}{x}}{nx^{n-1}}=\lim\limits_{x\to +\infty}\dfrac{1}{nx^n}=0.$

【例 4-7】 求 $\lim\limits_{x\to +\infty}\dfrac{x^n}{e^{\lambda x}}(n\text{ 为正整数},\lambda>0).$

解 $\lim\limits_{x\to +\infty}\dfrac{x^n}{e^{\lambda x}}=\lim\limits_{x\to +\infty}\dfrac{nx^{n-1}}{\lambda e^{\lambda x}}=\lim\limits_{x\to +\infty}\dfrac{n(n-1)x^{n-2}}{\lambda^2 e^{\lambda x}}=\cdots$
$$=\lim\limits_{x\to +\infty}\dfrac{n!}{\lambda^n e^{\lambda x}}=0.$$

【例 4-8】 求 $\lim\limits_{x\to +0}x^n\ln x(n>0).$

解 $\lim\limits_{x\to +0}x^n\ln x=\lim\limits_{x\to +0}\dfrac{\ln x}{x^{-n}}=\lim\limits_{x\to +0}\dfrac{\dfrac{1}{x}}{-nx^{-n-1}}=\lim\limits_{x\to +0}\dfrac{-x^n}{n}=0.$

【例 4-9】 求 $\lim\limits_{x\to \frac{\pi}{2}}(\sec x-\tan x).$

解 $\lim\limits_{x\to \frac{\pi}{2}}(\sec x-\tan x)=\lim\limits_{x\to \frac{\pi}{2}}\dfrac{1-\sin x}{\cos x}=\lim\limits_{x\to \frac{\pi}{2}}\dfrac{-\cos x}{\sin x}=0.$

【例 4-10】 求 $\lim\limits_{x\to +0}x^x.$

解 $\lim\limits_{x\to +0}x^x=\lim\limits_{x\to +0}e^{x\ln x}=e^0=1.$

【例 4-11】 求 $\lim\limits_{x\to +\infty}x^{\frac{1}{x}}.$

解 $\lim\limits_{x\to +\infty}x^{\frac{1}{x}}=\lim\limits_{x\to +\infty}e^{\frac{1}{x}\ln x}.$

其中
$$\lim_{x \to +\infty} \frac{1}{x}\ln x = \lim_{x \to +\infty} \frac{\ln x}{x} = \lim_{x \to +\infty} \frac{\frac{1}{x}}{1} = 0,$$
于是
$$\lim_{x \to +\infty} x^{\frac{1}{x}} = \lim_{x \to +\infty} e^{\frac{1}{x}\ln x} = e^0 = 1.$$

【例 4-12】 判定函数 $y = x - \sin x$ 在 $[0, 2\pi]$ 上的单调性.

解 因为在 $(0, 2\pi)$ 内
$$y' = 1 - \cos x > 0.$$
所以由判定法可知函数 $y = x - \cos x$ 在 $[0, 2\pi]$ 上单调增加.

【例 4-13】 讨论函数 $y = e^x - x - 1$ 的单调性.

解
$$y' = e^x - 1.$$
函数 $y = e^x - x - 1$ 的定义域为 $(-\infty, +\infty)$. 因为在 $(-\infty, 0)$ 内 $y' < 0$, 所以函数 $y = e^x - x - 1$ 在 $(-\infty, 0]$ 上单调减少; 因为在 $(0, +\infty)$ 内 $y' > 0$, 所以函数 $y = e^x - x - 1$ 在 $[0, +\infty)$ 上单调增加.

【例 4-14】 确定函数 $f(x) = 2x^3 - 9x^2 + 12x - 3$ 的单调区间.

解 这个函数的定义域为: $(-\infty, +\infty)$.

函数的导数为: $f'(x) = 6x_2 - 18x + 12 = 6(x-1)(x-2)$.

导数为零的点有两个: $x_1 + 1, x_2 = 2$.

列表分析:

x	$(-\infty, 1]$	$[1, 2]$	$[2, +\infty)$
$f'(x)$	+	−	+
$f(x)$	↗	↘	↗

函数 $f(x)$ 在区间 $(-\infty, 1]$ 和 $[2, +\infty)$ 内单调增加, 在区间 $[1, 2]$ 上单调减少.

【例 4-15】 求函数 $f(x) = (x-4)\sqrt[3]{(x+1)^2}$ 的极值.

解 (1) $f(x)$ 在 $(-\infty, +\infty)$ 内连续, 除 $x = -1$ 外处处可导, 且
$$f'(x) = \frac{5(x-1)}{3\sqrt[3]{x+1}}.$$

(2) 令 $f'(x) = 0$, 得驻点 $x = 1$. $x = -1$ 为 $f(x)$ 的不可导点.

(3) 列表判断:

x	$(-\infty, 1)$	-1	$(-1, 1)$	1	$(1, +\infty)$
$f'(x)$	−	不可导	−	0	+
$f(x)$	↗	0	↘	$-3\sqrt[3]{4}$	↗

(4) 极大值为 $f(-1) = 0$, 极小值为 $f(1) = -3\sqrt[3]{4}$.

【例 4-16】 求函数 $f(x) = (x^2 - 1)^3 + 1$ 的极值.

解 (1) $f'(x) = 6x(x^2 - 1)^2$.

(2) 令 $f'(x) = 0$, 求得驻点 $x_1 = -1, x_2 = 0, x_3 = 1$.

(3) $f''(x) = 6(x^2 - 1)(5x^2 - 1)$.

(4)因 $f''(0)=6>0$,所以 $f(x)$ 在 $x=0$ 处取得极小值,极小值为 $f(0)=0$.

(5)因 $f''(-1)=f''(-1)=0$,用定理3无法判别.因为在 -1 的左右邻域内 $f''(x)<0$,所以 $f(x)$ 在 -1 处没有极值;同理,$f(x)$ 在 1 处也没有极值.

【例 4-17】 求函数 $f(x)=|x^2-3x+2|$ 在 $[-3,4]$ 上的最大值与最小值.

解
$$f(x)=\begin{cases} x^2-3x+2, x\in[-3,1]\cup[2,4] \\ -x^2+3x-2, x\in(1,2) \end{cases},$$

$$f'(x)=\begin{cases} 2x-3, x\in(-3,1)\cup(2,4) \\ -2x+3, x\in(1,2) \end{cases}.$$

在 $(-3,4)$ 内,$f(x)$ 的驻点为 $x=\dfrac{3}{2}$,不可导点为 $x=1$ 和 $x=2$.

由于 $f(-3)=20, f(1)=0, f\left(\dfrac{3}{2}\right)=\dfrac{1}{4}, f(2)=0, f(4)=6$,比较可得 $f(x)$ 在 $x=-3$ 处取得它在 $[-3,4]$ 上的最大值 20,在 $x=1$ 和 $x=2$ 处取它在 $[-3,4]$ 上的最小值 0.

【例 4-18】 已知某产品产量为 q 件时总成本函数(单位:元)为
$$C(q)=5q+10\sqrt{q}+100.$$
求:

(1)产量为 10 000 件时的总成本;

(2)产量为 10 000 件时的平均成本和平均可变成本;

(3)当产量从 6 400 件增加到 10 000 件时,总成本的平均变化率;

(4)产量为 10 000 件时的总成本的变化率(边际成本),并解释其经济含义.

解 (1)产量为 10 000 件时的总成本为
$$C(10\ 000)=5\times 10\ 000+10\times\sqrt{10\ 000}+100=51\ 100(元);$$

(2)产量为 10 000 件时的平均成本为
$$\bar{C}(10\ 000)=\dfrac{C(10\ 000)}{10\ 000}=5.11(元),$$
因可变成本函数为 $C_2(q)=5q+10\sqrt{q}$,故产量为 10 000 件时的平均可变成本为
$$\bar{C}_2(10\ 000)=\dfrac{C_2(10\ 000)}{10\ 000}=5.1(元);$$

(3)当产量从 6 400 件增加到 10 000 件时,总成本的平均变化率为
$$\dfrac{\Delta C}{\Delta q}=\dfrac{C(10\ 000)-C(6\ 400)}{10\ 000-6\ 400}=\dfrac{18\ 200}{3\ 600}\approx 5.06(元);$$

(4)产量为 10 000 件时的总成本的变化率为
$$C'(10\ 000)=\left(5+\dfrac{5}{\sqrt{q}}\right)\Big|_{q=10\ 000}=5.05(元).$$

这个结论的经济含义是:当产量为 10 000 件时,再多生产一个单位的该产品所增加的成本为 5.05 元.

【例 4-19】 已知某产品的需求函数为 $q=50-p$,求边际收入函数在 $q=10, q=25, q=30$ 时的值.

解 由题意,根据 $q=50-p$,先求出 $p=50-q$,再求出收入函数
$$R(q)=pq=50q-q^2,$$

则边际收入函数为
$$R'(q) = 50 - 2q.$$
当 $q=10, q=25, q=30$ 时,有
$$R'(10)=30, R'(25)=0, R'(30)=-10.$$

【例 4-20】 有 100 间房子出租,若每间租金定为 200 元能够全部租出去,但每增加 10 元就有一间租不出去,且每租出去一间,就需要增加 20 元管理费.问:租金定为多少才能获得最大利润?

解 设出租的房价为每间 p 元,$p \geqslant 200$.由题意,出租的成本函数
$$C(p) = \left(100 - \frac{p-200}{10}\right) \cdot 20 = 2\,400 - 2p,$$
收入函数为
$$R(p) = \left(100 - \frac{p-200}{10}\right) \cdot p = 120p - \frac{p^2}{10},$$
利润函数为
$$L(p) = 122p - \frac{p^2}{10} - 2\,400.$$
那么,边际利润为
$$L'(p) = 122 - \frac{p}{5}.$$
令 $L'(p)=0$,得 $p=610$,又 $L''(610)=-\frac{1}{5}<0$.根据极值判定法,利润函数在 $p=610$ 处有最大值.即当每间房子的出租价格定为 610 元时,可获得最大利润.

4.4 同步训练

习题 4.1

1. 函数 $f(x) = x\sqrt{3-x}$ 在区间 $[0,3]$ 上满足罗尔定理的 $\xi=($ $)$.

A. 0   B. 3   C. $\frac{3}{2}$ D. 2

2. 下列函数中,在区间 $[-1,1]$ 上满足罗尔定理条件的是($\quad$).

A. $f(x) = \frac{1}{x^2}$ B. $f(x) = x^2$ C. $f(x) = x|x|$ D. $f(x) = x^{\frac{1}{3}}$

3. 若函数 $f(x) = x^3 + 2x$ 在区间 $[0,1]$ 上满足拉格朗日中值定理条件,则定理中的 $\xi = ($ $)$.

A. $\pm\frac{1}{\sqrt{3}}$ B. $\frac{1}{\sqrt{3}}$ C. $-\frac{1}{\sqrt{3}}$ D. $\sqrt{3}$

4. 若函数 $f(x) = x^3$ 在区间 $[0,1]$ 上满足拉格朗日中值定理条件,则定理中的 $L(q) = ($ $)$.

A. $-\sqrt{3}$ B. $\sqrt{3}$ C. $-\frac{\sqrt{3}}{3}$ D. $\frac{\sqrt{3}}{3}$

5. 下列函数在给定区间上不满足拉格朗日中值定理条件的是(   ).

A. $f(x)=\dfrac{2x}{1+x^2}$,$[-1,1]$ B. $f(x)=|x|$,$[-1,2]$

C. $f(x)=4x^3-5x^2+x-2$,$[0,1]$ D. $f(x)=\ln(1+x^2)$,$[0,3]$

6. 函数 $f(x)=\dfrac{1}{x}$,满足拉格朗日中值定理条件的区间是(   ).

A. $[-2,2]$ B. $[1,2]$ C. $[-2,0]$ D. $[0,1]$

7. 验证函数 $y=\cos x$ 在区间 $\left[-\dfrac{\pi}{3},\dfrac{\pi}{3}\right]$ 上满足罗尔定理的条件,并求出相应的 ξ.

8. 验证函数 $y=(x-1)^3$ 在区间 $[-1,2]$ 上满足拉格朗日定理的条件,并求出相应的 ξ.

9. 用拉格朗日定理的推论证明: $\arcsin x+\arccos x=\dfrac{\pi}{2}(-1\leqslant x\leqslant 1)$.

10. 试证:当 $x>1$ 时,有 $e^x>x e$.

11. 试证:当 $x>0$ 时,$x>\ln(1+x)$.

12. 证明：当 $x>0$ 时，有 $\ln(1+x)>x-\dfrac{1}{2}x^2$.

习题 4.2

1. 求下列极限.

(1) $\lim\limits_{x\to 0}\dfrac{\tan 3x}{4x}$;

(2) $\lim\limits_{x\to a}\dfrac{\sin x-\sin a}{x-a}$;

(3) $\lim\limits_{x\to\infty}\dfrac{6x^3-x}{x^3+2x-3}$;

(4) $\lim\limits_{x\to +\infty}\dfrac{\ln^2 x}{x}$.

2. 求下列极限.

(1) $\lim\limits_{x\to +\infty} x^2 e^{-x}$;

(2) $\lim\limits_{x\to 1}\left(\dfrac{2}{x^2-1}-\dfrac{1}{x-1}\right)$;

(3) $\lim\limits_{x\to 0} x\cot x$;

(4) $\lim\limits_{x\to 0}(1+x)^{\frac{1}{x}}$;

(5) $\lim\limits_{x\to\infty}\dfrac{x+\sin x}{x}$.

习题 4.3

1. 函数 $y=(x+1)^3$ 在区间 $(-2,2)$ 上是( ).
   A. 单调增加　　　　B. 单调减少　　　　C. 有增有减　　　　D. 不增不减

2. 函数 $y=\dfrac{1}{2}(e^x-e^{-x})$ 在区间 $(-1,1)$ 是( ).
   A. 递减　　　　　　B. 递增　　　　　　C. 有增有减　　　　D. 不增不减

3. 函数 $f(x)=2x^2-\ln x$ 的单调增加区间为( ).
   A. $\left(-\dfrac{1}{2},0\right)$ 和 $\left(\dfrac{1}{2},+\infty\right)$　　　　B. $\left(\dfrac{1}{2},+\infty\right)$
   C. $\left(-\infty,-\dfrac{1}{2}\right)$ 和 $\left(0,\dfrac{1}{2}\right)$　　　　D. $\left(0,\dfrac{1}{2}\right)$

4. 下列函数在指定区间 $(-\infty,+\infty)$ 上单调增加的是( ).
   A. $\sin x$　　　　　B. e^x　　　　　　C. x^2　　　　　　D. $3-x$

5. 下列函数中,在其定义域内单调增加的是( ).
   A. $y=x^2-1$　　　B. $y=e^{-x}$　　　C. $y=\ln\dfrac{1}{x}$　　D. $y=\sqrt{x-1}$

6. 若 x_0 是函数 $f(x)$ 的极值点,则( ).
   A. $f(x)$ 在 x_0 处极限不存在　　　　B. $f(x)$ 在点 x_0 处不连续
   C. 点 x_0 是 $f(x)$ 的驻点　　　　　　D. $f(x)$ 在点 x_0 处可能不可导

7. 若 $f'(x_0)=0$,则 x_0 是函数 $f(x)$ 的( ).
   A. 驻点　　　　　　B. 极大值点　　　　C. 最大值点　　　　D. 极小值点

8. 设函数 $f(x)$ 满足条件:当 $x<x_0$ 时,$f'(x)>0$;当 $x>x_0$ 时,$f'(x)<0$,则 x_0 是函数 $f(x)$ 的( ).
   A. 驻点　　　　　　B. 极大值点　　　　C. 极小值点　　　　D. 不确定点

9. 求下列函数的单调区间.
   (1) $f(x)=\dfrac{3}{5}x^{\frac{5}{3}}-\dfrac{3}{2}x^{\frac{2}{3}}+1$;

(2) $f(x) = x - 2\ln(x + \sqrt{x^2+1})$.

10. 求下列函数的极值点和极值.

(1) $f(x) = x^2 \ln x$;　　　　　　(2) $f(x) = \dfrac{1+2x}{\sqrt{1+x^2}}$.

11. 求下列函数在给定区间上的最大值与最小值.

(1) $f(x) = \ln(x^2-1), [2,3]$;　　　　(2) $f(x) = x^4 - 2x^3 + x^2 - 1, [0,2]$.

12. 已知圆柱形油桶的容积为 V. 问:如何设计它的底面半径与高可使它的表面积最小?

13. 在边长为 a cm 的正方形纸板的四角剪去四个相等的小正方形,然后折成一个无盖方盒,问怎样剪才能使盒子的容积最大?

习题 4.4

1. 若收入函数 $R(q) = 150q - 0.01q^2$,则当产量 $q = 100$ 时,其边际收入是(　　).

A. 150　　　　　B. 149　　　　　C. 14 900　　　　　D. 148

2. 已知某产品的总成本函数和收入函数分别为

$$C(q)=1+3\sqrt{q}, \quad R(q)=\frac{q}{q-1}(q \text{ 为销售量}),$$
求该产品的边际成本、边际收入和边际利润.

3. 某厂冬季每天生产 q 件毛衣,其总成本满足函数
$$C(q)=0.4q^2+30q+160.$$
问:当 q 为多少时平均成本最低? 并求出最小平均成本.

4. 一文具店以 20 元的单价购进一批钢笔,若该钢笔的需求量满足函数
$$Q=50-p,$$
则该文具店把销售价格分别定为多少时,可获得最大收益和最大利润?

5. 已知某产品的总成本函数为 $C(q)=q^2-20q+100$,又知收入是关于产量 q 的函数,其函数表达式为 $R(q)=40q-2q^2$. 试求当产量 q 分别为何值时可获得最小成本、最大收入和最大利润?

6. 已知某产品的销售价格 p(单位:元/件)是销量 q(单位:件)的函数 $p=400-\frac{q}{2}$,而总成本为 $C(q)=100q+1\,500$(单位:元),假设生产的产品全部售出,求产量为多少时,利润最大? 最大利润是多少?

总习题 4

1. 选择题.

(1) 下列函数中,在区间 $[-1,1]$ 上满足罗尔定理条件的是( ).

A. e^x B. $\ln|x|$ C. $1-x^2$ D. $\dfrac{1}{1-x^2}$

(2) 下列函数在给定区间上满足罗尔定理条件的是( ).

A. $f(x)=\dfrac{3}{1+2x^2}, [-1,1]$ B. $f(x)=xe^{-x}, [0,1]$

C. $f(x)=\begin{cases} 2+x, x<5 \\ 1, x\geqslant 5 \end{cases}$ D. $f(x)=|x|, [0,1]$

(3) 下列函数在给定区间上不满足拉格朗日中值定理条件的是( ).

A. $f(x)=\dfrac{2x}{1+x^2}, [-1,1]$ B. $f(x)=|x|, [-1,2]$

C. $f(x)=4x^3-5x^2+x-2, [0,1]$ D. $f(x)=\ln(1+x^2), [0,3]$

(4) 函数 $y=\dfrac{x}{1+x^2}$ 的单调减少区间是( ).

A. $x>1$ B. $x<1$ C. $|x|>1$ D. $|x|<1$

(5) 函数 $y=x+\dfrac{1}{x}$ 在 $(0,1)$ 上是( ).

A. 单调下降 B. 先单调下降再单调上升

C. 先单调上升再单调下降 D. 单调上升

(6) 下列函数在指定区间 $(-\infty,+\infty)$ 上单调增加的是( ).

A. $\sin x$ B. e^x C. x^2 D. $3-x$

(7) 若 x_0 是函数 $f(x)$ 的极值点,则( ).

A. $f(x)$ 在 x_0 处极限不存在 B. $f(x)$ 在点 x_0 处不连续

C. 点 x_0 是 $f(x)$ 的驻点 D. $f(x)$ 在点 x_0 处可能不可导

2. 填空题.

(1) 在 $[-1,3]$ 上,函数 $f(x)=1-x^2$ 满足拉格朗日中值定理的 $\xi=$ _____.

(2) 若 $f(x)=1-x^{\frac{2}{3}}$,则在 $(-1,1)$ 内,$f'(x)$ 恒不为 0,即 $f(x)$ 在 $[-1,1]$ 不满足罗尔定理的一个条件是 _____.

(3) 函数 $f(x)=e^x$ 及 $F(x)=x^2$ 在 $[a,b]\,(b>a>0)$ 上满足柯西中值定理的条件,即存在点 $\xi\in(a,b)$,有 _____.

(4) $y=\dfrac{e^x}{x}$ 的单调增区间是 _____,单调减区间是 _____.

(5) $y=(x-1)\sqrt[3]{x^2}$ 在 $x_1=$ _____ 处有极 _____ 值,在 $x_2=$ _____ 处,有极 _____ 值.

(6) $f(x)=\dfrac{1}{3}x^3-4x+2\,(-2\leqslant x\leqslant 1)$ 的最大值为 _____,最小值为 _____.

(7) $f(x) = \dfrac{x-1}{x+1}$ 在区间 $[0,4]$ 上的最大值为_____,最小值为_____.

3. 说明函数 $f(x) = x^3 + x^2$ 在区间 $[-1,0]$ 上满足罗尔定理的三个条件,并求出 ξ 的值,使 $f'(\xi) = 0$.

4. 下列函数在指定区间上是否满足拉格朗日中值定理的条件?如果满足,找出使定理结论成立的 ξ 的值.

(1) $f(x) = 2x^2 + x + 1, x \in [-1, 3]$;

(2) $f(x) = \arctan x, x \in [0, 1]$;

(3) $f(x) = \ln x, x \in [1, 2]$.

5. 用洛必达法则求下列函数的极限.

(1) $\lim\limits_{x \to 1} \dfrac{x^3 - 3x + 2}{x^3 - x^2 - x + 1}$;

(2) $\lim\limits_{x \to 0} \dfrac{\sin 3x}{\tan 5x}$;

(3) $\lim\limits_{x\to\infty}\dfrac{\ln\left(1+\dfrac{1}{x}\right)}{\operatorname{arccot}x}$;

(4) $\lim\limits_{x\to 1}\left(\dfrac{x}{x-1}-\dfrac{1}{\ln x}\right)$;

(5) $\lim\limits_{x\to\infty}x(e^{\frac{1}{x}}-1)$;

(6) $\lim\limits_{x\to+\infty}(\ln x)^{\frac{1}{x}}$;

(7) $\lim\limits_{x\to\pi}\dfrac{\sin 3x}{\tan 3x}$;

(8) $\lim\limits_{x\to 1}\dfrac{x^2-3x+2}{x^3-1}$;

(9) $\lim\limits_{x\to a}\dfrac{\sin x-\sin a}{x-a}$;

(10) $\lim\limits_{x\to+\infty}\dfrac{\ln x}{x^2}$.

6. 求下列函数的单调区间.

(1) $y=2x^3-6x^2-18x-7$;

(2) $y=2x^2-\ln x$;

(3) $y = 2x + \dfrac{8}{x}$;

(4) $y = x - 2\sin x \ (0 \leqslant x \leqslant 2\pi)$.

7. 求下列函数的极值.

(1) $y = -x^4 + 2x^2$;

(2) $y = -(x+1)^{\frac{2}{3}}$;

(3) $y = x^4 - 8x^2 + 2$;

(4) $y = e^x \cos x$.

8. 求下列函数在给定区间上的最大值和最小值.

(1) $y = x^4 - 2x^2 + 5, x \in [-2, 2]$;

(2) $y = \dfrac{x^2}{1+x}, x \in \left[-\dfrac{1}{2}, 1\right]$;

(3) $y = x + \sqrt{1-x}, x \in [-5, 1]$.

9. 有一圆柱形油罐,体积为 V,问底半径 r 和高 h 等于多少时,才能使表面积最小？这时底直径与高的比是多少？

10. 已知某厂生产 q 件产品的成本为 $C(q)=250+20q+\dfrac{q^2}{10}$（万元）. 问:若产品以每件 50 万元售出,要使利润最大,应生产多少件产品？

11. 设生产某种产品 x 个单位时的成本函数为: $C(x)=100+0.25x^2+6x$（万元）.
   (1)求当 $x=10$ 时的总成本、平均成本和边际成本.
   (2)当产量 x 为多少时,平均成本最小？

12. 设某工厂生产某产品的固定成本为 200（百元）,每生产一个单位产品,成本增加 5（百元）,且已知需求函数 $q=100-2p$（其中 p 为价格,q 为产量）,这种产品在市场上是畅销的.
   (1)试分别列出该产品的总成本函数 $C(p)$ 和总收入函数 $R(p)$ 的表达式；
   (2)求使该产品利润最大的产量并求最大利润.

13. 某厂生产一批产品,其固定成本为 2 000 元,每生产一吨产品的成本为 60 元,这种产品的市场需求规律为 $q=1\,000-10p$（q 为需求量,p 为价格）. 试求：
   (1)成本函数及收入函数；   (2)产量为多少吨时利润最大？

第 5 章 不定积分

在微分学中,我们讨论了求一个已知函数的导函数(或微分)的问题,在本章我们将讨论相反的问题,即已知某函数的导函数,求出该函数.

5.1 教学目标

(1)正确理解原函数和不定积分两个基本概念,掌握不定积分的性质,知道连续函数一定有原函数的结论.
(2)熟练掌握基本积分公式.
(3)掌握第一类换元积分法,熟悉常用的凑微分法.
(4)熟练掌握第二类换元积分法.
(5)熟练掌握分部积分法.

5.2 知识点概括

5.2.1 不定积分的概念与性质

1. 原函数

定义 1 设 $f(x)$ 是定义在某区间 I 上的已知函数,若存在一个函数 $F(x)$,使得在该区间上每一点,都有 $F'(x) = f(x)$ 或 $\mathrm{d}F(x) = f(x)\mathrm{d}x$,则称函数 $F(x)$ 为函数 $f(x)$ 在区间 I 上的一个原函数.

2. 不定积分的概念

定义 2 如果 $F(x)$ 是函数 $f(x)$ 的一个原函数,则 $f(x)$ 的全体原函数 $F(x)+C$(C 为任意常数)称为 $f(x)$ 的不定积分,记作 $\int f(x)\mathrm{d}x$,即 $\int f(x)\mathrm{d}x = F(x)+C$. 其中称"$\int$"为积分号,$f(x)$ 为被积函数,$f(x)\mathrm{d}x$ 为被积表达式,x 为积分变量,C 为积分常数.

3. 不定积分的几何意义

不定积分 $\int f(x)\mathrm{d}x$ 的几何意义:表示平面上的一族曲线.

4. 微分与不定积分之间的关系

(1) $\left(\int f(x)\mathrm{d}x\right)' = f(x)$,或 $\mathrm{d}\left(\int f(x)\mathrm{d}x\right) = f(x)\mathrm{d}x$;

(2) $\int f'(x)\mathrm{d}x = f(x)+C$,或 $\int \mathrm{d}f(x) = f(x)+C$.

以上表明:微分运算与积分运算是互逆的,当微分号"d"与积分号"$\int$"连在一起时,或者抵消，或者抵消后相差一个常数．

5. 不定积分的性质

（1）两个函数代数和的不定积分等于其不定积分的代数和，即
$$\int [f(x) \pm g(x)]dx = \int f(x)dx \pm \int g(x)dx.$$
此性质可以推广到有限个函数的代数和的情形．

（2）被积函数中不为零的常数因子可以提到积分号前面，即
$$\int kf(x)dx = k\int f(x)dx, (k \text{ 为常数，且 } k \neq 0).$$

6. 基本积分公式

(1) $\int k dx = kx + C$;

(2) $\int x^\mu dx = \dfrac{x^{\mu+1}}{1+\mu} + C, (\mu \neq -1)$;

(3) $\int \dfrac{1}{x} dx = \ln|x| + C$;

(4) $\int a^x dx = \dfrac{a^x}{\ln a} + C$;

(5) $\int e^x dx = e^x + C$;

(6) $\int \cos x dx = \sin x + C$;

(7) $\int \sin x dx = -\cos x + C$;

(8) $\int \sec^2 x dx = \int \dfrac{1}{\cos^2 x} dx = \tan x + C$;

(9) $\int \csc^2 x dx = \int \dfrac{1}{\sin^2 x} dx = -\cot x + C$;

(10) $\int \dfrac{dx}{\sqrt{1-x^2}} dx = \arcsin x + C = -\arccos x + C$;

(11) $\int \dfrac{1}{1+x^2} dx = \arctan x + C = -\mathrm{arccot} x + C$;

(12) $\int \sec x \tan x dx = \sec x + C$;

(13) $\int \csc x \tan x dx = -\csc x + C$.

5.2.2 换元积分法

1. 第一类换元积分（凑微分法）

定理 1 设 $\int f(u)du = F(u) + C$，且 $u = \varphi(x)$ 可导，则
$$\int f[\varphi(x)]\varphi'(x)dx = \int f[\varphi(x)]d\varphi(x) = F[\varphi(x)] + C.$$

定理 1 指明的积分方法称为**不定积分的第一类换元积分法**．

由微分公式,可以得到下面常见的凑微分公式:

(1) $dx = \dfrac{1}{a}d(ax+b)$; (2) $xdx = \dfrac{1}{2}dx^2$;

(3) $\dfrac{1}{\sqrt{x}}dx = 2d\sqrt{x}$; (4) $\dfrac{1}{x}dx = d\ln|x|$;

(5) $\dfrac{1}{x^2}dx = -d\dfrac{1}{x}$; (6) $\sin x dx = -d\cos x$;

(7) $e^x dx = de^x$; (8) $\sec^2 x dx = d\tan x$;

(9) $\dfrac{1}{1+x^2}dx = d\arctan x$; (10) $\dfrac{dx}{\sqrt{1-x^2}} = d\arcsin x$.

2. 第二类换元积分

定理 2 设函数 $x = \varphi(t)$ 单调可导,且 $\varphi'(t) \neq 0$,又 $f[\varphi(t)]\varphi'(t)$ 有原函数 $F(t)$,则
$$\int f(x)dx = \int f[\varphi(t)]\varphi'(t)dt = F(t) + C = F[\varphi^{-1}(x)] + C.$$
其中,$t = \varphi^{-1}(x)$ 是 $x = \varphi(t)$ 的反函数.

定理 2 中指明的积分方法称为**不定积分的第二类换元积分法**.

当被积函数含有 $\sqrt{a^2-x^2}$,$\sqrt{a^2+x^2}$,$\sqrt{x^2-a^2}$ ($a>0$) 时,往往需要使用三角变换公式才能消去根号,我们把这种变换称为三角变换,一般地

对 $\sqrt{a^2-x^2}$,令 $x = a\sin t\left(t \in \left[-\dfrac{\pi}{2}, \dfrac{\pi}{2}\right]\right)$,则 $\sqrt{a^2-x^2} = a\cos t$,$dx = a\cos t dt$;

对 $\sqrt{a^2+x^2}$,令 $x = a\tan t\left(t \in \left(-\dfrac{\pi}{2}, \dfrac{\pi}{2}\right)\right)$,则 $\sqrt{a^2+x^2} = a\sec t$,$dx = a\sec^2 t dt$;

对 $\sqrt{x^2-a^2}$,令 $x = a\sec t\left(t \in \left(0, \dfrac{\pi}{2}\right) \cup \left(\dfrac{\pi}{2}, \pi\right)\right)$,则 $\sqrt{x^2-a^2} = a|\tan t|$,$dx = a\sec t\tan t dt$.

5.2.3 分部积分法

定理 3 若函数 $u = u(x)$,$v = v(x)$ 具有连续导数,则
$$\int uv' dx = uv - \int u'v dx$$
或
$$\int u dv = uv - \int v du.$$

5.3 典型例题

【例 5-1】 求下列不定积分.

(1) $\int x^2 \sqrt[3]{x} dx$; (2) $\int \dfrac{3x^4 + 3x^2 + 1}{x^2 + 1} dx$; (3) $\int \dfrac{x^2}{1+x^2} dx$;

(4) $\int 3^x e^x dx$; (5) $\int \cos^2 \dfrac{x}{2} dx$; (6) $\int \dfrac{1}{1+\cos 2x} dx$;

(7) $\int \dfrac{\cos 2x}{\cos x - \sin x} dx$; (8) $\int \dfrac{\cos 2x}{\cos^2 x \sin^2 x} dx$.

解

(1) $\int x^2 \sqrt[3]{x}\,dx = \int x^{\frac{7}{3}}\,dx = \dfrac{1}{\frac{7}{3}+1}x^{\frac{7}{3}+1} + C = \dfrac{3}{10}x^3\sqrt[3]{x} + C$;

(2) $\int \dfrac{3x^4+3x^2+1}{x^2+1}\,dx = \int\left(3x^2 + \dfrac{1}{x^2+1}\right)dx = x^3 + \arctan x + C$;

(3) $\int \dfrac{x^2}{1+x^2}\,dx = \int \dfrac{x^2+1-1}{1+x^2}\,dx = \int\left(1 - \dfrac{1}{1+x^2}\right)dx = x - \arctan x + C$;

(4) $\int 3^x e^x\,dx = \int (3e)^x\,dx = \dfrac{(3e)^x}{\ln(3e)} + C = \dfrac{3^x e^x}{\ln 3 + 1} + C$;

(5) $\int \cos^2\dfrac{x}{2}\,dx = \int \dfrac{1+\cos x}{2}\,dx = \dfrac{1}{2}\int(1+\cos x)\,dx = \dfrac{1}{2}(x + \sin x) + C$;

(6) $\int \dfrac{1}{1+\cos 2x}\,dx = \int \dfrac{1}{2\cos^2 x}\,dx = \dfrac{1}{2}\tan x + C$;

(7) $\int \dfrac{\cos 2x}{\cos x - \sin x}\,dx = \int \dfrac{\cos^2 x - \sin^2 x}{\cos x - \sin x}\,dx = \int(\cos x + \sin x)\,dx = \sin x - \cos x + C$;

(8) $\int \dfrac{\cos 2x}{\cos^2 x \sin^2 x}\,dx = \int \dfrac{\cos^2 x - \sin^2 x}{\cos^2 x \sin^2 x}\,dx = \int\left(\dfrac{1}{\sin^2 x} - \dfrac{1}{\cos^2 x}\right)dx = -\cot x - \tan x + C$.

【例 5-2】 一曲线通过点 $(e^2, 3)$，且在任一点处的切线的斜率等于该点横坐标的倒数，求该曲线的方程.

解 设该曲线的方程为 $y = f(x)$，则由题意得
$$y' = f'(x) = \dfrac{1}{x},$$
所以
$$y = \int \dfrac{1}{x}\,dx = \ln|x| + C.$$
又因为曲线通过点 $(e^2, 3)$，所以有 $C = 3 - 2 = 1$，于是所求曲线的方程为
$$y = \ln|x| + 1.$$

【例 5-3】 求下列不定积分.

(1) $\int \dfrac{dx}{\sqrt[3]{2-3x}}$;　　(2) $\int \dfrac{\sin\sqrt{t}}{\sqrt{t}}\,dt$;　　(3) $\int \tan^{10} x \cdot \sec^2 x\,dx$;

(4) $\int \dfrac{dx}{x \ln x \ln\ln x}$;　　(5) $\int \tan\sqrt{1+x^2} \cdot \dfrac{x}{\sqrt{1+x^2}}\,dx$;　　(6) $\int \dfrac{dx}{\sin x \cos x}$;

(7) $\int \dfrac{1}{e^x + e^{-x}}\,dx$;　　(8) $\int \cos^3 x\,dx$;　　(9) $\int \cos^2(\omega t + \varphi)\,dt$;

(10) $\int \sin 2x \cos 3x\,dx$;　　(11) $\int \cos x \cos\dfrac{x}{2}\,dx$;　　(12) $\int \sin 5x \sin 7x\,dx$;

(13) $\int \tan^3 x \sec x\,dx$;　　(14) $\int \dfrac{1+\ln x}{(x\ln x)^2}\,dx$.

解

(1) $\int \dfrac{dx}{\sqrt[3]{2-3x}} = -\dfrac{1}{3}\int(2-3x)^{-\frac{1}{3}}d(2-3x) = -\dfrac{1}{3}\cdot\dfrac{3}{2}(2-3x)^{\frac{2}{3}} + C = -\dfrac{1}{2}(2-3x)^{\frac{2}{3}} + C$;

(2) $\int \dfrac{\sin\sqrt{t}}{\sqrt{t}}dt = 2\int \sin\sqrt{t}\,d\sqrt{t} = -2\cos\sqrt{t} + C;$

(3) $\int \tan^{10}x \cdot \sec^2 x\,dx = \int \tan^{10}x\,d\tan x = \dfrac{1}{11}\tan^{11}x + C;$

(4) $\int \dfrac{dx}{x\ln x\ln\ln x} = \int \dfrac{1}{\ln x\ln\ln x}d\ln x = \int \dfrac{1}{\ln\ln x}d\ln\ln x = \ln|\ln\ln x| + C;$

(5) $\int \tan\sqrt{1+x^2} \cdot \dfrac{x}{\sqrt{1+x^2}}dx = \int \tan\sqrt{1+x^2}\,d\sqrt{1+x^2} = \int \dfrac{\sin\sqrt{1+x^2}}{\cos\sqrt{1+x^2}}d\sqrt{1+x^2}$

$= -\int \dfrac{1}{\cos\sqrt{1+x^2}}d\cos\sqrt{1+x^2} = -\ln|\cos\sqrt{1+x^2}| + C;$

(6) $\int \dfrac{dx}{\sin x\cos x} = \int \dfrac{\sec^2 x}{\tan x}dx = \int \dfrac{1}{\tan x}d\tan x = \ln|\tan x| + C;$

(7) $\int \dfrac{1}{e^x + e^{-x}}dx = \int \dfrac{e^x}{e^{2x}+1}dx = \int \dfrac{1}{1+e^{2x}}de^x = \arctan e^x + C;$

(8) $\int \cos^3 x\,dx = \int \cos^2 x\,d\sin x = \int (1-\sin^2 x)d\sin x = \sin x - \dfrac{1}{3}\sin^3 x + C;$

(9) $\int \cos^2(\omega t + \varphi)dt = \dfrac{1}{2}\int [1 + \cos 2(\omega t + \varphi)]dt = \dfrac{1}{2}t + \dfrac{1}{4\omega}\sin 2(\omega t + \varphi) + C;$

(10) $\int \sin 2x\cos 3x\,dx = \dfrac{1}{2}\int (\sin 5x - \sin x)dx = -\dfrac{1}{10}\cos 5x + \dfrac{1}{2}\cos x + C;$

(11) $\int \cos x\cos \dfrac{x}{2}dx = \dfrac{1}{2}\int \left(\cos\dfrac{3}{2}x + \cos\dfrac{1}{2}x\right)dx = \dfrac{1}{3}\sin\dfrac{3}{2}x + \sin\dfrac{1}{2}x + C;$

(12) $\int \sin 5x\sin 7x\,dx = -\dfrac{1}{2}\int (\cos 12x - \cos 2x)dx = -\dfrac{1}{24}\sin 12x + \dfrac{1}{4}\sin 2x + C;$

(13) $\int \tan^3 x\sec x\,dx = \int \tan^2 x \cdot \sec x\tan x\,dx = \int \tan^2 x\,d\sec x$

$= \int (\sec^2 x - 1)d\sec x = \dfrac{1}{3}\sec^3 x - \sec x + C;$

(14) $\int \dfrac{1+\ln x}{(x\ln x)^2}dx = \int \dfrac{1}{(x\ln x)^2}d(x\ln x) = -\dfrac{1}{x\ln x} + C.$

【例 5-4】 求下列不定积分.

(1) $\int \dfrac{dx}{1+\sqrt{2x}};$

(2) $\int \dfrac{dx}{x + \sqrt{1-x^2}};$

(3) $\int \dfrac{\sqrt{x^2-9}}{x}dx;$

(4) $\int \dfrac{x^2}{\sqrt{a^2-x^2}}dx\ (a > 0).$

解

(1) $\int \dfrac{dx}{1+\sqrt{2x}} \xrightarrow{\text{令}\sqrt{2x}=t} \int \dfrac{1}{1+t}t\,dt = \int \left(1 - \dfrac{1}{1+t}\right)dt = t - \ln(1+t) + C$

$= \sqrt{2x} - \ln(1+\sqrt{2x}) + C;$

(2) $\int \dfrac{dx}{x + \sqrt{1-x^2}} \xrightarrow{\text{令}x=\sin t} \int \dfrac{1}{\sin t + \cos t}\cdot \cos t\,dt = \dfrac{1}{2}\int \dfrac{\cos t + \sin t + \cos t - \sin t}{\sin t + \cos t}dt$

$= \dfrac{1}{2}\int dt + \dfrac{1}{2}\int \dfrac{1}{\sin t + \cos t}d(\sin t + \cos t) = \dfrac{1}{2}t + \dfrac{1}{2}\ln|\sin t + \cos t| + C$

$$= \frac{1}{2}\arcsin x + \frac{1}{2}\ln|\sqrt{1-x^2}+x|+C;$$

(3) $\displaystyle\int \frac{\sqrt{x^2-9}}{x}\mathrm{d}x \xlongequal{\diamondsuit x=3\sec t} \int \frac{\sqrt{9\sec^2 t-9}}{3\sec t}\mathrm{d}(3\sec t) = 3\int \tan^2 t\,\mathrm{d}t$

$$= 3\int\left(\frac{1}{\cos^2 t}-1\right)\mathrm{d}t = 3\tan t - 3t + C = \sqrt{x^2-9} - 3\arccos\frac{3}{x}+C;$$

(4) $\displaystyle\int \frac{x^2}{\sqrt{a^2-x^2}}\mathrm{d}x \xlongequal{\diamondsuit x=a\sin t} \int \frac{a^2\sin^2 t}{a\cos t}a\cos t\,\mathrm{d}t = a^2\int \sin^2 t\,\mathrm{d}t = a^2\int \frac{1-\cos 2t}{2}\mathrm{d}t,$

$$= \frac{1}{2}a^2 t - \frac{a^2}{4}\sin 2t + C = \frac{a^2}{2}\arcsin\frac{x}{a} - \frac{x}{2}\sqrt{a^2-x^2} + C.$$

【例 5-5】 求下列不定积分.

(1) $\displaystyle\int \ln x\,\mathrm{d}x$;
(2) $\displaystyle\int x^2\ln x\,\mathrm{d}x$;
(3) $\displaystyle\int \ln^2 x\,\mathrm{d}x$;
(4) $\displaystyle\int \arcsin x\,\mathrm{d}x$;
(5) $\displaystyle\int x^2\arctan x\,\mathrm{d}x$;
(6) $\displaystyle\int (\arcsin x)^2\,\mathrm{d}x$;
(7) $\displaystyle\int x\sin x\,\mathrm{d}x$;
(8) $\displaystyle\int x^2\cos x\,\mathrm{d}x$;
(9) $\displaystyle\int (x^2-1)\sin 2x\,\mathrm{d}x$;
(10) $\displaystyle\int x\mathrm{e}^{-x}\,\mathrm{d}x$;
(11) $\displaystyle\int x\tan^2 x\,\mathrm{d}x$;
(12) $\displaystyle\int \mathrm{e}^{-x}\cos x\,\mathrm{d}x$.

解

(1) $\displaystyle\int \ln x\,\mathrm{d}x = x\ln x - \int x\,\mathrm{d}\ln x = x\ln x - \int \mathrm{d}x = x\ln x - x + C;$

(2) $\displaystyle\int x^2\ln x\,\mathrm{d}x = \frac{1}{3}\int \ln x\,\mathrm{d}x^3 = \frac{1}{3}x^3\ln x - \frac{1}{3}\int x^3\,\mathrm{d}\ln x$

$$= \frac{1}{3}x^3\ln x - \frac{1}{3}\int x^2\,\mathrm{d}x = \frac{1}{3}x^3\ln x - \frac{1}{9}x^3 + C;$$

(3) $\displaystyle\int \ln^2 x\,\mathrm{d}x = x\ln^2 x - \int x\cdot 2\ln x\cdot \frac{1}{x}\mathrm{d}x = x\ln^2 x - 2\int \ln x\,\mathrm{d}x$

$$= x\ln^2 x - 2x\ln x + 2\int x\cdot\frac{1}{x}\mathrm{d}x = x\ln^2 x - 2x\ln x + 2x + C;$$

(4) $\displaystyle\int \arcsin x\,\mathrm{d}x = x\arcsin x - \int x\,\mathrm{d}\arcsin x$

$$= x\arcsin x - \int \frac{x}{\sqrt{1-x^2}}\mathrm{d}x$$

$$= x\arcsin x + \sqrt{1-x^2} + C;$$

(5) $\displaystyle\int x^2\arctan x\,\mathrm{d}x = \frac{1}{3}\int \arctan x\,\mathrm{d}x^3 = \frac{1}{3}x^3\arctan x - \frac{1}{3}\int x^3\cdot\frac{1}{1+x^2}\mathrm{d}x$

$$= \frac{1}{3}x^3\arctan x - \frac{1}{6}\int \frac{x^2}{1+x^2}\mathrm{d}x^2$$

$$= \frac{1}{3}x^3\arctan x - \frac{1}{6}\int\left(1-\frac{1}{1+x^2}\right)\mathrm{d}x^2$$

$$= \frac{1}{3}x^3\arctan x - \frac{1}{6}x^2 + \frac{1}{6}\ln(1+x^2) + C;$$

(6) $\displaystyle\int (\arcsin x)^2\,\mathrm{d}x = x(\arcsin x)^2 - \int x\cdot 2\arcsin x\cdot\frac{1}{\sqrt{1-x^2}}\mathrm{d}x$

$$= x(\arcsin x)^2 + 2\int \arcsin x \, d\sqrt{1-x^2}$$
$$= x(\arcsin x)^2 + 2\sqrt{1-x^2}\arcsin x - 2\int dx$$
$$= x(\arcsin x)^2 + 2\sqrt{1-x^2}\arcsin x - 2x + C;$$

(7) $\int x\sin x \, dx = -\int x \, d\cos x = -x\cos x - \int \cos x \, dx = -x\cos x + \sin x + C;$

(8) $\int x^2 \cos x \, dx = \int x^2 \, d\sin x = x^2 \sin x - \int \sin x \cdot 2x \, dx = x^2 \sin x + 2\int x \, d\cos x$
$$= x^2 \sin x + 2x\cos x - 2\int \cos x \, dx = x^2 \sin x + 2x\cos x - 2\sin x + C;$$

(9) $\int (x^2-1)\sin 2x \, dx = -\frac{1}{2}\int (x^2-1)\, d\cos 2x = -\frac{1}{2}(x^2-1)\cos 2x + \frac{1}{2}\int \cos 2x \cdot 2x \, dx$
$$= -\frac{1}{2}(x^2-1)\cos 2x + \frac{1}{2}\int x \, d\sin 2x$$
$$= -\frac{1}{2}(x^2-1)\cos 2x + \frac{1}{2}x\sin 2x - \frac{1}{2}\int \sin 2x \, dx$$
$$= -\frac{1}{2}(x^2-1)\cos 2x + \frac{1}{2}x\sin 2x + \frac{1}{4}\cos 2x + C;$$

(10) $\int x e^{-x} \, dx = -\int x \, de^{-x} = -x e^{-x} + \int e^{-x} \, dx$
$$= -x e^{-x} - e^{-x} + C = -e^{-x}(x+1) + C;$$

(11) $\int x\tan^2 x \, dx = \int x(\sec^2 x - 1)\, dx = \int x\sec^2 x \, dx - \int x \, dx = -\frac{1}{2}x^2 + \int x \, d\tan x$
$$= -\frac{1}{2}x^2 + x\tan x - \int \tan x \, dx = -\frac{1}{2}x^2 + x\tan x + \ln|\cos x| + C;$$

(12) $\int e^{-x}\cos x \, dx = \int e^{-x} \, d\sin x = e^{-x}\sin x - \int \sin x \, de^{-x} + \int e^{-x}\sin x \, dx$
$$= e^{-x}\sin x - \int e^{-x} \, d\cos x = e^{-x}\sin x - e^{-x}\cos x + \int \cos x \, de^{-x}$$
$$= e^{-x}\sin x - e^{-x}\cos x - \int e^{-x}\cos x \, dx.$$

5.4 同步训练

习题 5.1

1. 选择题.

(1) 下列等式中成立的是( ).

A. $d\int f(x)dx = f(x)$ B. $\dfrac{d}{dx}\int f(x)dx = f(x)dx$

C. $\dfrac{d}{dx}\int f(x)dx = f(x) + C$ D. $d\int f(x)dx = f(x)dx$

(2) 在区间 (a,b) 内,如果 $f'(x) = g'(x)$,则下列各式中一定成立的是( ).

A. $f(x)=g(x)$ B. $f(x)=g(x)+1$
C. $\dfrac{\mathrm{d}}{\mathrm{d}x}\int f(x)\mathrm{d}x = \dfrac{\mathrm{d}}{\mathrm{d}x}\int g(x)\mathrm{d}x$ D. $\int f'(x)\mathrm{d}x = \int g'(x)\mathrm{d}x$

2. 利用微分运算检验下列积分的结果.

(1) $\int \dfrac{1}{x^4}\mathrm{d}x = -\dfrac{1}{3}x^{-3}+C$; (2) $\int \dfrac{x}{\sqrt{1+x^2}}\mathrm{d}x = \sqrt{1+x^2}+C$.

3. 求下列不定积分.

(1) $\int x\sqrt{x}\,\mathrm{d}x$; (2) $\int \mathrm{e}^{t+2}\mathrm{d}t$;

(3) $\int \dfrac{1+x}{x^2}\mathrm{d}x$; (4) $\int \dfrac{x-4}{\sqrt{x}+2}\mathrm{d}x$;

(5) $\int \dfrac{2+x^2}{1+x^2}\mathrm{d}x$; (6) $\int \left(1-\dfrac{1}{x}\right)^2\mathrm{d}x$;

(7) $\int \dfrac{\sin 2x}{\cos x}\mathrm{d}x$; (8) $\int \dfrac{\mathrm{e}^{2x}-1}{\mathrm{e}^x+1}\mathrm{d}x$;

(9) $\int \dfrac{1-\sqrt{1-\theta^2}}{\sqrt{1-\theta^2}} d\theta$; (10) $\int \tan^2 x \, dx$.

4. 已知某产品的边际成本是 $C'(Q)=7+\dfrac{25}{\sqrt{Q}}$，$Q$ 是产量. 又知固定成本是 1 000 元，试确定总成本函数和平均成本函数.

习题 5.2

1. 求下列积分.

(1) $\int \dfrac{1}{4x-3} dx$; (2) $\int \cos 5x \, dx$;

(3) $\int \sqrt{3x+1} \, dx$; (4) $\int e^{2x+1} dx$.

2. 用第一类换元积分法求下列不定积分.

(1) $\int \dfrac{x}{1-x^2} dx$; (2) $\int \dfrac{1}{(1-2x)^2} dx$;

(3) $\int \dfrac{1+\ln x}{x}\mathrm{d}x$;

(4) $\int \dfrac{\cos x}{\sin^3 x}\mathrm{d}x$;

(5) $\int \dfrac{\mathrm{d}x}{\mathrm{e}^x+\mathrm{e}^{-x}}$;

(6) $\int x\sqrt{1-x^2}\,\mathrm{d}x$.

3. 用第二类换元积分法求下列不定积分.

(1) $\int \dfrac{1}{1+\sqrt[3]{x}}\mathrm{d}x$;

(2) $\int \dfrac{1}{1+\sqrt{2x}}\mathrm{d}x$;

(3) $\int \dfrac{x}{\sqrt[3]{3x+1}}\mathrm{d}x$;

(4) $\int \sqrt{1-x^2}\,\mathrm{d}x$.

习题 5.3

1. 求下列不定积分.

(1) $\int x\mathrm{e}^{-3x}\mathrm{d}x$;

(2) $\int x\sin 4x\,\mathrm{d}x$;

(3) $\int \dfrac{\ln x}{x^2}\mathrm{d}x$;

(4) $\int \arcsin x\,\mathrm{d}x$;

(5) $\int \operatorname{arccot}x\,\mathrm{d}x$;

(6) $\int x\csc^2 x\,\mathrm{d}x$.

2. 求下列不定积分.

(1) $\int \mathrm{e}^x\cos x\,\mathrm{d}x$;

(2) $\int \dfrac{\arctan \mathrm{e}^x}{\mathrm{e}^x}\mathrm{d}x$.

总习题 5

1. 选择题.

(1) 在切线斜率为 $2x$ 的积分曲线族中,通过点 $(1,4)$ 的曲线为（　　）.

A. $y=x^2+3$　　　B. $y=x^2+4$　　　C. $y=2x+2$　　　D. $y=4x$

(2) 若 $f(x)$ 的一个原函数为 $\dfrac{1}{x}$,则 $f'(x)=$（　　）.

A. $\dfrac{2}{x^3}$　　　B. $-\dfrac{1}{x^2}$　　　C. $\dfrac{1}{x}$　　　D. $\ln|x|$

(3) 设 $\int f(x)\mathrm{d}x=\dfrac{\ln x}{x}+c$,则 $f(x)=$（　　）.

A. $\ln|\ln x|$　　　B. $\dfrac{\ln x}{x}$　　　C. $\dfrac{1-\ln x}{x^2}$　　　D. $\ln^2 x$

(4) $\int \dfrac{1}{2x-1}\mathrm{d}x=$（　　）.

A. $\ln(2x)-1+C$

B. $\ln(2x-1)+C$

C. $\dfrac{1}{2}\ln(2x-1)+C$

D. $-\dfrac{2}{(2x-1)^2}+C$

(5) 若 $\int f(x)dx = \ln|x|+C$，则 $f'(x) = ($ $)$.

A. $\dfrac{1}{x}$ B. $-\dfrac{1}{x}$ C. $-\dfrac{1}{x^2}$ D. $x\ln x$

(6) 下列等式成立的是（   ）.

A. $\dfrac{1}{\sqrt{x}}dx = d\sqrt{x}$ B. $x^3 dx = d\dfrac{x^2}{2}$ C. $\tan x\, dx = d\left(\dfrac{1}{\cos^2 x}\right)$ D. $\dfrac{1}{x^2}dx = -d\dfrac{1}{x}$

(7) 若 $f(x)$ 的一个原函数是 $\sin x$，则 $\int f(x)dx = ($ $)$

A. $\sin x + C$ B. $\cos x + C$ C. $-\sin x + C$ D. $-\cos x + C$

(8) 若 $F'(x) = f(x)$，则（   ）成立.

A. $\int F'(x)dx = f(x) + C$ B. $\int f(x)dx = F(x) + C$

C. $\int F(x)dx = f(x) + C$ D. $\int f'(x)dx = F(x) + C$

(9) $d\int a^{-2x}dx = ($ $)$.

A. a^{-2x} B. $-2a^{-2x}\ln a\, dx$ C. $a^{-2x}dx$ D. $a^{-2x}dx + C$

(10) $\int xf''(x)dx = ($ $)$.

A. $xf'(x) - f(x) + C$ B. $xf'(x) + C$

C. $\dfrac{1}{2}x^2 f'(x) + C$ D. $(x+1)f'(x) + C$

(11) $\int x\, d(e^{-x}) = ($ $)$.

A. $xe^{-x} + C$ B. $xe^{-x} + e^{-x} + C$ C. $-xe^{-x} + C$ D. $xe^{-x} - e^{-x} + C$

2. 计算下列不定积分.

(1) $\displaystyle\int \dfrac{dx}{x^2\sqrt{x}}$;

(2) $\displaystyle\int e^x\left(1 - \dfrac{e^{-x}}{x^2}\right)dx$;

(3) $\displaystyle\int e^{5t}dt$;

(4) $\displaystyle\int \dfrac{dx}{(\arcsin x)^2 \sqrt{1-x^2}}$;

(5) $\displaystyle\int \frac{\mathrm{d}x}{1+\sqrt{2x}}$;

(6) $\displaystyle\int \frac{x^2}{4+x^6}\mathrm{d}x$;

(7) $\displaystyle\int \frac{\mathrm{d}x}{1+\sqrt{1-x^2}}$;

(8) $\displaystyle\int \cos^2 \frac{x}{2}\mathrm{d}x$;

(9) $\displaystyle\int x\tan^2 x\,\mathrm{d}x$;

(10) $\displaystyle\int x\cos 3x\,\mathrm{d}x$;

(11) $\displaystyle\int x\mathrm{e}^{-x}\mathrm{d}x$;

(12) $\displaystyle\int \ln x\,\mathrm{d}x$;

(13) $\displaystyle\int \mathrm{e}^{\sqrt{x+1}}\mathrm{d}x$;

(14) $\displaystyle\int \frac{\ln x}{2\sqrt{x}}\mathrm{d}x$.

第6章 定 积 分

定积分是一元函数积分学的核心,在概念上与不定积分完全不同,在运算上又与不定积分有着紧密的联系.微积分学基本定理将定积分与不定积分联系到了一起.本章介绍了定积分的概念、性质、计算方法,定积分的应用及广义积分.

6.1 教学目标

(1)理解定积分的概念.
(2)掌握定积分的性质及定积分中值定理,掌握定积分的换元积分法与分部积分法.
(3)理解变上限积分函数的定义及其导数,掌握牛顿—莱布尼茨公式.
(4)了解广义积分的概念,并会计算广义积分.
(5)理解元素法的基本思想.
(6)掌握用定积分表达和计算一些几何量(平面图形的面积、旋转体的体积、经济应用)的方法.

6.2 知识点概括

6.2.1 定积分的概念和性质

1. 定积分的定义

在学习定义时,要特别注意以下几点.

(1)分割方法与 ξ_i 的取法是任意的,即极限值与分割方法和 ξ_i 的取法无关.

(2)最大的小区间长度 $\lambda = \max\limits_{1 \leqslant i \leqslant n} \{\Delta x_i\} \to 0$,不能随便用 $n \to \infty$ 代替.因为后者只能使分点无限增多,而不能保证每个小区间长度无限变小.

(3)定积分是一个特定的和式的极限,是一个常数,它的值仅与被积函数 $f(x)$ 和积分区间有关,而与积分变量无关.

(4)规定:$\int_a^b f(x) \mathrm{d}x = -\int_b^a f(x) \mathrm{d}x, \int_a^a f(x) \mathrm{d}x = 0$.

2. 定积分的几何意义

(1)当 $f(x) \geqslant 0$ 时,$\int_a^b f(x) \mathrm{d}x$ 表示由 x 轴,直线 $x=a, x=b$ 及曲线 $y=f(x)$ 所围成的曲边梯形的面积;

(2)当 $f(x) \leqslant 0$ 时,$\int_a^b f(x) \mathrm{d}x$ 等于对应曲边梯形面积的相反数;

(3)若 $f(x)$ 有正有负,则积分值等于曲线 $y=f(x)$ 在 x 轴上方围成图形与下方围成图形的面积的代数和.

注意:不可将定积分与面积混为一谈,定积分是一个实数值,而面积则是不小于零的实数.

3. 定积分的性质

(1) $\int_a^b [f(x) \pm g(x)] dx = \int_a^b f(x) dx \pm \int_a^b g(x) dx$;

(2) $\int_a^b kf(x) dx = k\int_a^b f(x) dx$ (k 为常数);

(3) $\int_a^b f(x) dx = \int_a^c f(x) dx + \int_c^b f(x) dx$;

(4) $\int_a^b f(x) dx = -\int_b^a f(x) dx$;

(5) 如果在区间 $[a,b]$ 上恒有 $f(x) \geqslant g(x)$,则 $\int_a^b f(x) dx \geqslant \int_a^b g(x) dx$.

(6)(积分估值定理)如果函数 $f(x)$ 在闭区间 $[a,b]$ 上有最大值 M 和最小值 m,则
$$m(b-a) \leqslant \int_a^b f(x) dx \leqslant M(b-a).$$

(7)(积分中值定理)如果函数 $f(x)$ 在闭区间 $[a,b]$ 上连续,则在区间 $[a,b]$ 上至少有一点 ξ,使得
$$\int_a^b f(x) dx = f(\xi)(b-a).$$

注意:(1)重点掌握前五个性质.

(2)第 7 个性质中,$\frac{1}{b-a}\int_a^b f(x) dx$ 称为函数 $f(x)$ 在区间 $[a,b]$ 上的平均值.

6.2.2 牛顿—莱布尼茨公式

1. 积分上限函数的定义

设函数 $y=f(x)$ 在区间 $[a,b]$ 上连续,对于任意的 $x \in [a,b]$,$f(x)$ 在 $[a,x]$ 上连续,所以函数 $f(x)$ 在 $[a,x]$ 上可积,将该积分 $\int_a^x f(t) dt$ 与 x 对应,就得到一个定义在 $[a,b]$ 上的函数:
$$\Phi(x) = \int_a^x f(t) dt, x \in [a,b].$$

这样的函数称为积分上限函数(或变上限积分函数).

2. 积分上限函数的导数

如果函数 $f(x)$ 在闭区间 $[a,b]$ 上连续,则积分上限函数 $\Phi(x) = \int_a^x f(t) dt$ 是 $f(x)$ 在 $[a,b]$ 上的一个原函数,即
$$\Phi'(x) = \left[\int_a^x f(t) dt\right]' = f(x), x \in [a,b].$$

注意:这一结论说明连续函数必有原函数,$\Phi(x)$ 是 $f(x)$ 在 $[a,b]$ 上的一个原函数.

当 $f(x)$ 连续时,不定积分与定积分之间有了联系,
$$\int f(x) dx = \int_a^x f(t) dt + C,$$

从而初步揭示了定积分和不定积分之间的联系.

推广:$\dfrac{d}{dx}\int_{\psi(x)}^{\varphi(x)} f(t) dt = f[\varphi(x)]\varphi'(x) - f[\psi(x)]\psi'(x)$

3. 微积分学基本定理

如果函数 $f(x)$ 在区间 $[a,b]$ 上连续,且 $F(x)$ 是 $f(x)$ 的任意一个原函数,那么
$$\int_a^b f(x)\mathrm{d}x = F(x)\big|_a^b = F(b) - F(a).$$

此结论将定积分的计算转化为求被积函数 $f(x)$ 的一个原函数 $F(x)$ 在 $x=b$ 和 $x=a$ 处的改变量.

6.2.3 定积分的换元积分法与分部积分法

1. 换元积分法

设函数 $f(x)$ 在闭区间 $[a,b]$ 上连续,函数 $x=\varphi(t)$ 在闭区间 $[\alpha,\beta]$ 上有连续导数,且 $\varphi(\alpha)=a, \varphi(\beta)=b, a \leqslant \varphi(t) \leqslant b$,则 $\int_a^b f(x)\mathrm{d}x = \int_\alpha^\beta f[\varphi(t)]\varphi'(t)\mathrm{d}t$.

注意:在作积分变量代换的同时,相应地也要把积分的上下限加以更换,然后直接求出结果即可.

2. 分部积分法
$$\int_a^b uv'\mathrm{d}x = [uv]_a^b - \int_a^b u'v\mathrm{d}x \text{ 或} \int_a^b u\mathrm{d}v = [uv]_a^b - \int_a^b v\mathrm{d}u.$$

6.2.4 定积分的应用

1. 定积分在几何方面的应用

1) 平面图形的面积

(1) 由曲线 $y=f(x), y=g(x), x=a, x=b, f(x) \geqslant g(x)(a<b)$ 所围图形的面积为
$$A = \int_a^b [f(x) - g(x)]\mathrm{d}x;$$

(2) 由 $x=\varphi(y), x=\psi(y), y=c, y=d, \varphi(y) \geqslant \psi(y)(c<d)$ 所围平面图形的面积为
$$A = \int_c^d [\varphi(y) - \psi(y)]\mathrm{d}y.$$

2) 旋转体的体积

(1) 将区间 $[a,b]$ 上的连续曲线 $y=f(x)$ 绕 x 轴旋转一周,所得旋转体的体积为
$$V = \pi\int_a^b [f(x)]^2 \mathrm{d}x;$$

(2) 将区间 $[c,d]$ 上的连续曲线 $x=\varphi(y)$ 绕 y 轴旋转一周,所得旋转体的体积为
$$V = \pi\int_c^d \varphi^2(y)\mathrm{d}y.$$

2. 定积分在经济问题中的应用

已知边际成本求总成本、已知边际收入求总收入、已知边际利润求总利润,都要用到定积分的方法.

(1) 已知总成本 $C(x)$,边际成本 $C'(x)=f(x)$,固定成本 $C(0)$,则
$$C(x) = \int_0^x C'(x)\mathrm{d}x + C(0) = \int_0^x f(x)\mathrm{d}x + C(0).$$

若产量由 x_1 增加到 x_2,总成本改变量为
$$\Delta C = C(x_2) - C(x_1) = \int_{x_1}^{x_2} C'(x)\mathrm{d}x.$$

平均成本为 $$\overline{\Delta C} = \frac{\Delta C}{x_2 - x_1} = \frac{\int_{x_1}^{x_2} C'(x)\mathrm{d}x}{x_2 - x_1}.$$

(2) 同理,边际效益 $R'(x) = g(x)$,则效益函数为
$$R(x) = \int_0^x R'(x)\mathrm{d}x = \int_0^x g(x)\mathrm{d}x, (R(0) = 0)$$

效益改变量为 $$\Delta R = \int_{x_1}^{x_2} R'(x)\mathrm{d}x.$$

平均效益为 $$\overline{\Delta R} = \frac{\int_{x_1}^{x_2} R'(x)\mathrm{d}x}{x_2 - x_1}.$$

(3) 已知边际利润 $L'(x) = R'(x) - C'(x)$,则总利润函数为
$$L(x) = \int_0^x L'(x)\mathrm{d}x - C(0) = \int_0^x [R'(x) - C'(x)]\mathrm{d}x - C(0).$$

利润改变量为 $$\Delta L = \int_{x_1}^{x_2} L'(x)\mathrm{d}x.$$

平均利润为 $$\overline{\Delta L} = \frac{\int_{x_1}^{x_2} L'(x)\mathrm{d}x}{x_2 - x_1}.$$

6.2.5 广义积分

1. 无限区间上的广义积分.

(1) $\int_{-\infty}^b f(x)\mathrm{d}x = \lim\limits_{a \to -\infty} \int_a^b f(x)\mathrm{d}x$;

(2) $\int_a^{+\infty} f(x)\mathrm{d}x = \lim\limits_{b \to +\infty} \int_a^b f(x)\mathrm{d}x$.

2. 无界函数的广义积分.

(1) $\int_a^b f(x)\mathrm{d}x = \lim\limits_{t \to b^-} \int_a^t f(x)\mathrm{d}x (b$ 为瑕点$)$;

(2) $\int_a^b f(x)\mathrm{d}x = \lim\limits_{t \to a^+} \int_t^b f(x)\mathrm{d}x (a$ 为瑕点$)$.

6.3 典型例题

【例 6-1】 求 $\int_0^2 |x-1|\mathrm{d}x$.

解 因为 $|x-1| = \begin{cases} x-1, x \geqslant 1 \\ 1-x, x < 1 \end{cases}$,所以

$$\int_0^2 |x-1|\mathrm{d}x = \int_0^1 |x-1|\mathrm{d}x + \int_1^2 |x-1|\mathrm{d}x = \int_0^1 (1-x)\mathrm{d}x + \int_1^2 (x-1)\mathrm{d}x$$
$$= -\frac{(1-x)^2}{2}\Big|_0^1 + \frac{(x-1)^2}{2}\Big|_1^2 = \frac{1}{2} + \frac{1}{2} = 1.$$

【例 6-2】 计算广义积分 $\int_0^{+\infty} \mathrm{e}^{-2x}\mathrm{d}x$.

解 $\int_0^{+\infty} e^{-2x} dx = \lim_{b \to +\infty} \int_0^b e^{-2x} dx = \lim_{b \to +\infty} -\frac{1}{2} e^{-2x} \Big|_0^b = \lim_{b \to +\infty} \frac{1}{2}(1 - e^{-2b}) = \frac{1}{2}$.

【例 6-3】 计算 $\int_1^2 x e^x dx$.

解 $\int_1^2 x e^x dx = \int_1^2 x d e^x = x e^x \Big|_1^2 - \int_1^2 e^x dx = e^2$.

【例 6-4】 计算 $\int_1^e \ln x\, dx$.

解 $\int_1^e \ln x\, dx = x \ln x \Big|_1^e - \int_1^e \frac{1}{x} \cdot x\, dx = e - 0 - (e - 1) = 1$.

【例 6-5】 计算 $\int_0^{\frac{\pi}{2}} 3x \sin 2x\, dx$.

解 $\int_0^{\frac{\pi}{2}} 3x \sin 2x\, dx = \int_0^{\frac{\pi}{2}} 3x\, d(-\frac{1}{2} \cos 2x) = -\frac{3}{2} x \cos 2x \Big|_0^{\frac{\pi}{2}} + \frac{3}{2} \int_0^{\frac{\pi}{2}} \cos 2x\, dx$

$= -\frac{3}{2} x \cos 2x \Big|_0^{\frac{\pi}{2}} + \frac{3}{4} \sin 2x \Big|_0^{\frac{\pi}{2}} = \frac{3}{4} \pi$.

【例 6-6】 求由 $y = x, y = x^3$ 所围成的平面图形的面积.

解 平面图形如图 6-1 所示,交点为 $(1,1),(-1,-1),(0,0)$;在区间 $(-1,0)$ 上,$x^3 > x$,在区间 $(0,1)$ 上, $x > x^3$,由此得

$S = \int_{-1}^0 (x^3 - x) dx + \int_0^1 (x - x^3) dx$

$= \left(\frac{x^4}{4} - \frac{x^2}{2} \right) \Big|_{-1}^0 + \left(\frac{x^2}{2} - \frac{x^4}{4} \right) \Big|_0^1 = \frac{1}{2}$.

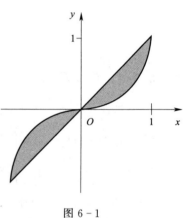

图 6-1

【例 6-7】 计算 $\int_{-\frac{\pi}{2}}^{\frac{\pi}{2}} |x|(x^2 + \sin x) dx$.

解 因为 $|x|, x^2$ 都是偶函数,$\sin x$ 是奇函数. 所以 $|x|, x^2$ 是偶函数, $|x|, \sin x$ 是奇函数. 由此得

$\int_{-\frac{\pi}{2}}^{\frac{\pi}{2}} |x|(x^2 + \sin x) dx = \int_{-\frac{\pi}{2}}^{\frac{\pi}{2}} |x| x^2 dx + \int_{-\frac{\pi}{2}}^{\frac{\pi}{2}} |x| \sin x\, dx$

$= 2 \int_0^{\frac{\pi}{2}} |x| x^2 dx + 0 = 2 \int_0^{\frac{\pi}{2}} x^3 dx = \frac{\pi^4}{32}$.

【例 6-8】 已知曲线 $y = F(x)$ 在任一点 x 处的切线斜率为 $\frac{2}{\sqrt{x}}$,且曲线过 $(-1, 1)$ 点,试求该曲线的方程.

解 由 $F'(x) = \frac{2}{\sqrt{x}}$,得

$$F(x) = \int \frac{2}{\sqrt{x}} dx = 2 \int x^{-\frac{1}{2}} dx = 4\sqrt{x} + C,$$

再由曲线过 $(-1, 1)$ 点得 $c = -3$. 故所求曲线方程为

$$y = 4\sqrt{x} - 3.$$

【例 6-9】 求由曲线 $y = x^2$ 和直线 $y = x + 2$ 所围成的平面图形的面积.

解 $y=x^2$ 与 $y=x+2$ 的交点为 $(-1,1)$ 和 $(2,4)$,在区间 $(-1,2)$ 上有 $x+2>x^2$,故所求平面图形的面积为 $S=\int_{-1}^{2}(x+2-x^2)\mathrm{d}x=(\frac{1}{2}x^2+2x-\frac{1}{3}x^3)\Big|_{-1}^{2}=\frac{9}{2}$.

【例 6-10】 求 $\int_{0}^{4}\dfrac{x+2}{\sqrt{2x+1}}\mathrm{d}x$.

解 设 $\sqrt{2x+1}=t$,即 $x=\dfrac{t^2-1}{2}$,则 $\mathrm{d}x=t\mathrm{d}t$. 当 $x=0$ 时,$t=1$;当 $x=0$ 时,$t=3$.

于是
$$\int_{0}^{4}\dfrac{x+2}{\sqrt{2x+1}}\mathrm{d}x=\dfrac{1}{2}\int_{1}^{3}\dfrac{t^2+3}{t}\cdot t\mathrm{d}t=\dfrac{1}{2}\int_{1}^{3}(t^2+3)\mathrm{d}t$$
$$=\dfrac{1}{2}\left(\dfrac{1}{3}t^3+3t\right)\Big|_{1}^{3}=9-\dfrac{5}{3}=\dfrac{22}{3}.$$

【例 6-11】 求 $\lim\limits_{x\to 0}\dfrac{\int_{\cos x}^{1}\mathrm{e}^{-t^2}\mathrm{d}t}{x^2}$.

解 这是一个 $\dfrac{0}{0}$ 型未定式,由洛必达法则,有
$$\lim_{x\to 0}\dfrac{\int_{\cos x}^{1}\mathrm{e}^{-t^2}\mathrm{d}t}{x^2}=\lim_{x\to 0}\dfrac{-\int_{1}^{\cos x}\mathrm{e}^{-t^2}\mathrm{d}t}{x^2}=\lim_{x\to 0}\dfrac{\sin x\mathrm{e}^{-\cos^2 x}}{2x}=\dfrac{1}{2\mathrm{e}}.$$

【例 6-12】 计算 $\int_{0}^{1}\mathrm{e}^{\sqrt{x}}\mathrm{d}x$.

解 令 $\sqrt{x}=t$ 则
$$\int_{0}^{1}\mathrm{e}^{\sqrt{x}}\mathrm{d}x=2\int_{0}^{1}\mathrm{e}^{t}t\mathrm{d}t=2\int_{0}^{1}t\mathrm{d}\mathrm{e}^{t}=2[t\mathrm{e}^{t}]_{0}^{1}-2\int_{0}^{1}\mathrm{e}^{t}\mathrm{d}t=2\mathrm{e}-2[\mathrm{e}^{t}]_{0}^{1}=2.$$

【例 6-13】 讨论广义积分 $\int_{a}^{b}\dfrac{\mathrm{d}x}{(x-a)^q}$ 的敛散性.

解 当 $q=1$ 时,$\int_{a}^{b}\dfrac{\mathrm{d}x}{(x-a)^q}=\int_{a}^{b}\dfrac{\mathrm{d}x}{x-a}=[\ln(x-a)]_{a}^{b}=+\infty$.

当 $q>1$ 时,$\int_{a}^{b}\dfrac{\mathrm{d}x}{(x-a)^q}=\left[\dfrac{1}{1-q}(x-a)^{1-q}\right]_{a}^{b}=+\infty$.

当 $q<1$ 时,$\int_{a}^{b}\dfrac{\mathrm{d}x}{(x-a)^q}=\left[\dfrac{1}{1-q}(x-a)^{1-q}\right]_{a}^{b}=\dfrac{1}{1-q}(b-a)^{1-q}$.

因此,当 $q<1$ 时,此广义积分收敛,其值为 $\dfrac{1}{1-q}(b-a)^{1-q}$;当 $q\geqslant 1$ 时,此广义积分发散.

【例 6-14】 计算抛物线 $y^2=2x$ 与直线 $y=x-4$ 所围成的图形的面积.

解 (1)画图.

(2)确定在 y 轴上的投影区间:$[-2,4]$.

(3)确定左右曲线:$\varphi_{左}(y)=\dfrac{1}{2}y^2$,$\varphi_{右}(y)=y+4$.

(4)计算积分 $S=\int_{-2}^{4}(y+4-\dfrac{1}{2}y^2)\mathrm{d}y=\left[\dfrac{1}{2}y^2+4y-\dfrac{1}{6}y^3\right]_{-2}^{4}=18$.

【例 6-15】 计算 $\lim\limits_{x\to 0}\dfrac{\int_{\cos x}^{1}t\ln t\mathrm{d}t}{x^4}$.

解 这是一个 $\dfrac{0}{0}$ 型未定式,由洛必达法则,有

$$\lim_{x \to 0}\dfrac{\int_{\cos x}^{1} t\ln t\,\mathrm{d}t}{x^4} = \lim_{x \to 0}\dfrac{\cos x\ln\cos x \cdot \sin x}{4x^3}$$

$$= \dfrac{1}{4}\lim_{x \to 0}\cos x \cdot \lim_{x \to 0}\dfrac{\sin x}{x} \cdot \lim_{x \to 0}\dfrac{\ln\cos x}{x^2}$$

$$= \dfrac{1}{4}\lim_{x \to 0}\dfrac{-\sin x}{2x \cdot \cos x} = -\dfrac{1}{8}.$$

【例 6-16】 试估计定积分 $\int_{\frac{\pi}{6}}^{\frac{\pi}{3}}\sin x\,\mathrm{d}x$ 的值.

解 在 $\left[\dfrac{\pi}{6},\dfrac{\pi}{3}\right]$ 上,最大值为 $f\left(\dfrac{\pi}{3}\right)=\sin\dfrac{\pi}{3}=\dfrac{\sqrt{3}}{2}$,最小值为 $f\left(\dfrac{\pi}{6}\right)=\sin\dfrac{\pi}{6}=\dfrac{1}{2}$,

所以
$$\dfrac{1}{2}\left(\dfrac{\pi}{3}-\dfrac{\pi}{6}\right) \leqslant \int_{\frac{\pi}{6}}^{\frac{\pi}{3}}\sin x\,\mathrm{d}x \leqslant \dfrac{\sqrt{3}}{2}\left(\dfrac{\pi}{3}-\dfrac{\pi}{6}\right),$$

即
$$\dfrac{\pi}{12} \leqslant \int_{\frac{\pi}{6}}^{\frac{\pi}{3}}\sin x\,\mathrm{d}x \leqslant \dfrac{\sqrt{3}\pi}{12}.$$

【例 6-17】 估计积分值,证明:$\dfrac{2}{3} < \int_{0}^{1}\dfrac{\mathrm{d}x}{\sqrt{2+x-x^2}} < \dfrac{1}{\sqrt{2}}$.

证 $2+x-x^2 = \dfrac{9}{4}-\left(x-\dfrac{1}{2}\right)^2$ 在 $[0,1]$ 上最大值为 $\dfrac{9}{4}$,最小值为 2,

所以
$$\dfrac{2}{3} < \dfrac{1}{\sqrt{2+x-x^2}} \leqslant \dfrac{1}{\sqrt{2}},\dfrac{2}{3} < \int_{0}^{1}\dfrac{\mathrm{d}x}{\sqrt{2+x-x^2}} < \dfrac{1}{\sqrt{2}}.$$

【例 6-18】 过点 $P(1,0)$ 作抛物线 $y=\sqrt{x-2}$ 的切线,求该切线与抛物线 $y=\sqrt{x-2}$ 及 x 轴所围平面图形(如图 6-2 所示)绕 x 轴旋转而成的旋转体体积.

解 设切点为 $(x_0,\sqrt{x_0-2})$,切线方程 $y=\dfrac{1}{2\sqrt{x_0-2}}(x-1)$.

因为切点在切线上,所以
$$\sqrt{x_0-2}=\dfrac{1}{2\sqrt{x_0-2}}(x_0-1),$$

得 $x_0=3$. 所以切线方程为 $y=\dfrac{1}{2}(x-1)$,

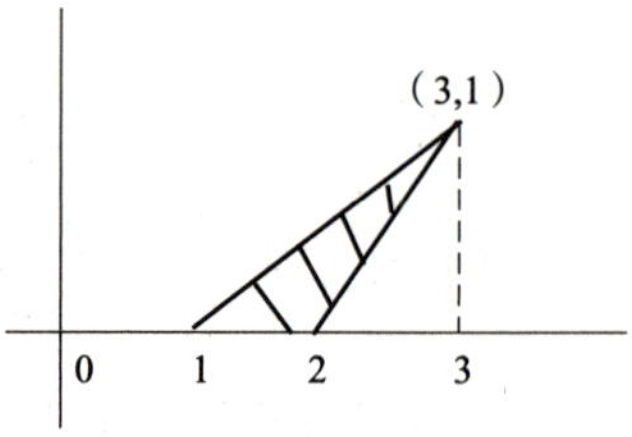

$$V_x = \pi\int_{1}^{3}\dfrac{1}{4}(x-1)^2\mathrm{d}x - \pi\int_{2}^{3}(x-2)\mathrm{d}x = \dfrac{\pi}{6}.$$

图 6-2

【例 6-19】 某产品边际成本为 $C'(q)=3+q$(万元/百台),边际收入为 $R'(q)=12-q$(万元/百台),固定成本为 5(万元),求利润函数 $L(q)$.

解 $C(q) = \int_{0}^{q}C'(q)\mathrm{d}q + C(0) = \int_{0}^{q}(3+q)\mathrm{d}q + 5 = 3q + \dfrac{q^2}{2} + 5,$

$$R(q) = \int_{0}^{q}R'(q)\mathrm{d}q = \int_{0}^{q}(12-q)\mathrm{d}q + 5 = 12q - \dfrac{q^2}{2},$$

由此得
$$L(q) = R(q) - C(q) = 9q - q^2 - 5.$$

【例 6-20】 已知某商品的边际成本为 $C'(q)=\dfrac{q}{2}$(万元/台),固定成本为 10 万元,又已知

该商品的销售收入函数为 $R(q)=100q$(万元).

求:(1)使利润最大的销售量和最大利润;

(2)在获得最大利润的销售量的基础上再销售 20 台,利润将减少多少?

解 (1) $C(q)=\int_0^q C'(q)\mathrm{d}q+C(0)=\int_0^q \frac{q}{2}\mathrm{d}q+10=\frac{q^2}{4}+10$,

$$L(q)=R(q)-C(q)=100q-\frac{q^2}{4}-10, L'(q)=100-\frac{q}{2}.$$

令 $L'(q)=0$,解得 $q=200$.由于极值点唯一,可知 $q=200$ 为最大值点,即销售量为 200 台时,总利润最大.最大利润为 $L(200)=9\,990$(万元).

(2)$\Delta L=L(220)-L(200)=9\,890-9\,990=-100$(万元),即在获得最大利润的销售量基础上,再销售 20 台,利润将减少 100 万元.

6.4 同步训练

习题 6.1

1. 定积分定义 $\int_a^b f(x)\mathrm{d}x=\lim_{\lambda\to 0}\sum_{i=1}^n f(\xi_i)\Delta x_i$,说明( ).

A. $[a,b]$必须 n 等分,ξ_i 是$[x_{i-1},x_i]$端点

B. $[a,b]$可任意分法,ξ_i 必须是$[x_{i-1},x_i]$端点

C. $[a,b]$可任意分法,$\lambda=\max\{\Delta x_i\}\to 0$,$\xi_i$ 可在$[x_{i-1},x_i]$内任取

D. $[a,b]$必须等分,$\lambda=\max\{\Delta x_i\}\to 0$,$\xi_i$ 可在$[x_{i-1},x_i]$内任取

2. 积分中值定理 $\int_a^b f(x)\mathrm{d}x=f(\xi)(b-a)$ 其中( ).

A. ξ 是$[a,b]$内任一点 B. ξ 是$[a,b]$内必定存在的某一点

C. ξ 是$[a,b]$内唯一的某点 D. ξ 是$[a,b]$内中点

3. 用定积分的几何意义判断下列定积分的符号(不必计算).

(1) $\int_{-2}^0 x^2\mathrm{d}x$;

(2) $\int_{-5}^{-1} \mathrm{e}^x\mathrm{d}x$;

(3) $\int_{\frac{\pi}{2}}^{\pi} \cos x\mathrm{d}x$;

(4) $\int_1^{\mathrm{e}} \ln x\mathrm{d}x$.

4. 根据定积分的几何意义，求下列各式的值.

(1) $\int_0^2 (x+1)\mathrm{d}x$; (2) $\int_0^2 \sqrt{4-x^2}\,\mathrm{d}x$.

5. 比较下列各对积分值的大小.

(1) $\int_1^2 x\mathrm{d}x$ 与 $\int_1^2 x^2\mathrm{d}x$; (2) $\int_{-1}^0 \mathrm{e}^x\mathrm{d}x$ 与 $\int_{-1}^0 \mathrm{e}^{2x}\mathrm{d}x$.

6. 用几何图形表示下列定积分的值.

(1) $\int_{-1}^1 (x^2+1)\mathrm{d}x$; (2) $\int_{\frac{1}{2}}^{\mathrm{e}} \ln x\mathrm{d}x$.

7. 估计下列定积分的值.

(1) $\int_1^4 (x^2-3x+2)\mathrm{d}x$; (2) $\int_0^{\frac{\pi}{4}} \cos x\mathrm{d}x$.

习题 6.2

1. 设 $\int_0^a x^2\mathrm{d}x = 9$, 则 $a = (\quad)$.

A. 0 B. 1 C. 2 D. 3

2. 若 $\int_0^1 (x+k)\mathrm{d}x = 2$, 则 $k = (\quad)$.

A. 0 B. 1 C. $\dfrac{3}{2}$ D. $\dfrac{3}{2}$

3. 设 $f(x)$ 为连续函数,则 $\int_a^x f(t)dt$ 是( ).

A. $f'(x)$ 的一个原函数 B. $f(x)$ 的全体原函数

C. $f(x)$ 的一个原函数 D. $f'(x)$ 的全体原函数

4. 设函数 $f(x)$ 在区间 $[a,b]$ 上连续,则 $\left(\int_x^b f(t)dt\right)' = $ ( ).

A. $f(x)$ B. $-f(x)$ C. $f(b)-f(x)$ D. $f(x)-f(b)$

5. 下列使用牛顿－莱布尼茨公式的做法是否正确？为什么？

(1) $\int_{-1}^{1} \dfrac{1}{x}dx = \ln x \Big|_{-1}^{1} = 0$; (2) $\int_{-1}^{1} dx = x \Big|_{-1}^{1} = 2$.

6. 求下列函数的导数.

(1) $f(x) = \int_0^x \dfrac{1}{1+t}dt$; (2) $f(y) = \int_y^1 \cos(u+1)du$;

(3) $f(x) = \int_1^{x^2} e^t dt$; (4) $f(x) = \int_x^{x^2} \sin t\, dt$.

7. 计算下列定积分.

(1) $\int_0^1 (2x - e^x)dx$; (2) $\int_1^2 (x-1)^2 dx$;

(3) $\int_1^2 \dfrac{(x+1)(x-1)}{x}dx$; (4) $\int_1^4 \sqrt{x}(\sqrt{x}-1)dx$;

(5) $\int_0^1 \dfrac{x^2}{x^2+1}dx$;

(6) $\int_0^{\frac{\pi}{2}} \dfrac{\cos 2x}{\cos x + \sin x}dx$.

8. 已知 $f(x)=\begin{cases}2x, & x<1\\ x^2, & x\geqslant 1\end{cases}$,求 $\int_0^2 f(x)dx$.

9. 求极限 $\lim\limits_{x\to 0}\dfrac{\int_0^x \cos t^2\,dt}{x}$.

习题 6.3

1. 用分部积分法求下列定积分.

(1) $\int_0^1 xe^{2x}dx$;

(2) $\int_1^e x\ln x\,dx$;

(2) $\int_0^{\frac{\pi}{2}} x\cos x\,dx$;

(4) $\int_1^4 \dfrac{\ln x}{\sqrt{x}}dx$.

2. 用换元积分法求下列定积分.

(1) $\int_{-1}^{1} \dfrac{x}{(1+x^2)^2} dx$;

(2) $\int_{0}^{1} x\sqrt{x^2+1}\, dx$;

(3) $\int_{0}^{2} \dfrac{1}{1+\sqrt{2x}} dx$;

(4) $\int_{0}^{\ln 2} \sqrt{e^x - 1}\, dx$.

3. 设函数 $f(x)$ 在闭区间 $[-a, a]$ 上连续,求证:

(1) 当 $f(x)$ 为奇函数时, $\int_{-a}^{a} f(x) dx = 0$;

(2) 当 $f(x)$ 为偶函数时, $\int_{-a}^{a} f(x) dx = 2\int_{0}^{a} f(x) dx$.

4. 计算 $\int_{-1}^{1} (x^3 - x + 1)\sin^2 x\, dx$.

习题 6.4

1. 计算下列各题中所给曲线围成的平面图形的面积.

(1) 曲线 $y=e^x$ 与直线 $x=0, x=1$ 及 $y=0$ 所围成的图形；

(2) 曲线 $y=x^2$ 与直线 $y=2x+3$ 所围成的图形；

(3) 曲线 $y=\ln x$ 与直线 $y=\ln 2, y=\ln 7$ 及 $x=0$ 所围成的图形；

(4) 曲线 $y=x^2$ 与直线 $y=x$ 及 $y=2x$ 所围成的图形.

2. 已知生产某种产品时，边际成本函数为 $C'(q)=q^2-4q+4$(万元/吨)，固定成本 $C(0)=6$ 万元，边际收入 $R'(q)=15-2q$(万元/吨)，试求总成本函数和总收益函数.

3. 某工厂每天生产某产品 Q 单位，固定成本为 20 元，边际成本为
$$C'(Q)=0.4Q+2(元/单位).$$
(1) 求成本函数 $C(Q)$；
(2) 如果这种产品销售价为 18 元/单位，且产品可以全部售出，求利润函数；
(3) 每天生产多少单位产品时，才能获得最大利润？

4. 某厂生产某种产品 x 百台,总成本 C(单位:万元)的变化率为 $C'(x)=2$,固定成本为 0 元,收益函数 R 的变化率是产量 x 的函数 $R'(x)=7-2x$. 求:

(1)当产量为多少时,总利润最大?

(2)在利润最大的产量基础上又生产 50 台,总利润减少了多少?

习题 6.5

1. 下列(　　)是广义积分.

A. $\int_1^2 \dfrac{1}{x^2}\mathrm{d}x$　　B. $\int_{-1}^1 \dfrac{1}{x}\mathrm{d}x$　　C. $\int_0^{\frac{1}{2}} \dfrac{1}{\sqrt{1-x^2}}\mathrm{d}x$　　D. $\int_{-1}^1 \mathrm{e}^{-x}\mathrm{d}x$

2. 当(　　)时,广义积分 $\int_{-\infty}^0 \mathrm{e}^{-kx}\mathrm{d}x$ 收敛.

A. $k>0$　　B. $k\geqslant 0$　　C. $k<0$　　D. $k\leqslant 0$

3. 下列广义积分收敛的是(　　).

A. $\int_1^{+\infty} \dfrac{\mathrm{d}x}{\sqrt{x}}$　　B. $\int_1^{+\infty} \dfrac{\mathrm{d}x}{x\sqrt{x}}$　　C. $\int_1^{+\infty} \sqrt{x}\,\mathrm{d}x$　　D. $\int_1^{+\infty} \dfrac{\mathrm{d}x}{\sqrt[3]{x^2}}$

4. 下列无穷限积分收敛的是(　　).

A. $\int_{\mathrm{e}}^{+\infty} \dfrac{\ln x}{x}\mathrm{d}x$　　B. $\int_{\mathrm{e}}^{+\infty} \dfrac{\sqrt{\ln x}}{x}\mathrm{d}x$　　C. $\int_{\mathrm{e}}^{+\infty} \dfrac{1}{x(\ln x)^2}\mathrm{d}x$　　D. $\int_{\mathrm{e}}^{+\infty} \dfrac{1}{x\sqrt{\ln x}}\mathrm{d}x$

5. 求下列广义积分.

(1) $\int_0^{+\infty} \mathrm{e}^{-x}\mathrm{d}x$;

(2) $\int_{\mathrm{e}}^{+\infty} \dfrac{1}{x\ln x}\mathrm{d}x$;

(3) $\int_0^{+\infty} x\mathrm{e}^{-x^2}\mathrm{d}x$;

(4) $\int_{-\infty}^0 \dfrac{2x}{(1+x^2)^2}\mathrm{d}x$;

(5) $\int_0^1 \dfrac{\mathrm{d}x}{\sqrt{1-x^2}}$;

(6) $\int_0^{+\infty} \dfrac{1}{x^2+1}\mathrm{d}x$;

(7) $\int_{-\infty}^0 \dfrac{\mathrm{d}x}{1-x}$;

(8) $\int_1^2 \dfrac{\mathrm{d}x}{(1-x)^2}$.

总习题 6

1. 选择题.

(1) 下列各式中错误的是( ).

A. $\int_a^a f(x)\mathrm{d}x = 0$
B. $\int_a^b f(x)\mathrm{d}x = \int_a^b f(y)\mathrm{d}y$

C. $\int_a^b f'(x)\mathrm{d}x = f(b) - f(a)$
D. $\int_a^b f(x)\mathrm{d}x = 2\int_a^b f(2t)\mathrm{d}t$

(2) 根据定积分的几何意义,$\int_{-1}^1 \sqrt{1-x^2}\mathrm{d}x$ 表示( ).

A. 半径为 1 的圆的面积
B. 边长为 2 的正方形的面积

C. 半径为 1 的上半圆的面积
D. 底边长为 2,高为 1 的三角形面积

(3) 设 $f(x) = \int_0^{x^2} \dfrac{1}{\sqrt{1+t^3}}\mathrm{d}t$,则 $f'(x) = ($).

A. $\dfrac{1}{\sqrt{1+x^3}}$
B. $\dfrac{1}{\sqrt{1+x^6}}$
C. $\dfrac{2x}{\sqrt{1+x^3}}$
D. $\dfrac{2x}{\sqrt{1+x^6}}$

(4) $\int_2^1 \dfrac{1}{x}\mathrm{d}x = ($).

A. $-\ln 2$
B. 0
C. $\ln 2$
D. $\ln 3$

(5) 设 $I = \int_0^{\pi^2} \sin\sqrt{x}\,\mathrm{d}x$,令 $t = \sqrt{x}$,则有( ).

A. $I = 2\int_0^\pi t\sin t\,\mathrm{d}t$
B. $I = \int_0^\pi \sin t\,\mathrm{d}t$
C. $I = 2\int_0^{\pi^2} t\sin t\,\mathrm{d}t$
D. $I = \int_0^{\pi^2} \sin t\,\mathrm{d}t$

(6) $\dfrac{\mathrm{d}}{\mathrm{d}x}\int_a^b f(x)\mathrm{d}x = ($).

A. $f(x)$
B. 0
C. $f(b) - f(a)$
D. $f(a) - f(b)$

(7) 下列不等式中成立的是( ).

A. $\int_0^1 x^3 dx \leqslant \int_0^1 x^2 dx$ B. $\int_1^2 x^3 dx \leqslant \int_1^2 x^2 dx$

C. $\int_{-1}^0 x^3 dx \geqslant \int_{-1}^0 x^2 dx$ D. $\int_{-1}^1 x^3 dx \geqslant \int_{-1}^1 x^2 dx$

(8) 设 $f(x) = \int_x^0 \dfrac{1}{\sqrt{1+t^3}} dt$, 则 $f'(x) = (\quad)$

A. $\dfrac{3x^2}{\sqrt{1+x^3}}$ B. $-\dfrac{3x^2}{\sqrt{1+x^3}}$ C. $\dfrac{1}{\sqrt{1+x^3}}$ D. $-\dfrac{1}{\sqrt{1+x^3}}$

(9) 设 $f(x)$ 连续, 且为偶函数, 则 $\int_{-a}^a f(x) dx$ 必等于( )

A. $2\int_0^a f(x) dx$ B. 0 C. $\int_0^{2a} f(x) dx$ D. $\int_0^a f(x) dx$

(10) $\int_0^1 2x \sin x^2 dx = (\quad)$

A. $2\cos(x^2)\big|_0^1$ B. $\cos(x^2)\big|_0^1$ C. $-2\cos(x^2)\big|_0^1$ D. $-\cos(x^2)\big|_0^1$

(11) 下列各式可直接使用牛顿—莱布尼茨公式求值的是( ).

A. $\int_{-1}^1 \dfrac{x dx}{\sqrt{1-x^2}}$ B. $\int_{-1}^1 x^2 dx$ C. $\int_{\frac{1}{e}}^e \dfrac{dx}{x\ln x}$ D. $\int_0^2 \dfrac{dx}{(x-1)^2}$

(12) 设 $f(x)$ 连续, $a > 0$, $I = \int_0^a f(a-x) dx = (\quad)$.

A. $I = \int_a^0 f(t) dt$ B. $I = -\int_0^a f(t) dt$

C. $I = \int_0^a f(t) dt$ D. $I = \int_{-a}^0 f(t) dt$

(13) $\int_1^{+\infty} \dfrac{x+1}{\sqrt[3]{x}} dx$ 为( ).

A. 发散 B. 0 C. $\dfrac{1}{2}$ D. 2

(14) 下列不等式中, 正确的是( ).

A. $\int_0^1 e^x dx \leqslant \int_0^1 e^{x^2} dx$ B. $\int_0^1 e^x dx \geqslant \int_0^1 e^{x^2} dx$

C. $\int_0^1 e^x dx = \int_0^1 e^{x^2} dx$ D. 以上都不对

(15) 下列各式可直接使用牛顿—莱布尼茨公式求值的是( ).

A. $\int_{-1}^1 \dfrac{x dx}{\sqrt{2-x^2}}$ B. $\int_{-1}^1 \dfrac{1}{x^2} dx$ C. $\int_1^e \dfrac{dx}{x\ln x}$ D. $\int_0^3 \dfrac{dx}{(x-2)^2}$

(16) $\int_{-1}^1 \dfrac{e^x + e^{-x}}{2} dx = (\quad)$.

A. $\dfrac{1}{2} e^{-1}$ B. $e - \dfrac{1}{e}$ C. 0 D. 1

(17) 下列广义积分收敛的是( ).

A. $\int_1^{+\infty} x dx$ B. $\int_1^{+\infty} x^2 dx$ C. $\int_1^{+\infty} \dfrac{1}{x} dx$ D. $\int_1^{+\infty} \dfrac{1}{x^2} dx$

(18) 根据定积分的几何意义，$\int_0^R \sqrt{R^2 - x^2}\,\mathrm{d}x$ 表示（ ）.

A. 半径为 R 的圆的面积 B. 半径为 R 的 $\frac{1}{4}$ 的圆的面积

C. 半径为 R 的上半圆的面积 D. 边长为 R 的正方形的面积

(19) 由两曲线 $x=f(y), x=g(y)$ 及直线 $y=a, y=b, (a<b)$ 所成的平面图形的面积为（ ）.

A. $\int_a^b |f(y)-g(y)|\,\mathrm{d}y$ B. $\int_a^b (f(y)-g(y))\,\mathrm{d}y$

C. $\int_a^b (g(y)-f(y))\,\mathrm{d}y$ D. $\left|\int_a^b (f(y)-g(y))\,\mathrm{d}y\right|$

(20) 下列各式可直接使用牛顿—莱布尼茨公式求值的是（ ）.

A. $\int_0^1 \frac{\mathrm{d}x}{(x-1)^2}$ B. $\int_{\frac{1}{e}}^e \frac{\mathrm{d}x}{x\ln x}$ C. $\int_{-1}^1 \frac{x\,\mathrm{d}x}{\sqrt{1-x^2}}$ D. $\int_{-1}^1 x|x|\,\mathrm{d}x$

(21) 下列广义积分收敛的是（ ）.

A. $\int_1^{+\infty} \cos x\,\mathrm{d}x$ B. $\int_1^{+\infty} \frac{\mathrm{d}x}{x^2}$ C. $\int_1^{+\infty} \ln x\,\mathrm{d}x$ D. $\int_1^{+\infty} e^x\,\mathrm{d}x$

(22) 由两曲线 $y=f(x), y=g(x)$ 及直线 $x=a, x=b(a<b)$ 所围成的平面图形的面积为（ ）.

A. $\int_a^b |f(x)-g(x)|\,\mathrm{d}x$ B. $\int_a^b (f(x)-g(x))\,\mathrm{d}x$

C. $\int_a^b (g(x)-f(x))\,\mathrm{d}x$ D. $\left|\int_a^b (f(x)-g(x))\,\mathrm{d}x\right|$

(23) 下列定积分不为零的是（ ）.

A. $\int_{-\pi}^{\pi} \cos x\,\mathrm{d}x$ B. $\int_{-\frac{\pi}{2}}^{\frac{\pi}{2}} \sin x\cos x\,\mathrm{d}x$ C. $\int_{-1}^1 \sin x\,\mathrm{d}x$ D. $\int_{\frac{\pi}{4}}^{\frac{\pi}{3}} \tan x\,\mathrm{d}x$

(24) $\int_{-1}^1 |x^3|\,\mathrm{d}x$ 等于（ ）.

A. $\frac{1}{4}$ B. 0 C. $\frac{1}{2}$ D. 1

(25) $\int_0^{\pi} |\cos x|\,\mathrm{d}x$ 等于（ ）.

A. -2 B. 0 C. 2 D. 1

(26) 定积分 $\int_a^b x\,\mathrm{d}x$ 的值为（ ）.

A. $b-a$ B. $\frac{(b-a)^2}{2}$ C. $\frac{1}{2}(b^2-a^2)$ D. $\frac{b-a}{2}$

(27) 下列定积分值为零的是（ ）.

A. $\int_{-1}^1 x^2\,\mathrm{d}x$ B. $\int_{-1}^2 x^3\,\mathrm{d}x$ C. $\int_{-1}^1 \mathrm{d}x$ D. $\int_{-1}^1 x^2\sin x\,\mathrm{d}x$

(28) 广义积分 $\int_a^{+\infty} \frac{1}{x^p}\,\mathrm{d}x$ 收敛的条件为（ ）.

A. $p>1$ B. $p<1$ C. $p\geqslant 1$ D. $p\leqslant 1$

(29) $\int_0^3 |2-x|\,\mathrm{d}x = $（ ）.

A. $\dfrac{5}{2}$　　　　B. $\dfrac{1}{2}$　　　　C. $\dfrac{3}{2}$　　　　D. $\dfrac{2}{3}$

(30) 定积分 $\int_a^b \mathrm{d}x (a<b)$ 在几何上表示(　　).

A. 线段 $b-a$　　　　　　　　　　　B. 线段长 $a-b$
C. 矩形面积 $(b-a)\times 1$　　　　　　D. 矩形面积 $(a-b)\times 1$

(31) 由曲线 $y=\cos x, y=0, x=-\dfrac{\pi}{2}, x=\pi$ 围成的面积可表示成为(　　).

A. $\int_{-\frac{\pi}{2}}^{\pi}\cos x\mathrm{d}x$ 　　　　　　　　B. $2\int_0^{\frac{\pi}{2}}\cos x\mathrm{d}x - \int_{\frac{\pi}{2}}^{\pi}\cos x\mathrm{d}x$

C. $2\int_0^{\frac{\pi}{2}}\cos x\mathrm{d}x + \int_{\frac{\pi}{2}}^{\pi}\cos x\mathrm{d}x$ 　　D. $\left|\int_{-\frac{\pi}{2}}^{\pi}\cos x\mathrm{d}x\right|$

(32) 广义积分 $\int_0^{+\infty}\cos x\mathrm{d}x$ (　　).

A. 发散　　　　B. 可能收敛　　　　C. 收敛于零　　　　D. 收敛

(33) 下列不等式中,正确的是(　　).

A. $\int_e^3 \ln x\mathrm{d}x \geqslant \int_e^3 \ln^2 x\mathrm{d}x$ 　　　　B. $\int_1^e \ln x\mathrm{d}x \leqslant \int_1^e \ln^2 x\mathrm{d}x$

C. $\int_1^2 \ln x\mathrm{d}x \geqslant \int_1^2 \ln^2 x\mathrm{d}x$ 　　　　D. 以上都不对

(34) 已知 $\Phi(x)=\int_0^{x^2}\mathrm{e}^t\mathrm{d}t$,则 $\Phi'(x)=$(　　).

A. e^{x^2}　　　　B. e^x　　　　C. $2x\mathrm{e}^{x^2}$　　　　D. $x^2\mathrm{e}^{x^2}$

(35) 已知 $\Phi(x)=\int_{x^2}^0 \sin t\mathrm{d}t$,则 $\Phi'(x)=$(　　).

A. $2x\sin x^2$　　　　B. $\sin x^2$　　　　C. $-2x\sin x^2$　　　　D. $\sin x$

(36) $\dfrac{\mathrm{d}}{\mathrm{d}x}\int_a^b \arctan x\mathrm{d}x =$(　　).

A. $\arctan x$　　　　　　　　　　B. 0
C. $\dfrac{1}{1+x^2}$　　　　　　　　　　D. $\arctan b - \arctan a$

(37) 设 $\int_0^a \dfrac{1}{\sqrt{1+t^2}}\mathrm{d}t = m$,则 $\int_{-a}^a \dfrac{1}{\sqrt{1+t^2}}\mathrm{d}t =$(　　).

A. 0　　　　B. $-m$　　　　C. $2m$　　　　D. $2m+c$

(38) 下列广义积分收敛的是(　　).

A. $\int_1^{+\infty}\mathrm{e}^{-x}\mathrm{d}x$　　B. $\int_1^{+\infty}\dfrac{\mathrm{d}x}{x}$　　C. $\int_1^{+\infty}\sin x\mathrm{d}x$　　D. $\int_e^{+\infty}\dfrac{\mathrm{d}x}{x\ln x}$

(39) 已知 $\int_0^e \dfrac{\cos x\mathrm{d}x}{x^2+\sin^2 x+1} = m$,则 $\int_{-e}^e \dfrac{\cos x\mathrm{d}x}{x^2+\sin^2 x+1} =$(　　).

A. 0　　　　B. $2m$　　　　C. $2m$　　　　D. $a+2m$

(40) 设 $y=f(x)$ 在 $[a,b]$ 上连续,则定积分 $\int_a^b f(x)\mathrm{d}x$ 的值(　　).

A. 与积分变量字母的选取有关　　　　B. 与区间及被积函数有关

C. 与区间无关,与被积函数有关　　　　　　D. 与被积函数的形式无关

2. 填空题.

(1) $\int_0^{\frac{\pi}{2}} \sin^2 x \, dx = $ _____ ;

(2) $\int_{-\frac{\pi}{2}}^{\frac{\pi}{2}} \cos^3 x \, dx = $ _____ ;

(3) $\int_0^{+\infty} \frac{x}{1+x^2} \, dx = $ _____ ;

(4) 已知函数 $\Phi(x) = \int_1^{x^2} e^{-t^2} \, dt$,则 $\Phi'(\sqrt{2}) = $ _____ ;

(5) $\int_1^{+\infty} \frac{1}{1+x^2} \, dx = $ _____ ;

(6) $\int_0^1 (x^2 + 2x) \, dx = $ _____ , $\int_1^{+\infty} \frac{1}{x^2} \, dx = $ _____ ;

(7) $\int_{-a}^{a} \frac{\sin^4 x \tan 4x}{(x^4 - 2x^2 + 4)^3 \ln(1+x^2)} \, dx = $ _____ ;

(8) $\int_a^b f(x) \, dx = $ _____ $\int_b^a f(x) \, dx$;

(9) $\frac{d}{dx} \int_0^x \ln(t^2 + 1) \, dt = $ _____ ;

(10) 已知 $\int_0^3 f(x) \, dx = 5$,$\int_2^3 f(x) \, dx = 3$,则 $\int_0^2 f(x) \, dx = $ _____ ;

(11) $\int_{-1}^2 |1-x| \, dx = $ _____ ;

(12) 由曲线 $y = \sin x$,直线 $x = -\frac{\pi}{2}$,$x = \frac{\pi}{2}$ 以及 x 轴围成图形的面积为 _____ ;

(13) $\lim_{x \to 0} \frac{\int_0^x \arctan t \, dt}{x^2} = $ _____ ;

(14) $\frac{d}{dx} \int_0^1 x \arctan x \, dx = $ _____ ;

(15) $\frac{d}{dx} \int_a^{x^2} \sin t^2 \, dt = $ _____ ;

(16) $\int_{-a}^{a} \left(\frac{x^3}{x^4 + 2x^2 + 1} + 1 \right) dx = $ _____ ;

(17) $\lim_{x \to 0} \frac{\int_0^x \sin t \, dt}{x^2} = $ _____ ;

(18) $\frac{d}{dx} \int_0^{x^2} \sin \sqrt{t} \, dt = $ _____ ;

(19) $\int_{-1}^{1} \left(\frac{x^3 \sin^4 x}{x^4 + 2x^2 + 1} + 1 \right) dx = $ _____ ;

(20) 若 $\int_a^b \frac{f(x)}{f(x) + g(x)} \, dx = m$,则 $\int_a^b \frac{g(x)}{f(x) + g(x)} \, dx = $ _____ .

3. 计算下列定积分.

(1) $\int_1^e \dfrac{1}{x(\ln^2 x + 1)} dx$;

(2) $\int_1^e \dfrac{1}{x\sqrt{1-\ln^2 x}} dx$;

(3) $\int_0^1 (e^x - 1)^4 e^x dx$;

(4) $\int_2^4 |x-3| dx$;

(5) $\int_0^{2\pi} |\sin x| dx$;

(6) $\int_0^1 x\sqrt{1-x^2} dx$;

(7) $\int_0^4 \sin(\sqrt{x} - 1) dx$;

(8) $\int_{-\pi}^{\pi} x(\sin^2 x + e^x) dx$;

(9) $\int_{-\pi}^{\pi} (2x^3 + x)\cos x \, dx$;

(10) $\int_0^{+\infty} \dfrac{dx}{4+x^2}$.

4. 求曲线 $y = \dfrac{1}{x}$ 与直线 $y = x, x = 2$ 所围成的平面图形的面积.

5. 求由曲线 $y=1-x^2$ 及直线 $y=0$ 所围成的平面图形分别绕 x 轴及 y 轴旋转一周所得旋转体的体积.

6. 设某产品的边际成本为 $C'(x)=4+\dfrac{x}{4}$,边际收入为 $R'(x)=8-x$,其中 x 为产量(单位:百台),总成本、总收入的单位为万元,求:

(1)产量由 1 百台增加到 5 百台时总成本与总收入各增加多少?

(2)产量为多少时,才能获得最大利润?

第1～6章 模拟试卷(一)

考试时间为90分钟

题号	一	二	三	四	总分
得分					

一、填空题(每题3分,共15分)

1. $y=\log_3(1-x)$ 的定义域是_____.

2. $\lim\limits_{x\to\infty}\dfrac{1}{x}\sin x=$_____.

3. 函数 $y=\sqrt{x}$ 在 $(1,1)$ 处的切线斜率_____.

4. 设函数 $f(x)=e^x$,则 $f(0)=$_____.

5. $f(x)$ 在区间 (a,b) 内有 $f'(x)<0$,则 $f(x)$ 在 (a,b) 内_____(单调增加、单调减少).

二、选择题(每题3分,共15分)

1. 下列变量在 $x\to 0$ 时不是无穷小量的是( ).

   A. $\sin x$ B. $\ln(x+1)$ C. $\tan x$ D. $e^{\frac{1}{x}}$

2. 微分方程 $(y')^2+y^3=xe^x$ 的阶数是( ).

   A. 0   B. 1   C. 2   D. 3

3. 条件 $f'(x)=0$ 是 $f(x)$ 在 $x=x_0$ 处有极值的( ).

   A. 充分条件   B. 必要条件   C. 充要条件   D. 无关条件

4. 函数 $f(x)=\dfrac{|x|}{x}$ 是( ).

   A. 奇函数   B. 偶函数

   C. 非奇非偶函数   D. 既是奇函数又是偶函数

5. 若 $\int_0^1(2x+k)\mathrm{d}x=2$,则 $k=$( ).

   A. 0   B. -1 C. 1   D. $\dfrac{1}{2}$

三、计算题(每题6分)

1. 求下列极限.

(1) $\lim\limits_{x\to\infty}\dfrac{(2x-1)^{30}+(3x-2)^{20}}{(5x+1)^{50}}$;

(2) $\lim\limits_{x\to 1^+}(1+\ln x)^{\frac{5}{\ln x}}$;

(3) $\lim\limits_{x\to 0}\dfrac{\int_0^x \sin t\,dt}{x^2}$.

2. 求下列导数.

(1) $y = e^{2x}\sin x + (x+1)^2$;　　　　(2) $\arctan\dfrac{y}{x} = \ln\sqrt{x^2+y^2}$.

四、综合题(每题 8 分)

1. 设 $f(x)=\begin{cases}\dfrac{1}{x}\sin x, & x<0 \\ k, & x=0 \\ x\sin\dfrac{1}{x}+1, & x>0\end{cases}$. 问 k 为何值时，$f(x)$ 在其定义域内连续？

2. 求下列不定积分.

(1) $\displaystyle\int\dfrac{\arctan x}{1+x^2}dx$;　　　　(2) $\displaystyle\int \ln(1+x^2)\,dx$.

3. 求定积分 $\displaystyle\int_{-2}^{2}\dfrac{x+|x|}{1+x^2}dx$.

4. 求由抛物线 $y=x^2$ 与直线 $y=2x$ 所围成的平面图形的面积.

第1～6章 模拟试卷(二)

考试时间为 90 分钟

题号	一	二	三	总分	阅卷人
得分					

一、填空题(每小题 3 分,共 18 分)

1. 设函数 $y=\dfrac{\lg(5-x)}{\sqrt{x-2}}$,其定义域是_____.

2. 由 $y=\sqrt{u}$,$u=2+v^2$,$v=\cos x$ 复合而成的复合函数是_____.

3. 函数 $y=\ln x$ 在 $(1,0)$ 处的切线斜率_____.

4. $\int f(x)\mathrm{d}x=\sin x+C$,则 $f(x)=$_____.

5. $\lim\limits_{n\to\infty}\dfrac{(n+1)(n+2)(n+3)}{5n^3}=$_____.

6. $\int_{2}^{2}x^2\arctan\sqrt{1+x^2}\mathrm{d}x=$_____.

二、单选题(每小题 3 分,共 18 分)

1. 设 $f(x)=\mathrm{e}^x$,则 $f(x+2)-f(x-5)=($ $)$.

   A. e^3 B. e C. 0 D. $\mathrm{e}^{\frac{x+2}{x-5}}$

2. 设 $f(x)=x^2-\dfrac{1}{2}$,则函数 $f(x)$ 是(   )

   A. 偶函数 B. 奇函数 C. 非奇非偶函数 D. 不能确定

3. 下列函数中,在区间 $[-1,1]$ 上满足罗尔定理条件的是(   ).

   A. $f(x)=\dfrac{1}{x^2}$ B. $f(x)=x^2$
   C. $f(x)=x^3$ D. $f(x)=x^{\frac{1}{3}}$

4. 若 $f'(x_0)=0$,则 x_0 是函数 $f(x)$ 的(   ).

   A. 驻点 B. 极大值点 C. 最大值点 D. 极小值点

5. 函数 $y=f(x)$ 在点 $x=x_0$ 处可导是 $f(x)$ 在点 x_0 处连续的(   )

   A. 必要条件 B. 充分条件 C. 充要条件 D. 无关条件

6. 当 $x \to 0$ 时,下列函数中是无穷小量的有( ).

A. $\dfrac{\sin x}{x^2}$ B. $\dfrac{\sin^2 x}{x}$ C. e^x D. $\ln|x|$

三、解答题(每小题 8 分,共 64 分,要求有必要的解题过程)

1. 求极限 $\lim\limits_{x \to 1} \dfrac{x^2 - 2x + 1}{x^3 - 1}$.

2. 计算极限 $\lim\limits_{x \to \infty} \left(1 + \dfrac{1}{x}\right)^{2x+1}$.

3. 求极限 $\lim\limits_{x \to 0} \dfrac{\int_0^x \sin t \, dt}{\int_0^{2x} t \, dt}$.

4. 求方程 $y = 1 + xe^y$ 所确定的隐函数 y 的导数.

5. 验证方程 $4x = 2^x$ 有一根在 $\left(0, \dfrac{1}{2}\right)$ 内.

6. $\int (x^2+5)\sin x \, dx$.

7. 计算定积分 $\int_{-1}^{1} (x^3 + x e^{x^2} + x^2) \, dx$.

8. 求由曲线 $y=x^3, y=2x$ 所围成的平面图形的面积.

第1～6章 模拟试卷(三)

考试时间为90分钟

题号	一	二	三	总分	阅卷人
得分					

一、选择题(每小题3分,共30分)

1. 由 $y=\sqrt{u}, u=2+v^2, v=\cos x$ 复合而成的复合函数是( ).

   A. $y=\sqrt{2+\cos x}$　　　　　　　　B. $y=\sqrt{2+\cos^2 x}$

   C. $y=2+\cos x$　　　　　　　　　　D. $2+\sqrt{\cos x}$

2. 函数 $y=\ln(x+\sqrt{1+x^2})$ 是( ).

   A. 奇函数　　　　　　　　　　　　B. 偶函数

   C. 既是奇函数,又是偶函数　　　　D. 既不是奇函数,又不是偶函数

3. 当 $x \to 0$ 时, $f(x) = \dfrac{|x|}{x}$ 的极限是( ).

   A. 1　　　　　B. -1　　　　　C. 1和-1　　　　　D. 不存在

4. 下列函数中,在 $x=0$ 处导数为零的函数有( ).

A. $\sin^2 x$ 　　　　　B. $-\dfrac{\cos x}{x}$ 　　　　　C. $x+e^x$ 　　　　　D. $x(1-2x)$

5. 函数 $f(x)$ 在 x_0 处可导是 $f(x)$ 在 x_0 处连续的( ).

A. 充分条件　　　B. 必要条件　　　C. 充要条件　　　D. 无关条件

6. 函数 $f(x)=\begin{cases}\dfrac{\sqrt{x+4}-2}{x}, & x\neq 0 \\ k, & x=0\end{cases}$ 在点 $x=0$ 处连续,则 k 等于( ).

A. 0 　　　　　B. $\dfrac{1}{4}$ 　　　　　C. $\dfrac{1}{2}$ 　　　　　D. 2

7. 当 $x\to 0$ 时,下列函数中是无穷小量的有( ).

A. $\dfrac{\sin x}{x^2}$ 　　　　　B. $\dfrac{\sin^2 x}{x}$ 　　　　　C. e^x 　　　　　D. $\ln|x|$

8. 下列函数中在 $x=0$ 处可导的是( ).

A. $y=|x|$ 　　　B. $y=x^3$ 　　　C. $y=2\sqrt{x}$ 　　　D. $y=\begin{cases}x, & x\leq 0 \\ x^2, & x>0\end{cases}$

9. 设 $f(x)=\sin 2x, g(x)=x$,则当 $x\to 0$ 时,( ).

A. $f(x)$ 与 $g(x)$ 是等价无穷小　　　　B. $f(x)$ 是比 $g(x)$ 高阶的无穷小

C. $f(x)$ 是比 $g(x)$ 低阶的无穷小　　　　D. $f(x)$ 与 $g(x)$ 为同阶无穷小,但不等价

10. 设 $f(x)=\sin x\cos x, g(x)=-\dfrac{1}{2}\cos 2x, h(x)=\sin^2 x$,则( ).

A. $f'(x)=g'(x)$ 　　　　　　　　　　B. $g'(x)=h'(x)$

C. $f'(x)=h'(x)$ 　　　　　　　　　　D. $f'(x)+g'(x)=h'(x)$

二、填空题(每小题 4 分,共 20 分)

1. 设 $f(x)=3x+5$,则 $f[f(x)]+2=$ _____.

2. $\lim\limits_{x\to 0}\dfrac{\lg(100+x)}{a^x+\arcsin x}=$ _____.

3. 函数 $y=\dfrac{x^2-1}{x^2-3x+2}$ 的间断点为 _____.

4. 设函数 $y=\operatorname{arccot}\sqrt{x}$,则 $dy=$ _____.

5. 设函数 $y=\cos(e^{-x})$,则 $y'(0)=$ _____.

三、解答题(每小题 10 分,共 50 分,要求有必要的解题过程)

1. 求极限 $\lim\limits_{x\to 0}\dfrac{\int_0^x \sin t\,dt}{\int_0^x \tan t\,dt}$.

2. 函数 $y=x^n+e^x$,求 $y^{(n)}$.

3. $\int (x^2+2)\cos x \, dx$.

4. 计算定积分 $\int_{-1}^{1}(x^3+xe^{x^2}+5)dx$.

5. 求由曲线 $y=x^3, y=2x$ 所围成的平面图形的面积.

第 7 章　常微分方程

在经济工作和工程技术中,除了要知道变量之间的相互依赖关系以及变量的变化趋势外,常常需要讨论变量之间相对变化的快慢程度.为了解决这些问题,在这章,我们就在极限理论的基础上,学习函数的导数和微分.

7.1　教学目标

(1)了解微分方程及其解、通解、初始条件和特解的概念.
(2)掌握变量可分离的方程和一阶线性方程的解法,会解齐次方程.
(3)会用降阶法解方程:$y^{(n)} = f(x), y'' = f(x, y'), y'' = f(y, y')$.
(4)理解二阶线性微分方程解的性质以及解的结构定理.
(5)掌握二阶常系数齐次线性微分方程的解法,并会解某些高于二阶的常系数齐次线性微分方程.
(6)会求自由项多项式、指数函数、正弦函数、余弦函数,以及二阶常系数非齐次线性微分方程的特解和通解.

7.2　知识点概括

7.2.1　基本概念

微分方程就是联系自变量、未知函数以及未知函数的导数(或微分)之间关系的等式.
微分方程中出现的未知函数的导数的最高阶数,称为**微分方程的阶**.如果方程为关于 y 及 y 的导数的一次有理式,则称方程为**线性微分方程**,不是线性微分方程的称为**非线性微分方程**.如果一个函数代入微分方程后,方程两端恒等,则称此函数为该**微分方程的解**.如果微分方程的解中所含相互独立的任意常数的个数等于微分方程的阶数,则解称为**微分方程的通解**.在通解中给予任意常数确定的值而得到的解称为**特解**.给予任意常数以确定的值,解必须满足某种附加条件,此附加条件称为**初始条件**.求微分方程满足初始条件的解的问题称为初值问题.**积分曲线**:微分方程的解的图形是一条曲线,叫做微分方程的积分曲线.

7.2.2　微分方程的解法

微分方程类型较多,类型不同,解法也不同,因此识别方程类型是解方程的关键.现将本章介绍的微分方程的解法归纳如下.

1. 一阶微分方程

1)已分离变量的微分方程
$$\frac{\mathrm{d}y}{\mathrm{d}x} = f(x)g(y) \text{ (或 } y' = f(x) \cdot \varphi(y) \text{)}.$$

解法 对 $g(y)\mathrm{d}y = f(x)\mathrm{d}x$ 两边积分,得
$$\int g(y)\mathrm{d}y = \int f(x)\mathrm{d}x + C.$$

其中,C 是任意常数.上式即为原方程的通解表达式.

2)可分离变量的方程
$$y' = f(x) \cdot \varphi(y) \text{ (或 } y' = f(x) \cdot \varphi(y) \text{)}.$$

解法 先分离变量为
$$\frac{\mathrm{d}y}{g(y)} = f(x)\mathrm{d}x, \quad (g(y) \neq 0)$$

再对上式两边积分得
$$\int \frac{\mathrm{d}y}{g(y)} = \int f(x)\mathrm{d}x + C,$$

这样便可得到方程的通解.

3)齐次方程 $\dfrac{\mathrm{d}y}{\mathrm{d}x} = \varphi\left(\dfrac{y}{x}\right)$

解法 在齐次方程 $\dfrac{\mathrm{d}y}{\mathrm{d}x} = \varphi\left(\dfrac{y}{x}\right)$ 中,令 $u = \dfrac{y}{x}$,即 $y = ux$,有
$$u + x\frac{\mathrm{d}u}{\mathrm{d}x} = \varphi(u),$$

分离变量得
$$\frac{\mathrm{d}u}{\varphi(u) - u} = \frac{\mathrm{d}x}{x},$$

两端积分得
$$\int \frac{\mathrm{d}u}{\varphi(u) - u} = \int \frac{\mathrm{d}x}{x}.$$

求出积分后,再用 $\dfrac{y}{x}$ 代替 u ,便可得所给齐次方程的通解.

3)一阶线性齐次方程

法一:公式 $y = c\mathrm{e}^{-\int p(x)\mathrm{d}x}$.

法二:分离变量.

4)一阶线性非齐次方程

法一:公式 $y = \mathrm{e}^{-\int p(x)\mathrm{d}x}\left[\int q(x)\mathrm{e}^{\int p(x)\mathrm{d}x}\mathrm{d}x + C\right]$.

法二:常数变易法.将一阶线性非齐次方程对应的齐次微分方程的通解
$$y = C\mathrm{e}^{-\int P(x)\mathrm{d}x} \quad (C = \pm \mathrm{e}^{C_1})$$

中的任意常数 C ,换为待定的函数 $u(x)$,设 $y = u(x)\mathrm{e}^{-\int p(x)\mathrm{d}x}$ 为一阶线性非齐次方程的解,代入一阶线性非齐次方程得
$$u'(x)\mathrm{e}^{-\int p(x)\mathrm{d}x} - u(x)\mathrm{e}^{-\int p(x)\mathrm{d}x}p(x) + p(x)u(x)\mathrm{e}^{-\int p(x)\mathrm{d}x} = q(x).$$

化简得

$$u'(x) = q(x)e^{\int p(x)dx}, \quad u(x) = \int q(x)e^{\int p(x)dx} dx + C,$$

于是一阶线性非齐微分方程的通解为

$$y = e^{-\int p(x)dx}\left[\int q(x)e^{\int p(x)dx} dx + C\right].$$

2. 可降阶的二阶微分方程

1) $y^{(n)} = f(x)$ 型

解法 通过逐次积分,即

$$y^n = \int f(x) dx + C_1;$$

$$y^{(n-1)} = \int [f(x)dx + c_1]dx + C_2,$$

……

n 次后就可以求得通解 y.

2) $y'' = f(x, y')$ 型

解法 微分方程 $y'' = f(x, y')$ 中不含有未知函数 y,令 $y' = p$,则 $y'' = p' = \dfrac{dp}{dx}$ 代入原方程得

$$p' = \frac{dp}{dx} = f(x, p).$$

此方程为关于 x,p 的一阶微分方程,如能求出此方程的通解为 $p = \varphi(x, c_1)$,则原方程的通解为

$$y = \int \varphi(x, c_1) dx + c_2.$$

显然 $y^{(n)} = f(y^{(n-1)})$ 型方程也适用于此种方法.

3) $y'' = f(y, y')$ 型

解法 微分方程 $y'' = f(y, y')$ 中,显然不含有自变量 x,若将 y'' 看做是 y 的函数,令 $y' = p(y)$,则

$$y'' = \frac{dp}{dx} = \frac{dp}{dy} \cdot \frac{dy}{dx} = p\frac{dp}{dy},$$

原方程可化为

$$p\frac{dp}{dy} = f(y, p).$$

此方程为关于 y,p 的一阶微分方程,若求得其通解为

$$p = \varphi(y, c_1),$$

所以原方程的通解为

$$\int \frac{1}{\varphi(y, c_1)} dy = x + C_2.$$

3. 二阶常系数线性齐次方程:$y'' + py' + qy = 0$

求二阶常系数齐次线性微分方程通解的步骤如下:

第一步:写出微分方程所对应的特征方程 $r^2 + pr + q = 0$;

第二步:求出特征方程的两个根 r_1,r_2;

第三步:根据特征根的不同情况,按表 7-1 所示写出方程的通解.

表 7-1

特征方程的两个根 r_1, r_2	方程 $y'' + py' + qy = 0$ 的通解
两个相异实根 $r_1 \neq r_2$	$y = C_1 e^{r_1 x} + C_2 e^{r_2 x}$
两个相等实根 $r_1 = r_2 = r$	$y = (C_1 + xC_2)e^{rx}$
一对共轭复根 $r_{1,2} = \alpha \pm i\beta (\beta > 0)$	$y = e^{\alpha x}(C_1 \cos\beta x + C_2 \sin\beta x)$

4. 二阶常系数线性非齐次方程：$y'' + py' + qy = f(x)$

(1) $f(x) = P_m(x)e^{\lambda x}$（其中 λ 是常数，$P_m(x)$ 是 x 的一个 m 次多项式）.

方程的形式为 $$y'' + py' + qy = P_m(x)e^{\lambda x}.$$

因为多项式与指数函数乘积的导数仍然是多项式与指数函数的乘积，所以，从方程（4）的结构可以推断出它应该有多项式与指数函数乘积型的特解，且特解形式如表 7-2 所示.（其中 $Q_m(x)$ 是与 $P_m(x)$ 同次的特定多项式）

表 7-2

$f(x)$ 的形式	条件	特解 y^* 的形式
$f(x) = P_m(x)e^{\lambda x}$	λ 不是特征根	$y^* = Q_m(x)e^{\lambda x}$
	λ 是特征单根	$y^* = xQ_m(x)e^{\lambda x}$
	λ 是特征重根	$y^* = x^2 Q_m(x)e^{\lambda x}$

(2) $f(x) = e^{\lambda x}(a\cos\omega x + b\sin\omega x)$（其中 λ、a、b、ω 是常数）.

方程的形式为 $$y'' + py' + qy = e^{\lambda x}(a\cos\omega x + b\sin\omega x).$$

因为三角函数与指数函数乘积的导数仍是同一类型，所以方程应有三角函数与指数函数乘积型的特解，且特解形式如表 7-3 所示.（其中 a、b 是待定常数）

表 7-3

$f(x)$ 的形式	条件	特解 y^* 的形式
$f(x) = e^{\lambda x}(a\cos\omega x + b\sin\omega x)$	λ 不是特征根	$y^* = Q_m(x)e^{\lambda x}$
	λ 是特征根	$y^* = xQ_m(x)e^{\lambda x}$

7.3 典型例题

【例 7-1】 求微分方程 $y''' = x + 1$ 的通解.

解 将所给方程两边积分一次，得
$$y'' = \int (x+1)\,dx + C_1 = \frac{1}{2}x^2 + x + C_1.$$

两边再积分，得
$$y' = \int \left(\frac{1}{2}x^2 + x + C_1\right) dx = \frac{1}{6}x^3 + \frac{1}{2}x^2 + C_1 x + C_2.$$

第三次积分，得

$$y = \int \left(\frac{1}{6}x^3 + \frac{1}{2}x^2 + C_1 x + C_2 \right) dx = \frac{1}{24}x^4 + \frac{1}{6}x^3 + \frac{C_1}{2}x^2 + C_2 x + C_3.$$

【例 7-2】 求方程 $\cos x \sin y\, dy = \cos y \sin x\, dx$ 满足 $y|_{x=0} = \frac{\pi}{4}$ 的特解.

解 方程分离变量得

$$\frac{\sin y}{\cos y}dy = \frac{\sin x}{\cos x}dx,$$

两边积分得

$$\int \frac{\sin y}{\cos y}\, dy = \int \frac{\sin x}{\cos x}\, dx,$$

于是方程的通解为

$$\cos x = C\cos y.$$

将 $y|_{x=0} = \frac{\pi}{4}$ 代入上式得 $C = \sqrt{2}$,故原方程满足初始条件 $y|_{x=0} = \frac{\pi}{4}$ 的特解为

$$\cos x - \sqrt{2}\cos y = 0.$$

【例 7-3】 求 $(x^2 + y^2)dx - xy\, dy = 0$ 的通解.

解 原方程可变为

$$\frac{dy}{dx} = \frac{x^2 + y^2}{xy} = \frac{1 + \left(\frac{y}{x}\right)^2}{\frac{y}{x}}.$$

令 $u = \frac{y}{x}$,则 $\frac{dy}{dx} = u + x\frac{du}{dx}$. 将其代入上式得

$$u + x\frac{du}{dx} = \frac{1 + u^2}{u}.$$

整理、分离变量后得

$$u\, du = \frac{dx}{x}.$$

两边积分可得其通解

$$y^2 = x^2 \ln(Cx).$$

【例 7-4】 求解微分方程 $\dfrac{dx}{x^2 - xy + y^2} = \dfrac{dy}{2y^2 - xy}$.

解 原方程变形为 $\dfrac{dy}{dx} = \dfrac{2y^2 - xy}{x^2 - xy + y^2} = \dfrac{2\left(\frac{y}{x}\right)^2 - \frac{y}{x}}{1 - \frac{y}{x} + \left(\frac{y}{x}\right)^2},$

令 $u = \frac{y}{x}$,则 $\frac{dy}{dx} = u + x\frac{du}{dx}$,方程化为

$$u + x\frac{du}{dx} = \frac{2u^2 - u}{1 - u + u^2}.$$

分离变量得

$$\left[\frac{1}{2}\left(\frac{1}{u-2} - \frac{1}{u}\right) - \frac{2}{u-2} + \frac{1}{u-1}\right] du = \frac{dx}{x},$$

两边积分得

$$\ln(u-1) - \frac{3}{2}\ln(u-2) - \frac{1}{2}\ln u = \ln x + \ln C,$$

整理得
$$\frac{u-1}{\sqrt{u}(u-2)^{\frac{3}{2}}} = Cx.$$

所求微分方程的解为
$$(y-x)^2 = Cy(y-2x)^3.$$

【例 7-5】 求下列微分方程的通解.
$$x(\ln x - \ln y)dy - y dx = 0.$$

解 原方程变形为 $\ln\frac{y}{x}dy + \frac{y}{x}dx = 0$，令 $u = \frac{y}{x}$，则 $\frac{dy}{dx} = u + \frac{du}{dx}$，

代入原方程并整理得
$$\frac{\ln u}{u(\ln u + 1)}du = -\frac{dx}{x}.$$

两边积分得 $\ln u - \ln(\ln u + 1) = -\ln x + \ln C$，即 $y = C(\ln u + 1)$.

变量回代得所求通解
$$y = C\left(\ln\frac{y}{x} + 1\right).$$

【例 7-6】 设河边点 O 的正对岸为点 A，河宽 $OA = h$，两岸为平行直线，水流速度为 $\vec{a}$，有一鸭子从点 A 游向点 O，设鸭子（在静水中）的游速为 $b(b > a)$，且鸭子游动方向始终朝着点 O，求鸭子游过的迹线的方程.

解 设水流速度为 $\vec{a}(|\vec{a}| = a)$，鸭子游速为 $\vec{b}(|\vec{b}| = b)$，则鸭子实际运动速度为
$$\vec{v} = \vec{a} + \vec{b}.$$

取坐标系，设在时刻 t 鸭子位于点 $P(x, y)$，则鸭子运动速度 $v = \{v_x, v_y\} = \{x_t, y_t\}$，故有 $\frac{dx}{dy} = \frac{x_t}{y_t} = \frac{v_x}{v_y}$. 现在 $\vec{a} = (a, 0)$，而 $\vec{b} = b\vec{e}_{PO}$，其中 $\vec{e}_{PO}$ 为与 $\overrightarrow{PO}$ 同方向的单位向量. 由 $\overrightarrow{PO} = -\{x, y\}$，故 $\vec{e}_{PO} = \frac{-\{x, y\}}{\sqrt{x^2 + y^2}}$，于是
$$\vec{b} = -\frac{b}{\sqrt{x^2 + y^2}}\{x, y\},$$
$$\vec{v} = \vec{a} + \vec{b} = \left(a - \frac{bx}{\sqrt{x^2 + y^2}}, -\frac{by}{\sqrt{x^2 + y^2}}\right).$$

由此得微分方程
$$\frac{dx}{dy} = \frac{v_x}{v_y} = -\frac{a\sqrt{x^2 + y^2}}{by} + \frac{x}{y},$$

即
$$\frac{dx}{dy} = -\frac{a}{b}\sqrt{\left(\frac{x}{y}\right)^2 + 1} + \frac{x}{y}.$$

初始条件为 $x|_{y=h} = 0$. 令 $\frac{x}{y} = u$，则 $x = yu$，$\frac{dx}{dy} = y\frac{du}{dy} + u$，代入上面的方程，得
$$y\frac{du}{dy} = -\frac{a}{b}\sqrt{u^2 + 1}.$$

分离变量得
$$\frac{du}{\sqrt{u^2 + 1}} = -\frac{a}{by}dy,$$

积分得 $\operatorname{arsh} u = -\frac{a}{b}(\ln y + \ln C)$，即 $u = \operatorname{sh}\ln(Cy)^{-a/b} = \frac{1}{2}[(Cy)^{-a/b} - (Cy)^{a/b}]$，

故
$$x = \frac{y}{2}[(Cy)^{-a/b} - (Cy)^{a/b}] = \frac{1}{2C}[(Cy)^{1-a/b} - (Cy)^{1+a/b}].$$

将初始条件代入上式得 $C = 1/h$，故所求迹线方程为

$$x = \frac{h}{2}\left[\left(\frac{y}{h}\right)^{1-a/b} - \left(\frac{y}{h}\right)^{1+a/b}\right], 0 \leqslant h \leqslant y.$$

【例 7-7】 求微分方程 $y' + y = 3x$ 的通解.

解 先求对应其次线性方程 $\frac{\mathrm{d}y}{\mathrm{d}x} + y = 0$ 的通解. 分离变量得 $\frac{\mathrm{d}y}{y} = -\mathrm{d}x$，

积分得
$$\ln y = -x + \ln C,$$

即
$$\ln \frac{y}{C} = -x,$$

由此得
$$y = C\mathrm{e}^{-x}.$$

再用常数变易法求原方程的通解，设解为

$$y = C(x)\mathrm{e}^{-x}. \quad (C(x) \text{ 是待定函数})$$

带入原方程得
$$C'(x)\mathrm{e}^{-x} - C(x)\mathrm{e}^{-x} + C(x)\mathrm{e}^{-x} = 3x,$$

即
$$C'(x) = 3x\mathrm{e}^{x},$$

由分部积分法可求得
$$C(x) = 3\mathrm{e}^{x}(x-1) + C,$$

故得所求方程的通解为
$$y = 3(x-1) + C\mathrm{e}^{-x}.$$

【例 7-8】 求方程 $y' + \frac{1}{x}y = \frac{\sin x}{x}$ 的通解.

解 $P(x) = \frac{1}{x}, Q(x) = \frac{\sin x}{x}$，于是所求通解为

$$y = \mathrm{e}^{-\int \frac{1}{x}\mathrm{d}x}\left(\int \frac{\sin x}{x} \cdot \mathrm{e}^{\int \frac{1}{x}\mathrm{d}x}\mathrm{d}x + C\right) = \mathrm{e}^{-\ln x}\left(\int \frac{\sin x}{x} \cdot \mathrm{e}^{\ln x}\mathrm{d}x + C\right) = \frac{1}{x}(-\cos x + C).$$

【例 7-9】 求方程 $\frac{\mathrm{d}y}{\mathrm{d}x} - \frac{2y}{x+1} = (x+1)^{\frac{5}{2}}$ 的通解.

解 这是一个非齐次线性方程. 先求对应齐次方程的通解.

由 $\frac{\mathrm{d}y}{\mathrm{d}x} - \frac{2}{x+1}y = 0 \Rightarrow \frac{\mathrm{d}y}{y} = \frac{2\mathrm{d}x}{x+1} \Rightarrow \ln y = 2\ln(x+1) + \ln C \Rightarrow y = C(x+1)^2.$

用常数变易法，把 C 换成 u，即令 $y = u(x+1)^2$，则有

$$\frac{\mathrm{d}y}{\mathrm{d}x} = u'(x+1)^2 + 2u(x+1).$$

代入所给非齐次方程得 $u' = (x+1)^{\frac{1}{2}}$，两端积分得 $u = \frac{2}{3}(x+1)^{\frac{3}{2}} + C$，回代即得所求方程的通解为

$$y = (x+1)^2\left[\frac{2}{3}(x+1)^{3/2} + C\right].$$

【例 7-10】 求方程 $\frac{\mathrm{d}y}{\mathrm{d}x} + \frac{y}{x} = \frac{\sin x}{x}$ 满足初始条件 $y|_{x=\pi} = 1$ 的一个特解.

解 直接用公式(8)求解. 因为 $P(x) = \frac{1}{x}, Q(x) = \frac{\sin x}{x}$，代入得

$$y = e^{-\int \frac{1}{x}dx}\left(\int \frac{\sin x}{x} e^{\int \frac{1}{x}dx} dx + C\right) = e^{\ln\frac{1}{x}}\left(\int \sin x \, dx + C\right) = \frac{1}{x}(-\cos x + C).$$

初始条件 $y|_{x=\pi}=1$ 代入上式可得 $C=\pi-1$. 所以,所求特解为

$$y = \frac{1}{x}(\pi - 1 - \cos x).$$

利用公式(8)解一阶线性微分方程时,注意到 $e^{-\int P(x)dx}$ 与 $\int Q(x) e^{\int P(x)dx} dx$ 中的 $e^{\int P(x)dx}$ 互为倒数,可使计算更为方便.

【例 7-11】 有一个电路如图 7-1 所示,其中电源电动势 $E = E_m \sin \omega t$ (E_m, ω 皆是常量),电阻 R 和电感 L 都是常量,在 $t = 0$ 时合上电闸,求电流 $i(t)$.

解 根据克希霍夫第二定律:回路的总电压应等于接入回路中的总电动势. 现在电阻上的电压降为 Ri,线圈的感应电动势是 $-L\frac{di}{dt}$,于是 $i(t)$ 所满足的微分方程为

$$Ri = E - L\frac{di}{dt},$$

即

$$L\frac{di}{dt} + Ri = E_m \sin \omega t.$$

初始条件为 $i|_{t=0}=0$,若用公式(8)求解,则

$$P(t) = \frac{R}{L}, \quad Q(t) = \frac{E_m}{L}\sin\omega t.$$

代入公式(8),得

$$i(t) = e^{-\frac{R}{L}t}\left(\int \frac{E_m}{L} e^{\frac{R}{L}t} \sin\omega t \, dt + C\right).$$

由于

$$\int e^{\frac{R}{L}t} \sin\omega t \, dt = \frac{e^{\frac{R}{L}t}}{R^2 + \omega^2 L^2}(RL\sin\omega t - \omega L^2 \cos\omega t),$$

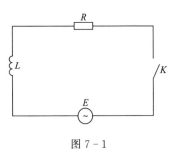

图 7-1

故得所求微分方程的通解为

$$i(t) = \frac{E_m}{R^2 + \omega^2 L^2}(R\sin\omega t - \omega l\cos\omega t) + Ce^{-\frac{R}{L}t}.$$

将初始条件 $i|_{t=0}=0$ 代入上式,得

$$C = \frac{\omega L E_m}{R^2 + \omega^2 L^2}.$$

于是所求函数 $i(t)$ 为

$$i(t) = \frac{\omega L E_m}{R^2 + \omega^2 L^2} e^{-\frac{R}{L}t} + \frac{E_m}{R^2 + \omega^2 L^2}(R\sin\omega t - \omega l\cos\omega t)$$

$$= \frac{\omega L E_m}{R^2 + \omega^2 L^2} e^{-\frac{R}{L}t} + \frac{E_m}{\sqrt{R^2 + \omega^2 L^2}}\sin(\omega t - \varphi).$$

其中,$\varphi = \arctan\frac{\omega L}{R}$.

【例 7-12】 求方程 $y'' = e^{2x} - \cos x$ 满足 $y(0) = 0, y'(0) = 1$ 的特解.

解 对所给方程积分二次,得

$$y' = \frac{1}{2}e^{2x} - \sin x + C_1 \tag{7-1}$$

$$y = \frac{1}{4}e^{2x} + \cos x + C_1 x + C_2 \qquad (7-2)$$

在(7-1)中代入条件 $y'(0) = 1$，得 $C_1 = \frac{1}{2}$，在(7-2)中代入条件 $y(0) = 0$，得 $C_2 = -\frac{5}{4}$，从而所求题设方程的特解为

$$y = \frac{1}{4}e^{2x} + \cos x + \frac{1}{2}x - \frac{5}{4}.$$

【例 7-13】 求方程 $(1 + x^2)\dfrac{d^2 y}{dx^2} - 2x\dfrac{dy}{dx} = 0$ 的通解.

解 这是一个不显含有未知函数 y 的方程. 令 $\dfrac{dy}{dx} = p(x)$，则 $\dfrac{d^2 y}{dx^2} = \dfrac{dp}{dx}$，于是题设方程降阶为 $(1 + x^2)\dfrac{dp}{dx} - 2px = 0$，即 $\dfrac{dp}{p} = \dfrac{2x}{1 + x^2}dx$. 两边积分，得

$$\ln|p| = \ln(1 + x^2) + \ln|C_1|, \text{ 即 } p = C_1(1 + x^2) \text{ 或 } \frac{dy}{dx} = C_1(1 + x^2).$$

再积分得原方程的通解

$$y = C_1\left(x + \frac{x^3}{3}\right) + C_2.$$

【例 7-14】 求微分方程初值问题.

$$(1 + x^2)y'' = 2xy',\ y|_{x=0} = 1,\ y'|_{x=0} = 3$$

的特解.

解 题设方程属 $y'' = f(x, y')$ 型. 设 $y' = p$，代入方程并分离变量后，有

$$\frac{dp}{p} = \frac{2x}{1 + x^2}dx.$$

两端积分，得 $\ln|p| = \ln(1 + x^2) + C$，即 $p = y' = C_1(1 + x^2)(C_1 = \pm e^C)$.

由条件 $y'|_{x=0} = 3$，得 $C_1 = 3$，所以 $y' = 3(1 + x^2)$.

两端再积分，得 $y = x^3 + 3x + C_2$. 又由条件 $y|_{x=0} = 1$，得 $C_2 = 1$，

于是所求的特解为 $y = x^3 + 3x + 1$.

【例 7-15】 求微分方程 $yy'' = 2(y'^2 - y')$ 满足初始条件 $y(0) = 1, y'(0) = 2$ 的特解.

解 令 $y' = p$，由 $y'' = p\dfrac{dp}{dy}$，代入方程并化简得

$$y\frac{dp}{dy} = 2(p - 1).$$

上式为可分离变量的一阶微分方程，解得 $p = y' = Cy^2 + 1$，再分离变量，得

$$\frac{dy}{Cy^2 + 1} = dx.$$

由初始条件 $y(0) = 1, y'(0) = 2$ 得出 $C = 1$，从而得 $\dfrac{dy}{1 + y^2} = dx$，再两边积分，得

$$\arctan y = x + C_1 \text{ 或 } y = \tan(x + C_1).$$

由 $y(0) = 1$ 得出 $C_1 = \arctan 1 = \dfrac{\pi}{4}$，从而所求特解为 $y = \tan\left(x + \dfrac{\pi}{4}\right)$.

【例 7-16】 求微分方程 $y'' - 3y' + 2y = 0$ 的通解.

解 特征方程为

$$r^2 - 3r + 2 = 0.$$

其特征根为 $r_1 = 1$,$r_2 = 2$. 所以方程的通解为

$$y = C_1 e^x + C_2 e^{2x}.$$

【例 7-17】 求微分方程 $4y'' - 4y' + y = 0$ 满足初始条件 $y|_{x=0} = 1$,$y'|_{x=0} = 2$ 的特解.

解 特征方程为

$$4r^2 - 4r + 1 = 0.$$

其特征根为 $r_1 = r_2 = \dfrac{1}{2}$. 所以方程的通解为

$$y = (C_1 + xC_2) e^{\frac{x}{2}}.$$

将初始条件分别代入上面两式 $C_1 = 1$,$C_2 = \dfrac{3}{2}$. 于是所求特解为

$$y = \left(1 + \dfrac{3}{2}x\right) e^{\frac{x}{2}}.$$

【例 7-18】 求微分方程 $y'' + 2y' + 3y = 0$ 的通解.

解 特征方程为

$$r^2 + 2r + 3 = 0.$$

其特征根为一对共轭复根 $r_{1,2} = -1 \pm \sqrt{2}\,i$ ($\alpha = -1, \beta = \sqrt{2}$). 所以方程的通解为

$$y = e^{-x}(C_1 \cos\sqrt{2}\,x + C_2 \sin\sqrt{2}\,x).$$

【例 7-19】 求微分方程 $y'' + 4y' + 3y = x - 2$ 的一个特解.

解 特征方程 $r^2 + 4r + 3 = 0$,其特征根为 $r_1 = -1$,$r_2 = -3$. 由 $f(x) = x - 2$ 知,$m = 1$,$\lambda = 0$. 因为 $\lambda = 0$ 不是特征方程的根,故设特解为

$$y^* = Q_m(x) e^{\lambda x} = ax + b.$$

对 y^* 式导数,得

$$y^{*\prime} = a, \quad y^{*\prime\prime} = 0,$$

代入原方程,得

$$4a + 3ax + 3b = x - 2.$$

比较两端 x 同次幂的系数,得 $\begin{cases} 3a = 1 \\ 4a + 3b = -2 \end{cases}.$

解得 $a = \dfrac{1}{3}$,$b = -\dfrac{10}{9}$. 于是所求方程的特解为

$$y^* = \dfrac{1}{3}x - \dfrac{10}{9}.$$

【例 7-20】 求微分方程 $y'' + 2y' + 5y = 3e^{-x}\sin x$ 的一个特解.

解 特征方程 $r^2 + 2r + 5 = 0$ 的根是 $r = -1 \pm i$. 由 $f(x) = 3e^{-x}\sin x$ 知,$\lambda = -1$,$\omega = 1$,因 $\lambda \pm i\omega = -1 \pm i$ 不是特征方程的根,故设特解

$$y^* = e^{-x}(a\cos x + b\sin x),$$

把它代入原方程,得

$$3a\cos x + 3b\sin x = 3\sin x.$$

比较两端同类项的系数,得 $a = 0$,$b = 1$. 于是所求方程的一个特解为

$$y^* = e^{-x}\sin x.$$

【例 7-21】 求微分方程 $y'' + y' = 4\sin x$ 满足初始条件 $y|_{x=0}, y'|_{x=0} = 0$ 的解.

解 特征方程 $r^2 + r = 0$,特征根为 $r_{1,2} = \pm i$,所以对应其次方程的通解为

$$y = C_1\cos x + C_2\sin x.$$

由 $f(x) = 4\sin x$ 知 $\lambda = 0, \omega = 1$. 而 $\lambda \pm i\omega = \pm i$ 是特征根,故设特解

$$y^* = xe^{0x}(a\cos x + b\sin x) = x(a\cos x + b\sin x).$$

对 y^* 求导数,得

$$y^{*\prime} = (a\cos x + b\sin x) + x(-a\sin x + b\cos x),$$
$$y^{*\prime\prime} = -2a\sin x + 2b\cos x - x(a\sin x + b\cos x).$$

把它代入原方程,得

$$-2a\sin x + 2b\cos x = 4\sin x.$$

比较两端同类项的系数,得 $a = -2, b = 0$,因此所求特解为

$$y^* = -2x\cos x.$$

于是,原方程的通解为

$$y = C_1\cos x + C_2\sin x - 2x\cos x.$$

又由 $y|_{x=0} = 1$,得 $C_1 = 1$,由 $y'|_{x=0} = 0$,得 $C_2 = 2$,所以原方程满足初始条件的解为

$$y = \cos x + 2\sin x - 2x\cos x.$$

【例 7-22】 力学问题.

我们看一看交警在交通事故现场如何判断事故车辆在紧急刹车前的车速是否超出规定.

在公路交通事故的现场,常会发现事故车辆的车轮有一段拖痕(刹车距离). 这是紧急刹车后制动片抱紧制动箍使车轮停止转动,而车轮由于惯性的作用在地面上摩擦滑动留下的痕迹. 如果在事故现场测得拖痕的长度为 15m,并测出路面与车轮的摩擦系数为 1.04(此系数由路面质地、轮胎与地面接触面积等因素决定),那么交警如何判定事故车辆在紧急刹车前的车速是否超出规定?

解 设拖痕所在直线为 x 轴,拖痕的起点为原点,车辆的滑动位移为 x,滑动速度为 v. 当 $t = 0$ 时,$x = 0$,$v = v_0$(滑动时的初速度);当 $t = t_1$ 时(t_1 是滑动停止的时刻),$x = 15$,$v = 0$.

在滑动过程中,车辆受到与运动方向相反的摩擦力 f 的作用,如果车辆的质量为 m,则摩擦力 f 的大小为 λmg. 根据牛顿第二定律,有

$$m\frac{d^2x}{dt^2} = -\lambda mg,$$

即

$$\frac{d^2x}{dt^2} = -\lambda g.$$

积分得

$$\frac{dx}{dt} = -\lambda gt + C_1,$$

再一次积分,得

$$x = -\frac{\lambda g}{2}t^2 + C_1 t + C_2.$$

将条件 $t = 0$ 时,$x = 0$,$v = \frac{dx}{dt} = v_0$ 代入上面两式,得 $C_1 = v_0$,$C_2 = 0$,即有

$$\frac{dx}{dt} = -\lambda gt + v_0, \quad x = -\frac{\lambda g}{2}t^2 + v_0 t.$$

将条件 $t = t_1$ 时，$x = 15$，$v = 0$，代入上式，得
$$\begin{cases} -\lambda g t_1 + v_0 = 0 \\ -\dfrac{\lambda g}{2} t_1^2 + v_0 t_1 = 15 \end{cases}.$$

在此方程组中消去 t_1，得 $v_0 = \sqrt{2\lambda g \times 15}$.

代入 $\lambda = 1.04$，$g \approx 9.8 (\text{m/s}^2)$，得 $v_0 \approx 17.49 (\text{m/s}) \approx 63 (\text{km/h})$.

实际上，在车轮开始滑动之前，车辆还有一个滚动减速的过程，因此车辆在刹车前的速度要大于 $63 (\text{km/h})$. 可见刹车拖痕（刹车距离）是分析交通事故的一个重要因素.

【例 7-23】 人口增长问题.

（马尔萨斯人口方程）英国人口学家马尔萨斯在 1798 年提出了人口指数增长模型：单位时间内人口的增长量与当时的人口总数成正比. 若已知 $t = t_0$ 时人口总数为 x_0，试根据马尔萨斯人口模型，确定时间 t 与人口总数 $x(t)$ 之间的函数关系. 根据我国有关人口统计的资料数据，1990 年，我国人口总数为 11.6 亿，在以后的 8 年中，年人口平均增长率为 14.8‰，假定今后的年增长率不变，试用马尔萨斯方程预测 2005 年我国的人口总数.

解 设 t 时刻人口总数为 $x = x(t)$，人口指数增长模型为
$$\frac{\mathrm{d}x}{\mathrm{d}t} = rx(t) \quad (r \text{ 为比例常数}),$$
初值条件 $x|_{t=t_0} = x_0$.

这是可分离变量方程，它的通解为
$$x = C \mathrm{e}^{rt},$$
将初值条件 $x|_{t=t_0} = x_0$ 代入，得 $C = x_0 \mathrm{e}^{-rt_0}$，于是所求函数关系为
$$x(t) = x_0 \mathrm{e}^{r(t-t_0)}.$$
将 $t = 2005$，$t_0 = 1990$，$x_0 = 11.6$，$r = 0.0148$ 代入，可预测出 2005 年我国的人口总数为
$$x|_{t=2005} = 11.6 \times \mathrm{e}^{0.0148 \times (2005 - 1990)} \approx 14.4 (亿)$$

马尔萨斯人口模型认为，人口以 e^r 为公比，按几何级数增长，这显然对未来的人口总数预测是不正确的. 其主要原因是，随着人口的增长，自然资源、环境条件等因素对人口继续增长的阻滞作用越来越显著. 为了使人口预报，特别是长期预报更好地符合实际情况，必须修改指数增长模型关于人口增长率是常数这个基本假设. 荷兰生物学家 Verhulst 引入常数 x_m，用来表示自然资源和环境条件所允许的最大人口，并假定人口增长率为
$$r\left(1 - \frac{x(t)}{x_m}\right),$$
即人口增长率随着 $x(t)$ 的增加而减少，当 $x(t) \to x_m$ 时，人口增长率趋于零. 其中 r, x_m 是根据人口统计数据或经验确定的常数. 由此得
$$\frac{\mathrm{d}x}{\mathrm{d}t} = r\left(1 - \frac{x}{x_m}\right)x.$$

这个方程称为 Logistic 模型（阻滞增长模型），属于可分离变量的方程，其通解为
$$x(t) = \frac{x_m}{1 + C\mathrm{e}^{-rt}}.$$

Logistic 模型实际上是一种变量的增长率 $\dfrac{\mathrm{d}x}{\mathrm{d}t}$ 与其现实值 x、饱和值与现实值之差 $x_m - x$ 都成正比的数学模型，其在生物群生长、传染病传播以及产品推销、技术推广等问题中都有重

要作用.

【例 7-24】 扫雪时间问题.

一个冬天的早晨开始下雪,整天不停,且以恒定速率不断下降.一台扫雪机从上午 8 点开始在公路上扫雪,到 9 点前进了 2 千米,到 10 点前进了 3 千米.假定扫雪机每小时扫去积雪的体积为常数.问何时开始下雪?

解 第一步 问题分析与建模.

题目给我们提供的主要信息有:

(1)雪以恒定的速率下降;

(2)扫雪机每小时扫去积雪的体积为常数;

(3)扫雪机从 8 点到 9 点前进了 2 千米,到 10 点前进了 3 千米.

下面将以上几句话用数学语言表达出来.

设 $h(t)$ 为从开始下雪起到 t 时刻时积雪深度,由(1)得

$$\frac{\mathrm{d}h(t)}{\mathrm{d}t} = C\ (C\ 常数).$$

设 $x(t)$ 为扫雪机从下雪开始起到 t 时刻走过的距离,那么根据(2),我们得到 $\frac{\mathrm{d}x}{\mathrm{d}t} = \frac{k}{h}$,$k$ 为比例常数.

以 T 表示扫雪开始的时刻,则根据(3)有

$$t = T\ 时, x = 0; t = T+1\ 时, x = 2; t = T+2\ 时, x = 3.$$

于是我们可得问题的数学模型为:

$$\begin{cases} \dfrac{\mathrm{d}h(t)}{\mathrm{d}t} = C \\ \dfrac{\mathrm{d}x}{\mathrm{d}t} = \dfrac{k}{h} \\ x(T) = 0 \\ x(T+1) = 2 \\ x(T+2) = 3 \end{cases}.$$

第二步 模型求解.

根据以上分析,只要找出 x 与 t 的函数关系,就可以利用 $x(T)$ 求出 T.根据 T 即可知道开始下雪的时间.

由 $\dfrac{\mathrm{d}h}{\mathrm{d}t} = C$ 得

$$h = Ct + C_1.$$

因 $t = 0$ 时,$h = 0$,故 $C_1 = 0$,从而 $h = Ct$.代入 $\dfrac{\mathrm{d}x}{\mathrm{d}t} = \dfrac{k}{h}$,得

$$\frac{\mathrm{d}x}{\mathrm{d}t} = \frac{A}{t}\left(A = \frac{k}{C}\ 为常数\right).$$

用分离变量法得

$$x = A\ln t + B\ (B\ 为任意常数).$$

将 $x(T) = 0, x(T+1) = 2, x(T+2) = 3$ 代入上式,得

$$\begin{cases} 0 = A\ln T + B \\ 2 = A\ln(T+1) + B, \\ 3 = A\ln(T+2) + B \end{cases}$$

消去 A, B 得

$$\left(\frac{T+2}{T+1}\right)^2 = \frac{T+1}{T}, \text{ 即 } T^2 + T - 1 = 0,$$

解此一元二次方程,得

$$T = \frac{\sqrt{5}-1}{2} = 0.618 \text{ (小时)} \approx 37 \text{ 分 } 5 \text{ 秒}.$$

因此,扫雪机开始工作时为 37 分 5 秒,由于扫雪机是上午 8 点开始的,故雪是 7 点 22 分 55 秒开始下的.

【例 7-25】 盐水稀释问题.

设容器内有 100 kg 盐水,浓度为 10%(即含盐 10kg),现在每分钟输入浓度为 1% 的盐水 6kg,同时每分钟输出盐水 4kg,试问:经过 50 分钟,容器内盐水浓度是多少?(假设变化过程中,任何时刻容器内盐水的浓度是均匀的)

解 第一步 审题和量的分析.

首先明确题目给出的盐水稀释过程是:盐水浓度和盐水量因每分钟输入 1% 的盐水 6kg 和同时每分钟输出盐水 4kg 而不断变化,浓度不断变化必有变化率,需要用微分方程来求解.

此问题所涉及的主要量有:时间,时刻容器内盐水的浓度,时刻容器内盐水量,时刻容器内含盐量和含水量.

显然,$t = 0$ 时,有

$$\rho(0) = 10\% \tag{7-3}$$

$$H(t) = Q(t) - X(t) \tag{7-4}$$

由于容器内的盐水、含盐量、含水量都在不断的变化,它们的变化率分别为 $K_{Q(t)}, K_{X(t)}, K_{H(t)}$. 在整个变化过程中的任意时刻 t,关系式为

$$\rho(t) = \frac{X(t)}{Q(t)}, \tag{7-5}$$

$$Q(t) = 100 + (6-4)t = 100 + 2t. \tag{7-6}$$

在 $t + \Delta t$,同样有关系式

$$\rho(t + \Delta t) = \frac{X(t + \Delta t)}{Q(t + \Delta t)}, \tag{7-7}$$

$$Q(t + \Delta t) = 100 + 2(t + \Delta t). \tag{7-8}$$

第二步 模型建立与求解.

在模型建立过程中,我们将首先构建浓度 $\rho(t)$ 变化的微分方程. 首先,$t + \Delta t$ 时刻容器内盐水的含盐量为

$$\begin{aligned} X(t + \Delta t) &\approx X(t) + 0.06\Delta t - 4\rho(t)\Delta t, \\ &= \rho(t)Q(t) + 0.06\Delta t - 4\rho(t)\Delta t. \end{aligned} \tag{7-9}$$

将式(7-8)、式(7-9)、代入式(7-7)得

$$\rho(t + \Delta t) = \frac{\rho(t)Q(t) + 0.06\Delta t - 4\rho(t\Delta t)}{100 + 2(t + \Delta t)}, \tag{7-10}$$

从而有

即
$$\rho(t+\Delta t)[100+2(t+\Delta t)] = \rho(t)Q(t) + 0.06\Delta t - 4\rho(t)\Delta t,$$

$$[\rho(t+\Delta t) - \rho(t)][100+2(t+\Delta t)] = 0.06\Delta t - 6\rho(t)\Delta t. \tag{7-11}$$

对式(7-11)两边同除以 Δt，得

$$\frac{\rho(t+\Delta t) - \rho(t)}{\Delta t}[100+2(t+\Delta t)] = 0.06 - 6\rho(t). \tag{7-12}$$

式(7-12)两边在 $\Delta t \to 0$ 的过程中取极限，再由式(7-3)得所求问题的数学模型

$$\begin{cases} \dfrac{d\rho}{dt}(100+2t) = 0.06 - 6\rho(t), \\ \rho(0) = 10\% \end{cases} \tag{7-13}$$

利用分离变量法解微分方程得
$$\rho(t) = 0.01 + C(50+t)^{-3}.$$
由初始条件得 $C = 0.09 \times 50^3$，故
$$\rho(t) = 0.01 + 0.09 \times 50^3 (50+t)^{-3}.$$
于是经过 50 分钟，容器内盐水的浓度为
$$\rho(50) \approx 2.12\%.$$

上述列微分方程的方法通常称为"小元素分析法"或称为"微元分析法"。

7.4 同步训练

习题 7.1

1. 指出下列微分方程的阶数.

(1) $x(y')^2 - 2yy' + x = 0$；

(2) $xy'' + 2y' + x^2 y = 0$；

(3) $(7x-6y)dx+(x+y)dy=0$； (4) $\rho'+\rho=\sin^2\theta$.

2. 验证函数 $y=C_1e^{2x}+C_2e^x$ 为二阶微分方程 $y''-3y'+2y=0$ 的通解，并求方程满足初始条件 $y(0)=0, y'(0)=2$ 的特解.

3. 求下列微分方程的解.
(1) $y'=4x^2, y|_{x=0}=0$； (2) $y''=3x^4$.

4. 求一曲线方程，此曲线通过 $(1,3)$，并且它在任一点处切线的斜率等于该点横坐标倒数的 2 倍.

习题 7.2

1. 用分离变量法求解下列微分方程的通解或特解.
(1) $\dfrac{dy}{dx}=\dfrac{e^{3x}}{e^y}$； (2) $y'+xy=0$；

(3) $\dfrac{dy}{dx} = x^4 y^{-1}, y(0) = 3$; (4) $2y(x^2+1)y' = x(y^2+1), y(0) = 0$.

2. 设一曲线上任意一点处的切线垂直于该点与原点的连线,求此曲线方程.

3. 不用代公式,求下列微分方程的通解.
(1) $y' + 3y = 0$; (2) $y' + 3y = x$.

4. 求下列微分方程的通解.
(1) $xy' = y\ln y$; (2) $5x^2 + 2x = 2y'$;

(3) $y' + y\cos x = e^{-\sin x}$; (4) $2y' + \dfrac{2y}{x} = \dfrac{\sin x}{x}$.

5. 求解下列初值问题.

(1) $y' = e^{x-y}, y(0) = 0$;

(2) $y' = 2xy + e^{x^2}\cos x, y(0) = 2$.

6. 已知一曲线通过点$(0,8)$,并且它在任意点处切线的斜率等于$4x^2 - y$,求此曲线方程.

习题 7.3

1. 求下列微分方程的通解.

(1) $(1-x^2)y'' - xy' = 2$;

(2) $y'' = \dfrac{1}{1+x^2}$;

(3) $y'' = y' + x$;

(4) $y'' = 1 + (y')^2$.

2. 求下列微分方程满足初始条件的特解.

(1) $y'' = (y')^{\frac{1}{2}}, y|_{x=0} = 0, y'|_{x=0} = 1$;

(2) $(1-x^2)y'' - xy' = 3$, $y|_{x=0} = 0$, $y'|_{x=0} = 0$.

3. 试求 $y'' = x$ 的经过点 $P(0,1)$ 且在此点与直线 $y = \dfrac{x}{2} + 1$ 相切的积分曲线方程.

习题 7.4

1. 求下列微分方程的通解.
(1) $y'' + 6y' + y = 0$;   (2) $2y'' + y' + y = 0$;

(3) $y'' + 9y' + 9y = 0$;   (4) $y'' - 4y' + 4 = 0$.

2. 求下列初值问题的解.
(1) $y'' - y = 0$, $y|_{x=0} = 2$, $y'|_{x=0} = 0$;

(2) $y'' - 4y' + 3y = 0$, $y|_{x=0} = 6$, $y'|_{x=0} = 10$.

3. 设一弹簧的运动满足微分方程
$$\frac{d^2 s}{dt^2} - \frac{ds}{dt} - 2s = 0.$$
求此弹簧在任意时刻 t 的位移 $s(t)$.

习题 7.5

1. 选择题.
(1) 求 $y'' + 4y' = x^2 - 1$ 的特解时,应令 $y^* = ($).
(A) $ax^2 + bx + c$ (B) $x(ax^2 + bx + c)$ (C) $ax^2 + b$ (D) $x(ax^2 + b)$
(2) 求 $y'' + y = \cos x$ 的特解时,应令 $y^* = ($).
(A) $ax\cos x$ (B) $a\cos x$ (C) $a\cos x + b\sin x$ (D) $x(a\cos x + b\sin x)$
(3) $y'' + y = 0$ 有一个解为 $y = ($).
(A) e^x (B) $\sin 2x$ (C) $\sin x$ (D) $e^x + e^{-x}$
(4) $y'' - y' = 2x$ 的特解为( ).
(A) $y = -x - 2$ (B) $y = -x^2 - 2x$ (C) $y = x + 2$ (D) $y = x^2 + 2x$

2. 求下列各微分方程的通解.
(1) $y'' + y' - 2y = 2e^x$;
(2) $2y'' + 5y' = 5x^2 - 2x - 1$;

(3) $y'' + 2y' + y = 5e^{-x}$;
(4) $y'' - 4y' + 4y = e^{-2x}$;

(5) $y'' - y = 4\sin x$;
(6) $y'' - 2y' + 5y = \cos 2x$.

3. 求下列各微分方程满足已给初始条件的特解.

(1) $y'' - 3y' + 2y = 5, y|_{x=0} = 1, y'|_{x=0} = 2$;

(2) $y'' - y = 4xe^x, y|_{x=0} = 0, y'|_{x=0} = 1$.

总习题 7

1. 选择题.

(1) 微分方程 $x(y''')^2 - 3(y'')^3 + (y')^4 + x^5 = 0$ 的阶数是（　　）.

A. 4 阶   B. 3 阶   C. 2 阶   D. 1 阶

(2) 微分方程 $x^2 \dfrac{dy}{dx} = x^2 + y^2$ 是（　　）.

A. 一阶可分离变量方程   B. 一阶齐次方程

C. 一阶非齐次线性方程   D. 一阶齐次线性方程

(3) $xy' = y$ 的通解为（　　）.

A. $y = Cx^2$ B. $y = 5x^2$ C. $y = Cx$ D. $y = \dfrac{1}{2}x$

(4) 下列方程中, 是一阶线性微分方程的是（　　）.

A. $x(y')^2 - 2yy' + x = 0$ B. $xy + 2yy' - x = 0$

C. $xy' + x^2 y = 0$ D. $(7x - 6y)dx + (x + y)dy = 0$

(5) 微分方程 $xy' = \sqrt{xy} - y$ 是（　　）.

A. 可分离变量方程   B. 齐次方程

C. 一阶齐次线性方程   D. 一阶非齐次线性方程

(6) 微分方程 $y' + \sin(xy)(y')^2 - y + 5x = 0$ 是（　　）.

A. 一阶微分方程   B. 二阶微分方程

C. 可分离变量的微分方程   D. 一阶线性微分方程

(7) 下列方程中是可分离变量微分方程的是（　　）.

A. $y' = (\tan x)y + x^2 - \cos x$ B. $xe^{x-y}y' - y\ln y = 0$

C. $y^2 + x^2 \dfrac{dy}{dx} = xy \dfrac{dy}{dx}$ D. $xy'\ln x \sin y + \cos y(1 - x\cos y) = 0$

(8)微分方程 $y'' - 2y' + y = 0$ 的一个特解是( ).
A. $y = x^2 e^x$ B. $y = e^x$ C. $y = x^3 e^x$ D. $y = e^{-x}$

(9)在下列微分方程中,通解为 $y = C_1 \cos x + C_2 \sin x$ 的是( ).
A. $y'' - y' = 0$ B. $y'' + y' = 0$ C. $y'' - y = 0$ D. $y'' + y = 0$

(10)微分方程 $y'' + 2y' + 5y = 0$ 的通解 y 等于( ).
A. $C_1 \cos 2x + C_2 \sin 2x$
B. $e^x(C_1 \cos 2x + C_2 \sin 2x)$
C. $e^{-x}(C_1 \cos 2x + C_2 \sin 2x)$
D. $x(C_1 \cos 2x + C_2 \sin 2x)$

(11)设 y_1, y_2 是二阶常系数齐次线性微分方程 $y'' + py' + qy = 0$ 的两个解,则下列说法不正确的是( ).
A. $y_1 + y_2$ 是此方程的一个解
B. $y_1 - y_2$ 是此方程的一个解
C. $c_1 y_1 + c_2 y_2$ 是此方程的通解(C_1, C_2 为任意常数)
D. 若 y_1, y_2 线性无关,则 $C_1 y_1 + C_2 y_2$ 是此方程的通解(C_1, C_2 为任意常数)

(12)二阶线性微分方程 $y'' + 4y' - 3y = 5$ 对应的齐次方程的特征方程为( ).
A. $r^2 + 4r - 3 = 5$ B. $r^2 + 4r - 3 = 0$
C. $r + 4r - 3 = 5$ D. $r^2 + 4r - 3r = 0$

(13)已知 $y = 2x^2 - 7$ 是微分方程 $y'' + y = 2x^2 - 3$ 的一个特解,则其通解为( ).
A. $x = C_1 \cos x + C_2 \sin x + 2x^2 - 7$ B. $x = C_1 e^x + C_2 e^{-x} + 2x^2 - 7$
C. $x = C_1 + C_2 e^{-x} + 2x^2 - 7$ D. $x = (C_1 + C_2 x) e^x + 2x^2 - 7$

(14)用待定系数法求微分方程 $y'' - y = 2xe^x$ 的一个特解时,应设特解的形式为( ).
A. $y^* = (Ax^2 + Bx)e^x$ B. $y^* = (Ax + B)e^x$
C. $y^* = Axe^x + B$ D. $y^* = Ax^2 e^x$

2. 填空题

(1)微分方程 $(y')^3 + y^{(4)} y'' + 3y = 0$ 的阶数为_____;

(2)微分方程 $y''' = x + 1$ 的通解是_____;

(3)微分方程 $\dfrac{dy}{dx} + y = 0$ 的通解是_____;

(4)微分方程 $y'' = \sin x$ 的通解是_____;

(5)微分方程 $y'' + 2y' = 0$ 的通解为_____;

(6)求微分方程 $y'' + 2y' + y = xe^{-x}$ 的特解的形式为_____;

3. 求下列微分方程的通解或给定初始条件的特解.

(1) $xy dx + \sqrt{1 - x^2} dy = 0$;　　(2) $y \ln x dx + x \ln y dy = 0$;

(3) $(xy^2 + x)dx + (y - x^2 y)dy = 0$; (4) $\dfrac{dy}{dx} = \dfrac{y}{x} + \text{tg}\dfrac{y}{x}$;

(5) $\dfrac{x}{1+y}dx - \dfrac{y}{1+x}dy = 0$, $y|_{x=0} = 1$; (6) $y'\sin x = y\ln y$, $y|_{x=\frac{\pi}{2}} = e$;

(7) $y' = \dfrac{x^2 + y^2}{xy}$, $y|_{x=1} = 1$; (8) $y' = e^{2x-y}$, $y|_{x=0} = 0$.

4. 求下列微分方程的通解或给定初始条件的特解.

(1) $y' - \dfrac{2}{x+1}y = (x+1)^2$; (2) $y' + y = e^{-x}$;

(3) $y' - 3xy = 2x$; (4) $y' - \dfrac{2y}{x} = x^2 \sin 3x$;

(5) $x \dfrac{dy}{dx} - 2y = x^3 e^x$, $y|_{x=1} = 0$;   (6) $xy' + y = 3$, $y|_{x=1} = 0$;

(7) $y' - y\tan x = \sec x$, $y|_{x=0} = 0$;   (8) $(x-2)y' = y + 2(x-2)^3$, $y|_{x=1} = 0$.

5. 求下列微分方程的通解.

(1) $y'' = e^{2x}$;   (2) $y'' = \dfrac{1}{1+x^2}$;

(3) $xy'' + y' = 0$;   (4) $y''' = y''$;

(5) $y'' = 3\sqrt{y}$, $y|_{x=0} = 1$, $y'|_{x=0} = 2$;

(6) $(1-x^2)y'' - xy' = 3$, $y|_{x=0} = 0$, $y'|_{x=0} = 0$.

6. 求下列微分方程的通解或给定初始条件的特解.

(1) $y'' - 4y' + 4y = 0$;

(2) $y'' - 4y' + 13y = 0$;

(3) $y'' - 5y' = 0$;

(4) $y'' - 10y' - 11y = 0$;

(5) $y'' - 6y' + 9y = 0$, $y|_{x=0} = 0, y'|_{x=0} = 2$;

(6) $y'' + 3y' + 2y = 0$, $y|_{x=0} = 1, y'|_{x=0} = 1$;

(7) $y'' + 25y = 0$, $y|_{x=0} = 0, y'|_{x=0} = 15$;

(8) $y'' + 4y' + 29y = 0$, $y|_{x=0} = 0, y'|_{x=0} = 15$.

7. 求下列微分方程的通解或给定初始条件下的特解.

(1) $y'' - 6y' + 13y = 14$;

(2) $y'' - 2y' - 3y = 2x + 1$;

(3) $y'' + y' - 2y = 2e^x$;

(4) $y'' - y = 4\sin x$;

(5) $y'' - 4y = 4$, $y|_{x=0} = 1, y'|_{x=0} = 0$;

(6) $y'' - 5y' + 6y = 2e^x$, $y|_{x=0} = 1, y'|_{x=0} = 1$;

(7) $y'' - 3y' + 2y = 5$, $y|_{x=0} = 1, y'|_{x=0} = 2$;

(8) $y'' - y = 4xe^x$, $y|_{x=0} = 0, y'|_{x=0} = 1$.

第 8 章 无穷级数

无穷级数是研究函数性质、进行数值计算等的重要工具.它包括数项级数与函数项级数,而数项级数又是函数项级数的特殊情况.本章首先研究数项级数的基本理论,然后介绍在科学技术中有着重要应用的函数项级数——幂级数.

8.1 教学目标

(1) 了解级数的概念,知道级数的性质.
(2) 掌握正项级数的比较判别法和比值判别法;知道交错级数的莱布尼茨判别法.
(3) 掌握几何级数、$p-$级数的收敛性.
(4) 了解级数绝对收敛与条件收敛的概念,会使用莱布尼茨判别法.
(5) 了解幂级数的概念、收敛半径、收敛区间.
(6) 了解幂级数在其收敛区间内的基本性质(和、差、逐项求导与逐项积分).
(7) 掌握求幂级数的收敛半径、收敛区间(不要求讨论端点)的方法.
(8) 掌握将函数展开成幂级数的常用公式.

8.2 知识点概括

8.2.1 常数项级数

1. 基本概念

无穷多个数 $u_1, u_2, u_3, \cdots, u_n, \cdots$ 依次相加所得到的表达式

$$\sum_{n=1}^{\infty} u_n = u_1 + u_2 + u_3 + \cdots + u_n + \cdots$$

称为常数项级数(简称级数).

$$S_n = \sum_{k=1}^{n} u_k = u_1 + u_2 + u_3 + \cdots + u_n, (n=1,2,3,\cdots)$$

称为级数的前 n 项的部分和,$\{S_n\}(n=1,2,3,\cdots)$ 称为部分和数列.若 $\lim\limits_{n\to\infty} S_n$ 存在且若 $\lim\limits_{n\to\infty} S_n = S$,则称级数 $\sum\limits_{n=1}^{\infty} u_n$ 是收敛的且其和为 S,记为:$\sum\limits_{n=1}^{\infty} u_n = S$;若 $\lim\limits_{n\to\infty} S_n$ 不存在,则称级数 $\sum\limits_{n=1}^{\infty} u_n$ 是发散的,发散级数没有和的概念.

2. 性质

性质 1 若级数 $\sum\limits_{n=1}^{\infty} u_n$ 收敛,其和为 S,为常数 k,则级数 $\sum\limits_{n=1}^{\infty} ku_n$ 也收敛,且其和为 kS.

性质 2 若级数 $\sum_{n=1}^{\infty} u_n$，$\sum_{n=1}^{\infty} v_n$ 都收敛，其和分别为 S 与 σ，则级数 $\sum_{n=1}^{\infty}(u_n \pm v_n)$ 也收敛，其和为 $S \pm \sigma$.

性质 3 在级数 $\sum_{n=1}^{\infty} u_n$ 中去掉、添加或改变有限项，不会改变级数的收敛性.

性质 4 若级数 $\sum_{n=1}^{\infty} u_n$ 收敛，将级数中的项任意合并（即加上括号）后所成的级数：
$(u_1 + u_2 + \cdots u_{n_1}) + (u_{n_1+1} + u_{n_1+2} + \cdots u_{n_2}) + \cdots + (u_{n_{k-1}+1} + u_{n_{k-1}+2} + \cdots u_{n_k}) + \cdots$
仍收敛且其和不变.

性质 5 （收敛的必要条件）若级数 $\sum_{n=1}^{\infty} u_n$ 收敛，则通项 u_n 必趋于零，即 $\lim_{n \to \infty} u_n = 0$.

3. 常用的级数

(1) 等比级数（几何级数）$\sum_{n=0}^{\infty} ar^n \ (a \neq 0)$.

当 $|r| < 1$ 时，$\sum_{n=0}^{\infty} ar^n = \dfrac{a}{1-r}$ 收敛；当 $|r| \geqslant 1$ 时，$\sum_{n=0}^{\infty} ar^n$ 发散.

(2) p—级数 $\sum_{n=1}^{\infty} \dfrac{1}{n^p}$.

当 $p > 1$ 时，$\sum_{n=1}^{\infty} \dfrac{1}{n^p}$ 收敛，当 $p \leqslant 1$ 时 $\sum_{n=1}^{\infty} \dfrac{1}{n^p}$ 发散.

注：$p > 1$ 时，$\sum_{n=1}^{\infty} \dfrac{1}{n^p}$ 的和一般不作要求，但后面用特殊的方法可知 $\sum_{n=1}^{\infty} \dfrac{1}{n^2} = \dfrac{\pi^2}{6}$.

4. 正项级数收敛性的判别法

若 $u_n \geqslant 0 (n = 1, 2, 3, \cdots)$，则 $\sum_{n=1}^{\infty} u_n$ 称为正项级数，这时 $S_{n+1} \geqslant S_n (n = 1, 2, 3, \cdots)$，所以 $\{S_n\}$ 是单调增加数列，它是否收敛只取决于 S_n 是否有上界，因此 $\sum_{n=1}^{\infty} u_n$ 收敛 $\Leftrightarrow S_n$ 有上界，这是正项级数比较判别法的基础，从而也是正项级数其他判别法的基础.

1) 比较判别法

设级数 $\sum_{n=1}^{\infty} u_n$ 和 $\sum_{n=1}^{\infty} v_n$ 是两个正项级数，若级数 $\sum_{n=1}^{\infty} v_n$ 收敛，且 $u_n \leqslant v_n$，则级数 $\sum_{n=1}^{\infty} u_n$ 也收敛；若级数 $\sum_{n=1}^{\infty} v_n$ 发散，且 $u_n \geqslant v_n$，则级数 $\sum_{n=1}^{\infty} u_n$ 也发散.

比较判别法的极限形式：

若 $\sum_{n=1}^{\infty} u_n$ 和 $\sum_{n=1}^{\infty} v_n$ 都是正项级数，且 $\lim_{n \to \infty} \dfrac{u_n}{v_n} = q \ (0 \leqslant q \leqslant +\infty)$，则当 $0 < q < +\infty$ 时，级数 $\sum_{n=1}^{\infty} u_n$ 收敛与级数 $\sum_{n=1}^{\infty} v_n$ 有相同的收敛性；当 $q = 0$ 且级数 $\sum_{n=1}^{\infty} v_n$ 收敛，则级数 $\sum_{n=1}^{\infty} u_n$ 也收敛；当 $q = +\infty$ 且级数 $\sum_{n=1}^{\infty} v_n$ 发散，则级数 $\sum_{n=1}^{\infty} u_n$ 也发散.

2) 比值判别法（达朗贝尔）

设级数 $\sum_{n=1}^{\infty} u_n$ 为正项级数,若 $\lim_{n \to \infty} \frac{u_{n+1}}{u_n} = \lambda$ ($0 \leqslant \lambda \leqslant +\infty$),则当 $\lambda < 1$ 时,级数 $\sum_{n=1}^{\infty} u_n$ 收敛;当 $\lambda > 1$ $\left(\text{或} \lim_{n \to \infty} \frac{u_{n+1}}{u_n} = +\infty\right)$ 时,级数 $\sum_{n=1}^{\infty} u_n$ 发散;当 $\lambda = 1$ 时,级数 $\sum_{n=1}^{\infty} u_n$ 的收敛性不确定.

5. 交错级数及其莱布尼茨判别法

若 $u_n > 0$,$\sum_{n=1}^{\infty} (-1)^{n+1} u_n$ 称为交错级数.

若交错级数 $\sum_{n=1}^{\infty} (-1)^{n-1} u_n$ 满足这样两个条件:$u_n > u_{n+1}$ ($n = 1, 2, \cdots$),$\lim_{n \to \infty} u_n = 0$,则该交错级数收敛,且其和 $s \leqslant u_1$,其余项 r_n 的绝对值不超过 u_{n+1},即 $|r_n| \leqslant u_{n+1}$.

6. 绝对收敛与条件收敛

1)定义

若 $\sum_{n=1}^{\infty} |u_n|$ 收敛,则称 $\sum_{n=1}^{\infty} u_n$ 为绝对收敛;若 $\sum_{n=1}^{\infty} u_n$ 收敛,而 $\sum_{n=1}^{\infty} |u_n|$ 发散,则称 $\sum_{n=1}^{\infty} u_n$ 为条件收敛.

2)定理

若 $\sum_{n=1}^{\infty} |u_n|$ 收敛,则 $\sum_{n=1}^{\infty} u_n$ 一定收敛;反之不然.

3)一类重要的级数

设 $\sum_{n=1}^{\infty} \frac{(-1)^{n+1}}{n^\rho}$,当 $\rho > 1$ 时,$\sum_{n=1}^{\infty} \frac{(-1)^{n+1}}{n^\rho}$ 是绝对收敛的;当 $0 < \rho \leqslant 1$ 时,$\sum_{n=1}^{\infty} \frac{(-1)^{n+1}}{n^\rho}$ 是条件收敛的;当 $\rho \leqslant 0$ 时,$\sum_{n=1}^{\infty} \frac{(-1)^{n+1}}{n^\rho}$ 是发散的.

8.2.2 幂级数

1. 函数项级数的概念

设 $u_n(x)$ ($n = 1, 2, 3, \cdots$) 皆定义在区间 I 上,则 $\sum_{n=1}^{\infty} u_n(x)$ 称为区间 I 上的函数项级数.设 $x_0 \in I$,如果常数项级数 $\sum_{n=1}^{\infty} u_n(x_0)$ 收敛,则称 x_0 是函数项级数 $\sum_{n=1}^{\infty} u_n(x)$ 的收敛点,如果 $\sum_{n=1}^{\infty} u_n(x_0)$ 发散,则称 x_0 是 $\sum_{n=1}^{\infty} u_n(x)$ 的发散点.函数项级数 $\sum_{n=1}^{\infty} u_n(x)$ 的所有收敛点构成的集合就称为收敛域,所有发散点构成的集合称为发散域.在 $\sum_{n=1}^{\infty} u_n(x)$ 的收敛域的每一点都有和,它与 x 有关,因此 $S(x) = \sum_{n=1}^{\infty} u_n(x)$,$x \in$ 收敛域,称 $S(x)$ 为函数项级数 $\sum_{n=1}^{\infty} u_n(x)$ 的和函数,它的定义域就是函数项级数的收敛域.

2. 幂级数及其收敛域

$\sum_{n=0}^{\infty} a_n (x - x_0)^n$ 称为 $(x - x_0)$ 的幂级数,a_n ($n = 0, 1, 2, \cdots$) 称为幂级数的系数,是常数.

当 $x_0 = 0$ 时，$\sum\limits_{n=0}^{\infty} a_n x^n$ 称为 x 的幂级数. 一般讨论与 $\sum\limits_{n=0}^{\infty} a_n x^n$ 有关的问题，作平移替换就可以得出有关 $\sum\limits_{n=0}^{\infty} a_n (x-x_0)^n$ 的结论.

幂级数 $\sum\limits_{n=0}^{\infty} a_n x^n$ 的收敛域分三种情形：若收敛域为 $(-\infty, +\infty)$，亦即 $\sum\limits_{n=0}^{\infty} a_n x^n$ 对每一个 x 皆收敛，我们称它的收敛半径 $R = +\infty$；若收敛域仅为原点，除原点外幂级数 $\sum\limits_{n=0}^{\infty} a_n x^n$ 皆发散，我们称它的收敛半径 $R = 0$；若收敛域为 $(-R, R)$，$(-R, R]$，$[-R, R)$ 或者 $[-R, R]$ 中的一种，我们称它们的收敛半径为 $R(0 < R < +\infty)$.

求幂级数的收敛半径 R 非常重要，前两种情形的收敛域是确定的. 而最后一种情形，还需讨论 $\pm R$ 两点上的收敛性.

3. 幂级数的性质

性质1 设 $\sum\limits_{n=0}^{\infty} a_n x^n$ 与 $\sum\limits_{n=0}^{\infty} b_n x^n$ 为两个幂级数，其和函数分别为 $f(x)$ 与 $g(x)$，则在它们公共收敛域内有
$$\sum_{n=0}^{\infty} a_n x^n \pm b_n x^n = \sum_{n=0}^{\infty}(a_n \pm b_n)x^n = f(x) \pm g(x).$$

性质2 设 $\sum\limits_{n=0}^{\infty} a_n x^n$ 的收敛半径为 $R(R > 0)$，$S(x)$ 是 $\sum\limits_{n=0}^{\infty} a_n x^n$ 的和函数，则 $S(x)$ 在收敛区间 $(-R, +R)$ 内连续. 又如果 $\sum\limits_{n=0}^{\infty} a_n x^n$ 在 $x = R$（或 $x = -R$）处也收敛，则 $S(x)$ 在点 $x = R$ 左连续（或在 $x = -R$ 右连续）.

性质3 设 $\sum\limits_{n=0}^{\infty} a_n x^n$ 的收敛半径为 $R(R > 0)$，$S(x)$ 是 $\sum\limits_{n=0}^{\infty} a_n x^n$ 的和函数，则 $S(x)$ 在 $(-R, +R)$ 内可导，并且有逐项求导公式
$$S'(x) = \Big(\sum_{n=0}^{\infty} a_n x^n\Big)' = \sum_{n=0}^{\infty} n a_n x^{n-1},$$
求导后的幂级数 $S'(x) = \sum\limits_{n=1}^{\infty} n a_n x^{n-1}$ 与 $\sum\limits_{n=0}^{\infty} a_n x^n$ 有相同的收敛半径 R.

性质4 设 $\sum\limits_{n=0}^{\infty} a_n x^n$ 的收敛半径为 $R(R > 0)$，$S(x)$ 是 $\sum\limits_{n=0}^{\infty} a_n x^n$ 的和函数，则对收敛区间 $(-R, R)$ 上的任何 x 有逐项积分公式，即
$$\int_0^x s(t) dt = \sum_{n=0}^{\infty} \int_0^x a_n t^n dt = \sum_{n=0}^{\infty} \frac{a_n}{n+1} x^{n+1},$$
并且逐项积分后收敛半径也不变.

4. 幂级数求和函数的基本方法

(1) 把已知函数的幂级数展开式反过来用.
$$\frac{1}{1-x} = 1 + x + x^2 + \cdots + x^n + \cdots, x \in (-1, 1)$$
$$e^x = 1 + \frac{1}{1!}x + \frac{1}{2!}x^2 + \cdots + \frac{1}{n!}x^n + \cdots, x \in (-\infty, +\infty).$$

$$\sin x = x - \frac{1}{3!}x^3 + \frac{1}{5!}x^5 - \cdots + \frac{(-1)^n}{(2n+1)!}x^{2n+1} + \cdots, x \in (-\infty, +\infty).$$

$$\cos x = 1 - \frac{1}{2!}x^2 + \frac{1}{4!}x^4 - \cdots + \frac{(-1)^n}{(2n)!}x^{2n} + \cdots, x \in (-\infty, +\infty).$$

$$\ln(1+x) = x - \frac{1}{2}x^2 + \frac{1}{3}x^3 - \frac{1}{4}x^4 + \cdots + (-1)^n \frac{1}{n}x^n + \cdots, x \in (-1, 1]$$

$$(1+x)^\alpha = 1 + \alpha x + \frac{\alpha(\alpha-1)}{2!}x^2 + \cdots + \frac{\alpha(\alpha-1)\cdots(\alpha-n+1)}{n!}x^n + \cdots, x \in (-1, 1)$$

(2)用逐项求导和逐项积分的方法及等比级数求和公式.

5. 将函数展开成幂级数

1）基本概念

设 $f(x)$ 是一个初等函数，且在 x_0 的某邻域 (x_0-l, x_0+l) 内有任意阶导数，则 $f(x)$ 在点 x_0 处可以展开为幂级数，且有展开式为

$$f(x) = \sum_{n=0}^{\infty} \frac{1}{n!}f^{(n)}(x_0)(x-x_0)^n, x \in (x_0-r, x_0+r).$$

其中，$r = \min\{l, R\}$，而 R 为 $\sum_{n=0}^{\infty} \frac{1}{n!}f^{(n)}(x_0)(x-x_0)^n$ 的收敛半径.

我们称 $\sum_{n=0}^{\infty} \frac{1}{n!}f^{(n)}(x_0)(x-x_0)^n$ 为 $f(x)$ 在 $x=x_0$ 点的泰勒级数. 当 $x_0=0$ 时，变化为

$$f(x) = \sum_{n=0}^{\infty} \frac{1}{n!}f^{(n)}(0)x^n, x \in (-r, r),$$

称为 $f(x)$ 的麦克劳林级数.

2）将函数展开成幂级数的方法

方法一：利用定理 8.7 直接展开；方法二：间接展开法，就是利用一些已知的函数展开式，通过幂级数的运算（四则运算、复合以及逐项微分或积分等）及适当的变量替换等，将所给函数展开成幂级数.

8.3　典型例题

【例 8-1】 证明：级数 $1+2+3+\cdots+n+\cdots$ 是发散的.

证 此级数的部分和为

$$S_n = 1 + 2 + 3 + \cdots + n = \frac{n(n+1)}{2},$$

显然，$\lim_{n\to\infty} S_n = \infty$，因此所给级数是发散的.

【例 8-2】 判别无穷级数 $\frac{1}{1\cdot 2} + \frac{1}{2\cdot 3} + \frac{1}{3\cdot 4} + \cdots + \frac{1}{n(n+1)} + \cdots$ 的收敛性.

解 由于 $u_n = \frac{1}{n(n+1)} = \frac{1}{n} - \frac{1}{n+1}$，因此

$$S_n = \frac{1}{1\cdot 2} + \frac{1}{2\cdot 3} + \frac{1}{3\cdot 4} + \cdots + \frac{1}{n(n+1)}$$

$$= \left(1 - \frac{1}{2}\right) + \left(\frac{1}{2} - \frac{1}{3}\right) + \cdots + \left(\frac{1}{n} - \frac{1}{n+1}\right) = 1 - \frac{1}{n+1}$$

从而
$$\lim_{n\to\infty}S_n = \lim_{n\to\infty}\left(1-\frac{1}{n+1}\right) = 1,$$
所以此级数收敛,它的和是 1.

【例 8-3】 判别级数 $\frac{1}{2} - \frac{2}{3} + \frac{3}{4} + \cdots + (-1)^{n-1}\frac{n}{n+1} + \cdots$ 的收敛性.

解 由于 $u_n = (-1)^{n-1}\frac{n}{n+1}$,$\lim\limits_{n\to\infty}u_n = \lim\limits_{n\to\infty}\frac{(-1)^{n-1}n}{n+1}$ 不存在,即 $n\to\infty$ 时,u_n 不趋向于 0,故级数 $\sum\limits_{n=1}^{\infty}(-1)^{n-1}\frac{n}{n+1}$ 发散.

【例 8-4】 判别级数 $\sum\limits_{n=1}^{\infty}\ln\left(1+\frac{1}{n^2}\right)$ 的收敛性.

解 因为 $\lim\limits_{n\to\infty}\dfrac{\ln\left(1+\dfrac{1}{n^2}\right)}{\dfrac{1}{n^2}} = 1$,而级数 $\sum\limits_{n=1}^{\infty}\frac{1}{n^2}$ 收敛,根据比较判别法的极限形式,级数 $\sum\limits_{n=1}^{\infty}\ln\left(1+\frac{1}{n^2}\right)$ 收敛.

【例 8-5】 判别级数 $\sum\limits_{n=1}^{\infty}\sin\frac{1}{n}$ 的收敛性.

解 因为 $\lim\limits_{n\to\infty}\dfrac{\sin\dfrac{1}{n}}{\dfrac{1}{n}} = 1$,而级数 $\sum\limits_{n=1}^{\infty}\frac{1}{n}$ 发散,根据比较审敛法的极限形式,级数 $\sum\limits_{n=1}^{\infty}\sin\frac{1}{n}$ 发散.

【例 8-6】 证明级数 $1 + \frac{1}{1} + \frac{1}{1 \cdot 2} + \frac{1}{1 \cdot 2 \cdot 3} + \cdots + \frac{1}{1 \cdot 2 \cdot 3 \cdots (n-1)} + \cdots$ 是收敛的.

解 因为 $\lim\limits_{n\to\infty}\frac{u_{n+1}}{u_n} = \lim\limits_{n\to\infty}\frac{1 \cdot 2 \cdot 3 \cdots (n-1)}{1 \cdot 2 \cdot 3 \cdots n} = \lim\limits_{n\to\infty}\frac{1}{n} = 0 < 1$,根据比值审敛法可知所给级数收敛.

【例 8-7】 判别级数 $\sum\limits_{n=1}^{\infty}\sin\frac{\pi}{2^n}$ 的敛散性.

解 因为 $\lim\limits_{n\to\infty}\dfrac{\sin\dfrac{\pi}{2^n}}{\dfrac{\pi}{2^n}} = 1$,而级数 $\sum\limits_{n=1}^{\infty}\frac{\pi}{2^n} = \pi\sum\limits_{n=1}^{\infty}\left(\frac{1}{2}\right)^n$ 收敛,由比较判别法的极限形式可知,级数 $\sum\limits_{n=1}^{\infty}\sin\frac{\pi}{2^n}$ 是收敛的.

【例 8-8】 判别级数 $\frac{1}{10} + \frac{1 \cdot 2}{10^2} + \frac{1 \cdot 2 \cdot 3}{10^3} + \cdots + \frac{n!}{10^n} + \cdots$ 的收敛性.

解 因为 $\lim\limits_{n\to\infty}\frac{u_{n+1}}{u_n} = \lim\limits_{n\to\infty}\frac{(n+1)!}{10^{n+1}} \cdot \frac{10^n}{n!} = \lim\limits_{n\to\infty}\frac{n+1}{10} = \infty$,根据比值判别法可知所给级数发散.

【例 8-9】 判别级数 $\sum\limits_{n=1}^{\infty}\frac{\sin na}{n^2}$ 的收敛性.

解 因为 $\left|\dfrac{\sin na}{n^2}\right| \leq \dfrac{1}{n^2}$，而级数 $\sum\limits_{n=1}^{\infty} \dfrac{1}{n^2}$ 是收敛的，所以级数 $\sum\limits_{n=1}^{\infty} \left|\dfrac{\sin na}{n^2}\right|$ 也收敛，从而级数 $\sum\limits_{n=1}^{\infty} \dfrac{\sin na}{n^2}$ 绝对收敛.

【例 8-10】 判别级数 $\sum\limits_{n=1}^{\infty} \dfrac{2+(-1)^n}{n^2}$ 的敛散性.

解 由于 $\lim\limits_{n\to\infty} \dfrac{u_{n+1}}{u_n} = \lim\limits_{n\to\infty} \dfrac{2+(-1)^{n+1}}{2+(-1)^n} \cdot \dfrac{n^2}{(n+1)^2}$ 不存在，所以比值判别法失效，但是 $\dfrac{2+(-1)^n}{n^2} \leq \dfrac{3}{n^2}$，而 $\sum\limits_{n=1}^{\infty} \dfrac{3}{n^2}$ 收敛，故由比较判别法知，级数 $\sum\limits_{n=1}^{\infty} \dfrac{2+(-1)^n}{n^2}$ 收敛.

【例 8-11】 判别级数 $\sum\limits_{n=1}^{\infty} (-1)^n \dfrac{b^n}{n} (b>0)$ 的敛散性.

解 $\lim\limits_{n\to\infty} \left|\dfrac{u_{n+1}}{u_n}\right| = b \lim\limits_{n\to\infty} \dfrac{n+1}{n} = b$，根据比值判别法，当 $0<b<1$ 时，原级数绝对收敛；当 $b>1$ 时，由于 $\lim\limits_{n\to\infty} (-1)^n \dfrac{b^n}{n} \neq 0$，因此原级数发散；当 $b=1$ 时，原级数为收敛的交错级数 $\sum\limits_{n=1}^{\infty} (-1)^n \cdot \dfrac{1}{n}$，但 $\sum\limits_{n=1}^{\infty} \dfrac{1}{n}$ 发散，故当 $b=1$ 时原级数条件收敛.

【例 8-12】 判断 $\sum\limits_{n=1}^{\infty} (-1)^{n-1} \dfrac{1}{n-\ln n}$ 级数的敛散性.

解 因为 $\lim\limits_{n\to\infty} u_n = \lim\limits_{n\to\infty} \dfrac{1}{n-\ln n} = \lim\limits_{n\to\infty} \dfrac{1}{n} \dfrac{1}{1-\dfrac{\ln n}{n}} = 0$，又由

$$[(n+1)-\ln(n+1)] - (n-\ln n) = 1 - \ln\left(1+\dfrac{1}{n}\right) > 0,$$

得 $\dfrac{1}{n-\ln n} > \dfrac{1}{n+1-\ln(n+1)}$，即 $u_n > u_{n+1}$，

根据莱布尼茨判别法，原级数收敛.

【例 8-13】 求幂级数 $\sum\limits_{n=0}^{\infty} \dfrac{1}{n!} x^n$ 的收敛域.

解 因为 $\rho = \lim\limits_{n\to\infty} \left|\dfrac{a_{n+1}}{a_n}\right| = \lim\limits_{n\to\infty} \dfrac{\dfrac{1}{(n+1)!}}{\dfrac{1}{n!}} = \lim\limits_{n\to\infty} \dfrac{n!}{(n+1)!} = 0$，所以收敛半径为 $R=+\infty$，从而收敛域为 $(-\infty, +\infty)$.

【例 8-14】 求幂级数 $\sum\limits_{n=0}^{\infty} \dfrac{(2n)!}{(n!)^2} x^{2n}$ 的收敛半径.

解 此幂级数缺少奇次幂的项，可根据比值审敛法来求收敛半径. 幂级数的一般项记为

$$u_n(x) = \dfrac{(2n)!}{(n!)^2} x^{2n}.$$

因为 $\lim\limits_{n\to\infty} \left|\dfrac{u_{n+1}(x)}{u_n(x)}\right| = 4|x|^2$，

当 $4|x|^2 < 1$，即 $|x| < \dfrac{1}{2}$ 时级数收敛；当 $4|x|^2 > 1$，即 $|x| > \dfrac{1}{2}$ 时级数发散，所以收敛半径

为 $R = \dfrac{1}{2}$.

提示：$\dfrac{u_{n+1}(x)}{u_n(x)} = \dfrac{\dfrac{[2(n+1)]!}{[(n+1)!]^2}x^{2(n+1)}}{\dfrac{(2n)!}{(n!)^2}x^{2n}} = \dfrac{(2n+2)(2n+1)}{(n+1)^2}x^2$.

【例 8-15】 求幂级数 $\sum\limits_{n=0}^{\infty}(-1)^{n-1}\dfrac{x^n}{n}$ 的收敛半径与收敛区间.

解 (1) $R = \lim\limits_{n\to\infty}\left|\dfrac{a_n}{a_{n+1}}\right| = \lim\limits_{n\to\infty}\dfrac{n+1}{n} = 1$.

(2) 当 $x=1$ 时，级数为 $\sum\limits_{n=1}^{\infty}\dfrac{(-1)^n}{n}$ 收敛；

当 $x=-1$ 时，级数为 $\sum\limits_{n=1}^{\infty}\dfrac{1}{n}$ 发散. 故收敛区间是 $(-1,1]$.

【例 8-16】 求幂级数 $\sum\limits_{n=1}^{\infty}\dfrac{(x+1)^n}{n3^n}$ 的收敛半径及收敛区间.

解 作变换 $x+1=t$，所给级数化为 t 的幂级数 $\sum\limits_{n=1}^{\infty}\dfrac{t^n}{n3^n}$. 因为

$$a_n = \dfrac{1}{n3^n},$$

$$l = \lim_{n\to\infty}\left|\dfrac{a_{n+1}}{a_n}\right| = \lim_{n\to\infty}\dfrac{\dfrac{1}{(n+1)3^{n+1}}}{\dfrac{1}{n3^n}} = \dfrac{1}{3}\lim_{n\to\infty}\dfrac{n}{n+1} = \dfrac{1}{3},$$

所以关于 t 的幂级数的收敛半径 $R = \dfrac{1}{l} = 3$，这时级数收敛半径 $R=3$.

当 $t=-3$ 时，幂级数成为交错级数 $\sum\limits_{n=1}^{\infty}\dfrac{(-1)^n}{n}$ 收敛；

当 $t=3$ 时，幂级数成为调和级数 $\sum\limits_{n=1}^{\infty}\dfrac{1}{n}$ 发散.

所以关于 t 的幂级数的收敛域为 $-3 \leqslant t < 3$，从而 $-3 \leqslant x+1 < 3$，即 $-4 \leqslant x < 2$，故原级数的收敛区间为 $[-4,2)$.

【例 8-17】 求幂级数 $\sum\limits_{n=1}^{\infty}\dfrac{x^{2n+1}}{4^n n^2}$ 的收敛半径及收敛区间.

解 这个幂级数中没有偶数幂的项，我们可直接用比值判别法来求收敛半径. 由于

$$\lim_{n\to\infty}\left|\dfrac{u_{n+1}(x)}{u_n(x)}\right| = \lim_{n\to\infty}\left|\dfrac{\dfrac{1}{4^{n+1}(n+1)^2}x^{2n+3}}{\dfrac{1}{4^n n^2}x^{2n+1}}\right| = \dfrac{1}{4}\lim_{n\to\infty}\left(\dfrac{n}{n+1}\right)^2|x|^2 = \dfrac{1}{4}|x|^2,$$

所以当 $\dfrac{1}{4}|x|^2 < 1$，即 $|x|<2$ 时幂级数收敛；当 $\dfrac{1}{4}|x|^2 > 1$，即 $|x|>2$ 时幂级数发散，故幂级数 $\sum\limits_{n=1}^{\infty}\dfrac{x^{2n+1}}{4^n n^2}$ 的收敛半径为 $R=2$.

当 $x=-2$ 时,幂级数变为 $\sum_{n=1}^{\infty} \dfrac{-2}{n^2} = -2\sum_{n=1}^{\infty} \dfrac{1}{n^2}$,这是 $p=2$ 的 $p-$级数,收敛.

当 $x=2$ 时,幂级数成为 $\sum_{n=1}^{\infty} \dfrac{1}{n^2}$,收敛.

所以幂级数 $\sum_{n=1}^{\infty} \dfrac{x^{2n+1}}{4^n n^2}$ 的收敛区间为 $[-2,2]$.

【例 8-18】 求幂级数 $\sum_{n=1}^{\infty} \dfrac{x^n}{n}$ 的收敛域与和函数.

解 $\rho = \lim\limits_{n\to\infty} \left|\dfrac{a_{n+1}}{a_n}\right| = \lim\limits_{n\to\infty} \dfrac{n}{n+1} = 1$,$R=1$,即收敛区间为 $(-1,1)$. 显然级数的收敛域为 $[-1,1)$. 设和函数为 $S(x)$,即 $S(x) = \sum_{n=1}^{\infty} \dfrac{x^n}{n}$. 利用性质 3 逐项求导得

$$S'(x) = \sum_{n=1}^{\infty} x^{n-1} = \dfrac{1}{1-x}, x\in(-1,1).$$

对上式两边从 0 到 x 积分,得

$$\int_0^x S'(t)\mathrm{d}t = S(x) - S(0) = \int_0^x S'(t)\mathrm{d}t = \int_0^x \dfrac{1}{1-t}\mathrm{d}t = -\ln(1-x),$$

又 $S(0)=0$,故有和函数 $S(x) = -\ln(1-x)$ 即

$$\sum_{n=1}^{\infty} \dfrac{x^n}{n} = -\ln(1-x), x\in(-1,1).$$

和函数 $S(x)$ 与函数 $-\ln(1-x)$ 都在 $[-1,1)$ 上连续,它们又在 $(-1,1)$ 内恒等,于是由连续性可知 $S(x) = -\ln(1-x)$ 也在 $x=-1$ 处成立,即 $S(x) = -\ln(1-x)$.

【例 8-19】 将函数 $f(x) = \dfrac{1}{1+x^2}$ 展开成 x 的幂级数.

解 因为 $\dfrac{1}{1-x} = 1+x+x^2+\cdots+x^n+\cdots (-1<x<1)$,

把 x 换成 $-x^2$,得

$$\dfrac{1}{1+x^2} = 1-x^2+x^4-\cdots+(-1)^n x^{2n}+\cdots \quad (-1<x<1).$$

收敛半径的确定:由 $-1<x^2<1$ 得 $-1<x<1$.

【例 8-20】 将函数 $\ln\sqrt{\dfrac{1+x}{1-x}}$ 展开为 x 的幂级数.

解 因为 $\ln\sqrt{\dfrac{1+x}{1-x}} = \dfrac{1}{2}[\ln(1+x) - \ln(1-x)]$,

由(9)式得 $\ln(1+x) = x - \dfrac{1}{2}x^2 + \dfrac{1}{3}x^3 + \cdots + (-1)^{n-1}\dfrac{x^n}{n} + \cdots \quad (-1<x\leqslant 1)$,

$$\ln(1-x) = -x - \dfrac{1}{2}x^2 - \dfrac{1}{3}x^3 - \cdots - \dfrac{x^n}{n} + \cdots \quad (-1\leqslant x<1),$$

故 $\ln\sqrt{\dfrac{1+x}{1-x}} = \dfrac{1}{2}[\ln(1+x) - \ln(1-x)]$

$$= x + \dfrac{x^3}{3} + \dfrac{x^5}{5} + \cdots + \dfrac{x^{2n-1}}{2n-1} + \cdots \quad (-1<x<1).$$

【例 8-21】 将函数 $f(x) = \dfrac{1}{x^2+4x+3}$ 展开成 $(x-1)$ 的幂级数.

解 因为
$$f(x) = \frac{1}{x^2+4x+3} = \frac{1}{(x+1)(x+3)} = \frac{1}{2(1+x)} - \frac{1}{2(x+3)}$$
$$= \frac{1}{4\left(1+\dfrac{x-1}{2}\right)} - \frac{1}{8\left(1+\dfrac{x-1}{4}\right)},$$

而
$$\frac{1}{4\left(1+\dfrac{x-1}{2}\right)} = \frac{1}{4}\sum_{n=0}^{\infty}\frac{(-1)^n}{2^n}(x-1)^n \; (-1<x<3),$$

$$\frac{1}{8\left(1+\dfrac{x-1}{4}\right)} = \frac{1}{8}\sum_{n=0}^{\infty}\frac{(-1)^n}{4^n}(x-1)^n \; (-1<x<5),$$

所以 $f(x) = \dfrac{1}{x^2+4x+3} = \sum_{n=0}^{\infty}(-1)^n\left(\dfrac{1}{2^{n+2}} - \dfrac{1}{2^{2n+3}}\right)(x-1)^n \; (-1<x<3)$.

【例 8-22】 求幂级数 $\sum_{n=0}^{\infty}\dfrac{1}{2n+1}x^{2n+1}$ 在收敛区间 $(-1,+1)$ 内的和函数,并求常数项级数 $\sum_{n=0}^{\infty}\dfrac{1}{2n+1}\left(\dfrac{1}{2}\right)^{2n}$ 的和.

解 设所求的幂级数的和函数为 $S(x)$,即
$$S(x) = \sum_{n=0}^{\infty}\frac{1}{2n+1}x^{2n+1},$$

对上式两边求导得
$$S'(x) = \left(\sum_{n=0}^{\infty}\frac{1}{2n+1}x^{2n+1}\right)' = \sum_{n=0}^{\infty}x^{2n}$$
$$= 1 + x^2 + x^4 + \cdots + x^{2n} + \cdots = \frac{1}{1-x^2},$$

上式两边从 0 到 x 的积分得 $\displaystyle\int_0^x S'(x) = \int_0^x \frac{1}{1-x^2}\mathrm{d}x$,

即 $S(x) - S(0) = \dfrac{1}{2}\ln\dfrac{1+x}{1-x} \; (-1<x<1)$.

又 $x = \dfrac{1}{2}$ 在收敛区间内,代入上式得

$$\sum_{n=0}^{\infty}\frac{1}{2n+1}\left(\frac{1}{2}\right)^{2n} = \frac{1}{2}\sum_{n=0}^{\infty}\frac{1}{2n+1}\left(\frac{1}{2}\right)^{2n} = \frac{1}{2}\ln\frac{1+\dfrac{1}{2}}{1-\dfrac{1}{2}} = \frac{1}{2}\ln 3,$$

所以
$$\sum_{n=0}^{\infty}\frac{1}{2n+1}\left(\frac{1}{2}\right)^{2n} = \ln 3.$$

8.4 同步训练

习题 8.1

1. 选择题.

(1) 下列命题正确的是( ).

A. 若 $\lim\limits_{n\to\infty} u_n = 0$,则级数 $\sum\limits_{n=1}^{\infty} u_n$ 收敛　　B. 若 $\lim\limits_{n\to\infty} u_n \neq 0$,则级数 $\sum\limits_{n=1}^{\infty} u_n$ 发散

C. 若级数 $\sum\limits_{n=1}^{\infty} u_n$ 发散,则 $\lim\limits_{n\to\infty} u_n \neq 0$　　D. 若级数 $\sum\limits_{n=1}^{\infty} u_n$ 发散,则必有 $\lim\limits_{n\to\infty} u_n = \infty$

(2) 下列命题正确的是( ).

A. 若 $\sum\limits_{n=1}^{\infty} u_n$,$\sum\limits_{n=1}^{\infty} v_n$ 都发散,则级数 $\sum\limits_{n=1}^{\infty} (u_n + v_n)$ 必发散

B. 若 $\sum\limits_{n=1}^{\infty} u_n$ 收敛,$\sum\limits_{n=1}^{\infty} v_n$ 发散,则级数 $\sum\limits_{n=1}^{\infty} (u_n + v_n)$ 必发散

C. 若级数 $\sum\limits_{n=1}^{\infty} (u_n + v_n)$ 收敛,则级数 $\sum\limits_{n=1}^{\infty} u_n$,$\sum\limits_{n=1}^{\infty} v_n$ 都收敛

D. 若级数 $\sum\limits_{n=1}^{\infty} (u_n + v_n)$ 发散,则级数 $\sum\limits_{n=1}^{\infty} u_n$,$\sum\limits_{n=1}^{\infty} v_n$ 都发散

2. 写出下列级数的前五项.

(1) $\sum\limits_{n=1}^{\infty} \dfrac{1+n}{1+n^2}$;

(2) $\sum\limits_{n=1}^{\infty} \dfrac{(-1)^{n-1}}{5^n}$.

3. 写出下列级数的一般项.

(1) $1 + \dfrac{1}{3} + \dfrac{1}{5} + \dfrac{1}{7} + \cdots$;

(2) $\dfrac{2}{1} - \dfrac{3}{2} + \dfrac{4}{3} - \dfrac{5}{4} + \dfrac{6}{5} - \cdots$;

(3) $\dfrac{\sqrt{x}}{2} + \dfrac{x}{2 \cdot 4} + \dfrac{x\sqrt{x}}{2 \cdot 4 \cdot 6} + \dfrac{x^2}{2 \cdot 4 \cdot 6 \cdot 8} + \cdots$;

(4) $\dfrac{a^2}{3} - \dfrac{a^3}{5} + \dfrac{a^4}{7} - \dfrac{a^5}{9} + \cdots$.

4. 根据级数收敛与发散的定义判定下列级数的收敛性.

(1) $\sum_{n=1}^{\infty}(\sqrt{n+1}-\sqrt{n})$;

(2) $\dfrac{1}{1 \cdot 3}+\dfrac{1}{3 \cdot 5}+\dfrac{1}{5 \cdot 7}+\cdots+\dfrac{1}{(2n-1)(2n+1)}+\cdots$.

习题 8.2

1. 选择题.

(1) 下列命题正确的是( ).

A. 若正项级数 $\sum_{n=1}^{\infty} u_n$ 收敛，则 $\lim\limits_{n\to\infty}\dfrac{u_{n+1}}{u_n}=\lambda<1$

B. 若正项级数 $\sum_{n=1}^{\infty} u_n$ 收敛，则级数 $\sum_{n=1}^{\infty} u_{2n}$ 收敛

C. 若正项级数 $\sum_{n=1}^{\infty} u_n$ 收敛，则必有 $u_n<\dfrac{1}{n^2}$

D. 若 $0<u_n<\dfrac{1}{n}$，则级数 $\sum_{n=1}^{\infty} u_n$ 必收敛

(2) 下列级数收敛的是( ).

A. $\sum_{n=1}^{\infty}(\sqrt{n+1}-\sqrt{n})$ 　　B. $\sum_{n=1}^{\infty}\dfrac{1}{n^2+1}$

C. $\sum_{n=1}^{\infty}\dfrac{1}{\sqrt{2n^2+1}}$ 　　D. $\sum_{n=1}^{\infty}\dfrac{n-1}{2n}$

(3) 设 $\sum_{n=1}^{\infty} v_n$ 为正项级数，k 为正常数，以下命题正确的是( ).

A. 若级数 $\sum_{n=1}^{\infty} v_n$ 收敛，$|u_n|\leqslant kv_n$ 则 $\sum_{n=1}^{\infty} u_n$ 绝对收敛

B. 若级数 $\sum_{n=1}^{\infty} v_n$ 收敛，$|u_n|\geqslant kv_n$ 则 $\sum_{n=1}^{\infty} u_n$ 条件收敛

C. 若级数 $\sum_{n=1}^{\infty} v_n$ 发散，$|u_n|\geqslant kv_n$ 则 $\sum_{n=1}^{\infty} u_n$ 条件收敛

D. 若级数 $\sum_{n=1}^{\infty} v_n$ 发散，$|u_n| \geq k v_n$ 则 $\sum_{n=1}^{\infty} u_n$ 发散

(4) 下列级数条件收敛的是（　　）.

A. $\sum_{n=1}^{\infty}(-1)^{n-1}\dfrac{1}{\sqrt{n}}$ 　　　B. $\sum_{n=1}^{\infty}(-1)^{n-1}\left(\dfrac{2}{5}\right)^n$

C. $\sum_{n=1}^{\infty}\dfrac{(-1)^{n-1}}{n(n+1)}$ 　　　D. $\sum_{n=1}^{\infty}(-1)^{n-1}\dfrac{1}{\sqrt{2n^3+1}}$

(5) 若数列 $\{u_n\}$ 单调减少，$u_n>0$，且级数 $\sum_{n=1}^{\infty}(-1)^{n-1}u_n$ 发散，则下列命题正确的是（　　）.

A. $\lim\limits_{n\to\infty} u_n$ 不存在 　　　B. $\lim\limits_{n\to\infty} u_n$ 存在且必等于零

C. $\lim\limits_{n\to\infty} u_n$ 存在且必不等于零 　　　D. $\lim\limits_{n\to\infty} u_n$ 存在且可能等于零

2. 判定下列级数的收敛性.

(1) $1+\dfrac{1}{3}+\dfrac{1}{5}+\cdots+\dfrac{1}{(2n-1)}+\cdots$；　　(2) $\dfrac{3}{1\cdot 2}+\dfrac{3^2}{2\cdot 2^2}+\dfrac{3^3}{3\cdot 2^3}+\cdots+\dfrac{3^n}{n\cdot 2^n}+\cdots$；

(3) $\dfrac{1}{2\cdot 5}+\dfrac{1}{3\cdot 6}+\cdots+\dfrac{1}{(n+1)(n+4)}+\cdots$；

(4) $\sin\dfrac{\pi}{2}+2^2\sin\dfrac{\pi}{2^2}+3^2\sin\dfrac{\pi}{2^3}+\cdots+n^2\sin\dfrac{\pi}{2^n}+\cdots$；

(5) $\sum_{n=1}^{\infty}\dfrac{1}{1+a^n}(a>0)$；　　　(6) $\sum_{n=1}^{\infty}\dfrac{1}{\ln(n+1)}$；

(7) $\sum_{n=1}^{\infty} \dfrac{n^2}{3^n}$;

(8) $\sum_{n=1}^{\infty} \dfrac{2^n \cdot n!}{n^n}$.

3. 判定下列级数是否收敛？如果是收敛的，是绝对收敛还是条件收敛？

(1) $1 - \dfrac{1}{\sqrt{2}} + \dfrac{1}{\sqrt{3}} - \dfrac{1}{\sqrt{4}} + \cdots$;

(2) $\dfrac{2}{1} - \dfrac{2 \cdot 4}{1 \cdot 3} + \dfrac{2 \cdot 4 \cdot 6}{1 \cdot 3 \cdot 5} - \dfrac{2 \cdot 4 \cdot 6 \cdot 8}{1 \cdot 3 \cdot 5 \cdot 7} + \cdots$;

(3) $\dfrac{1}{\ln 2} - \dfrac{1}{\ln 3} + \dfrac{1}{\ln 4} - \dfrac{1}{\ln 5} + \cdots$

(4) $\sum_{n=1}^{\infty} (-1)^{n-1} \dfrac{1}{n \cdot 3^n}$;

(5) $\sum_{n=1}^{\infty} (-1)^{n+1} \dfrac{2^{n^2}}{n!}$.

习题 8.3

1. 选择题.

(1) 若幂级数 $\sum_{n=0}^{\infty} a_n x^n$ 的幂级数的收敛半径为 R，则幂级数 $\sum_{n=0}^{\infty} a_n (x-2)^n$ 的收敛的开区间为 (   ).

A. $(-R, R)$ B. $(1-R, 1+R)$ C. $(-\infty, \infty)$ D. $(2-R, 2+R)$

(2) 若幂级数 $\sum_{n=0}^{\infty} a_n (x-1)^n$ 在 $x = -1$ 处收敛，则该级数在点 $x = 2$ 处 (   ).

A. 条件收敛 B. 绝对收敛 C. 发散 D. 收敛性不能确定

2. 求下列幂级数的收敛域.

(1) $1 - x + \dfrac{x^2}{2^2} + \cdots + (-1)^n \dfrac{x^n}{n^2} + \cdots$;

(2) $\dfrac{x}{2} + \dfrac{x^2}{2 \cdot 4} + \dfrac{x^3}{2 \cdot 4 \cdot 6} + \cdots + \dfrac{x^n}{2 \cdot 4 \cdots (2n)} + \cdots$;

(3) $\dfrac{x}{1 \cdot 3} + \dfrac{x^2}{2 \cdot 3^2} + \dfrac{x^3}{3 \cdot 3^3} + \cdots + \dfrac{x^n}{n \cdot 3^n} + \cdots$;

(4) $\dfrac{2}{2}x + \dfrac{2^2}{5}x^2 + \dfrac{2^3}{10}x^3 + \cdots + \dfrac{2^n}{n^2+1}x^n + \cdots$;

(5) $\displaystyle\sum_{n=1}^{\infty} n^n x^n$;   (6) $\displaystyle\sum_{n=1}^{\infty} \dfrac{(x-5)^n}{\sqrt{n}}$;

(7) $\sum_{n=1}^{\infty} \frac{n^2 x^{2n-1}}{3^n}$;

(8) $\sum_{n=1}^{\infty} (-1)^n \frac{x^{2n+1}}{2n+1}$.

3. 求下列幂级数的收敛域与和函数.

(1) $\sum_{n=1}^{\infty} (n+1) x^n$;

(2) $\sum_{n=0}^{\infty} \frac{x^{4n+1}}{4n+1}$.

习题 8.4

1. 将下列函数展开成 x 的幂级数.

(1) a^x ;

(2) $\ln(a+x)\ (a > 0)$.

2. 将函数 $f(x) = \frac{1}{x}$ 展开成 $(x-3)$ 的幂级数.

3. 将函数 $f(x) = \frac{1}{x^2+3x+2}$ 展开成 $(x+4)$ 的幂级数.

总习题 8

一、选择题

(1) 若级数 $\sum_{n=1}^{\infty} u_n$ 级数收敛,则下列级数发散的是( ).

A. $\sum_{n=1}^{\infty}(u_n+10)$ B. $\sum_{n=1}^{\infty} u_{n+10}$ C. $\sum_{n=1}^{\infty} 10u_n$ D. $10+\sum_{n=1}^{\infty} u_n$

(2) $\lim\limits_{n\to\infty} u_n = 0$ 是级数 $\sum_{n=1}^{\infty} u_n$ 收敛的( ).

A. 充分条件 B. 必要条件 C. 充分非必要条件 D. 充要条件

(3) 设级数 $\sum_{n=1}^{\infty} u_n$ 收敛,则在四个级数 $\sum_{n=1}^{\infty} 2u_n$, $\sum_{n=1}^{\infty}(u_n+2)$, $\sum_{n=k}^{\infty} u_{n+2}$ 与 $2+\sum_{n=1}^{\infty} u_n$ 中,一定收敛的有( ).

A. 1 个 B. 2 个 C. 3 个 D. 4 个

(4) 设级数 $\sum_{n=1}^{\infty} a_n$, $\sum_{n=1}^{\infty} b_n$ 都收敛,其和分别为 a, b,则级数 $\sum_{n=1}^{\infty}(a_n+b_n)$ ( ).

A. 必收敛,且和为 $a+b$ B. 必发散
C. 可能收敛,可能发散 D. 必收敛,但和不为 $a+b$

(5) 级数收敛的充要条件是(注: S_n 是级数的部分和)( ).

A. $\lim\limits_{n\to\infty} S_n = 0$ B. $\lim\limits_{n\to\infty} u_n = 0$
C. $\lim\limits_{n\to\infty} u_n$ 存在且不为零 D. $\lim\limits_{n\to\infty} S_n$ 存在

(6) 几何级数 $\sum_{n=0}^{\infty} aq^n$ 收敛 $(a \neq 0)$,则( ).

A. $|q| \leqslant 1$ B. $|q| \geqslant 1$ C. $|q| < 1$ D. $|q| > 1$

(7) 下列数项级数中收敛的是( ).

A. $\sum_{n=1}^{\infty} \ln\dfrac{n+1}{n}$ B. $\sum_{n=1}^{\infty} \left(\dfrac{1}{3}\right)^n$ C. $\sum_{n=1}^{\infty} \dfrac{1}{n}$ D. $\sum_{n=1}^{\infty}(-1)^{n-1}$

(8) 设两个正项级数 $\sum_{n=1}^{\infty} a_n$ 与 $\sum_{n=1}^{\infty} b_n$,且 $a_n \leqslant b_n (n=1,2,3,\cdots)$,则( ).

A. 若 $\sum_{n=1}^{\infty} b_n$ 收敛,则 $\sum_{n=1}^{\infty} a_n$ 必收敛 B. 若 $\sum_{n=1}^{\infty} b_n$ 收敛,则 $\sum_{n=1}^{\infty} a_n$ 必发散
C. 若 $\sum_{n=1}^{\infty} b_n$ 发散,则 $\sum_{n=1}^{\infty} a_n$ 必收敛 D. 若 $\sum_{n=1}^{\infty} b_n$ 发散,则 $\sum_{n=1}^{\infty} a_n$ 必发散

(9) 正项级数 $\sum_{n=1}^{\infty} a_n$,下列命题正确的是( ).

A. 若 $\lim\limits_{n\to\infty} a_n = 0$,则 $\sum_{n=1}^{\infty} a_n$ 必收敛 B. 若 $\lim\limits_{n\to\infty} \dfrac{a_n}{a_{n+1}} < 1$,则 $\sum_{n=1}^{\infty} a_n$ 必收敛
C. 若 $\lim\limits_{n\to\infty} \dfrac{a_n}{a_{n+1}} > 1$,则 $\sum_{n=1}^{\infty} a_n$ 必收敛 D. 若 $\lim\limits_{n\to\infty} \dfrac{a_n}{a_{n+1}} \leqslant 1$,则 $\sum_{n=1}^{\infty} a_n$ 必收敛

(10) 下列级数中条件收敛的级数是（　　）.

A. $\sum_{n=1}^{\infty}(-1)^n \dfrac{n}{n+1}$ B. $\sum_{n=1}^{\infty}(-1)^n \dfrac{1}{n^3}$

C. $\sum_{n=1}^{\infty}(-1)^n \dfrac{1}{n}$ D. $\sum_{n=1}^{\infty}(-1)^n \dfrac{n+1}{n}$.

(11) 级数 $\sum_{n=1}^{\infty}\left(\dfrac{1}{2}\right)^n$ 的和是（　　）.

A. 1　　　　　B. 2　　　　　C. 3　　　　　D. 4

(12) 幂级数 $\sum_{n=1}^{\infty}\dfrac{x^n}{2^n}$ 的收敛半径是（　　）.

A. 1　　　　　B. 2　　　　　C. $\dfrac{1}{2}$　　　　　D. -2

(13) 幂级数 $\sum_{n=0}^{\infty}\dfrac{\ln(n+1)}{n+1}x^{n+1}$ 的收敛域为（　　）.

A. $\{0\}$　　　B. $(-\infty,+\infty)$　　C. $[-1,1)$　　D. $(-1,1]$

(14) 若幂级数 $\sum_{n=1}^{\infty}a_n x^n$ 的收敛半径为 $R(R>0)$，则 $\sum_{n=1}^{\infty}a_n(x-1)^{2n}$ 的收敛半径为（　　）.

A. R　　　　B. R^2　　　　C. $\sqrt{R}$　　　　D. $1+\sqrt{R}$

(15) 若 $\sum_{n=1}^{\infty}a_n(x-5)^n$ 在 $x=3$ 处收敛，则它在 $x=-3$ 处（　　）.

A. 发散　　　B. 条件收敛　　　C. 绝对收敛　　　D. 不能确定

(16) $\sum_{n=0}^{\infty}\dfrac{(-1)^n x^{2n+1}}{(2n+1)!}$ 的和函数为（　　）.

A. $\sin x$　　　B. $\cos x$　　　C. $\tan x$　　　D. $\ln(1+x)$

(17) 幂级数 $\sum_{n=0}^{\infty}\dfrac{(-1)^n x^n}{2n+1}$ 的收敛域是（　　）.

A. $(-1,1)$　　　B. $[-1,1]$　　　C. $(-1,1]$　　　D. $[-1,1)$

(18) $\sum_{n=0}^{\infty}\dfrac{x^n}{n!}$ 的和函数为（　　）.

A. $\ln(1+x)$　　　B. $\ln(1-x)$　　　C. e^x　　　D. e^{-x}

(19) 幂级数 $\sum_{n=0}^{\infty}\dfrac{2^n}{n}x^n$ 的收敛半径为（　　）.

A. 1　　　　　B. $\dfrac{1}{2}$　　　　　C. 2　　　　　D. 0

(20) 数 $f(x)=\dfrac{1}{1+x}$ 在 $x_0=0$ 处的泰勒展开式为（　　）.

A. $\dfrac{1}{1+x}=\sum_{n=0}^{\infty}x^n,(-1,1)$　　　B. $\dfrac{1}{1+x}=\sum_{n=0}^{\infty}(-1)^n x^n,(-\infty,+\infty)$

C. $\dfrac{1}{1+x}=\sum_{n=0}^{\infty}(-1)^n x^n,(-1,1)$　　　D. $\dfrac{1}{1+x}=\sum_{n=0}^{\infty}x^n,(-\infty,+\infty)$

二、填空题

(1) 已知级数 $\sum_{n=1}^{\infty} u_n$ 的部分和 $S_n = \dfrac{n}{2n+1}$，则 $\sum_{n=1}^{\infty} u_n = $ _____ ；

(2) 数项级数 $\sum_{n=1}^{\infty} u_n = 8$，则 $\lim_{n \to \infty} u_n = $ _____ ；

(3) 级数 $\sum_{n=1}^{\infty} \dfrac{(-1)^{n-1}}{n^p}$，当 p _____ 时，发散；当 p _____ 时，条件收敛；当 p _____ 时，绝对收敛.

(4) 级数 $\sum_{n=1}^{\infty} (-1)^{n-1} \dfrac{x^n}{n}$ 的收敛半径为 _____，收敛区间为 _____ ；

(5) 幂级数 $\sum_{n=1}^{\infty} n! x^n$ 的收敛半径为 _____ .

三、判定下列级数的敛散性.

(1) $\sum_{n=1}^{\infty} \dfrac{1}{2n+1}$ ；

(2) $\sum_{n=1}^{\infty} (-1)^n \dfrac{1}{\sqrt{n}}$ ；

(3) $\sum_{n=1}^{\infty} \dfrac{n+2}{n^2(n+1)}$ ；

(4) $\sum_{n=1}^{\infty} (-1)^n \dfrac{n^2}{(\sqrt{2})^n}$ ；

(5) $\sum_{n=1}^{\infty} \dfrac{n^5}{5^n}$ ；

(6) $\sum_{n=1}^{\infty} \left(\dfrac{n-1}{n} \right)^n$ ；

(7) $\sum_{n=1}^{\infty} \dfrac{1}{\sqrt{n^3+1}}$;

(8) $\sum_{n=1}^{\infty} \dfrac{n}{1+n^3}$;

(9) $\sum_{n=1}^{\infty} \dfrac{2^n}{n(n+1)}$;

(10) $\sum_{n=1}^{\infty} \dfrac{1}{2^n+3}$;

(11) $\sum_{n=0}^{\infty} \dfrac{n^{10}}{(n+3)2^n}$;

(12) $\sum_{n=1}^{\infty} \dfrac{3^n}{n^2 \cdot 2^n}$;

(13) $\sum_{n=0}^{\infty} (-1)^n \dfrac{2^n-1}{3^n-1}$;

(14) $\sum_{n=0}^{\infty} (-1)^n \dfrac{n+3}{(n+2)\sqrt{n+4}}$;

(15) $\dfrac{1}{3} + \dfrac{1}{\sqrt{3}} + \dfrac{1}{\sqrt[3]{3}} + \dfrac{1}{\sqrt[4]{3}} + \cdots$;

(16) $\sum_{n=1}^{\infty} n \sin \dfrac{\pi}{2n}$.

四、解答题

1. 求下列幂级数的收敛半径、收敛域及在收敛区间内的和函数.

(1) $\sum_{n=0}^{\infty}(-1)^n\dfrac{x^{2n+1}}{(2n)!}$;

(2) $\sum_{n=1}^{\infty}\dfrac{x^n}{3^n\cdot n}$;

(3) $\sum_{n=0}^{\infty}\dfrac{x^n}{n+1}$;

(4) $\sum_{n=1}^{\infty}\dfrac{x^{2n}}{(-4)^n n}$.

2. 将下列函数展开成 x 的幂级数.

(1) $\dfrac{3x}{x^2+x-2}$;

(2) $(1+x^2)\arctan x$.

3. 将函数 $f(x)=\dfrac{1}{x^2+4x+3}$ 展开成 $(x-1)$ 的幂级数.

第9章 多元函数微积分

前面学习了一元函数的微分学与积分学,对于多元函数也有类似的理论,但并不是单纯维数上的推广,它们还有一些本质的区别.在本章我们给出二元函数偏导数、全微分相关概念,重积分概念、求法等.

9.1 教学目标

(1)理解多元函数的定义,会求多元函数的定义域和判断函数的值域,掌握多元函数表示的图形.
(2)理解二元函数极限和连续的定义.
(3)理解多元函数偏导数和全微分概念,了解二阶导数的定义,并会计算二阶导数.
(4)掌握二元复合函数和隐函数的求导法则,并会计算.
(5)理解二元函数极值的概念,掌握极值存在的条件,并掌握求极值的一般步骤及用拉格朗日乘数法求条件极值的方法.
(6)理解二重积分的定义和基本性质,掌握在直角坐标和极坐标下计算二重积分的方法.

9.2 知识点概括

9.2.1 多元函数

1. 曲面和方程

如果曲面 S 上任意一点的坐标都满足方程 $F(x,y,z)=0$,而不在曲面 S 上的点的坐标都不满足方程 $F(x,y,z)=0$,则方程 $F(x,y,z)=0$ 称为**曲面 S 的方程**,而曲面 S 称为方程 $F(x,y,z)=0$ 所对应的图形.

2. 多元函数的定义

设 D 是平面上的一个非空点集,f 是一个对应法则,如果对于每个点 $(x,y) \in D$,都可由对应法则得到唯一的实数 z 与之对应,则称变量 z 是 x,y 的**二元函数**,记作 $z=f(x,y)$,其中 x,y 称为**自变量**,z 称为**函数或因变量**,集合 D 称为函数 $z=f(x,y)$ 的**定义域**,对应的函数值的集合 $Z=\{z|z=f(x,y),(x,y) \in D\}$ 称为该函数的**值域**.

9.2.2 二元函数的极限与连续

1. 二元函数的极限

设函数 $z=f(x,y)$ 在点 $P_0(x_0,y_0)$ 的某个去心邻域内有定义(P_0 可以除外),当点 $P(x,y)$(异于 P_0 的任意点)以任何方式无限接近于点 $P_0(x_0,y_0)$ 时,对应的函数值就无限趋近于一个确定的常数 A，则称当 (x,y) 趋于 (x_0,y_0) 时，函数 $f(x,y)$ 以 A 为极限，记作
$$\lim_{\substack{x \to x_0 \\ y \to y_0}} f(x,y) = A.$$

2. 二元函数的连续

设函数 $z = f(x,y)$ 在点 $P_0(x_0,y_0)$ 的某个邻域内有定义，如果
$$\lim_{\substack{x \to x_0 \\ y \to y_0}} f(x,y) = f(x_0,y_0),$$

则称函数 $f(x,y)$ 在点 $P_0(x_0,y_0)$ 处**连续**，否则称函数 $f(x,y)$ 在点 $P_0(x_0,y_0)$ 处**间断**，点 (x_0,y_0) 称为该函数的**间断点**.

9.2.3 偏导数和全微分

1. 偏导数

$$\frac{\partial z}{\partial x} = \lim_{\Delta x \to 0} \frac{f(x_0 + \Delta x, y_0) - f(x_0, y_0)}{\Delta x},$$
$$\frac{\partial z}{\partial y} = \lim_{\Delta y \to 0} \frac{f(x_0, y_0 + \Delta y) - f(x_0, y_0)}{\Delta y}.$$

求 $z = f(x,y)$ 对于自变量 x（或 y）的偏导数时，只需将另一自变量 y（或 x）看作常数，直接利用一元函数求导公式和四则运算进行计算.

2. 全微分

$$\mathrm{d}z = f'_x(x,y)\mathrm{d}x + f'_y(x,y)\mathrm{d}y.$$

9.2.4 复合函数与隐函数微分法

1. 复合函数微分法

设函数 $u = \varphi(x,y)$，$v = \varphi(x,y)$ 在点 (x,y) 处都具有偏导数 $\frac{\partial u}{\partial x}, \frac{\partial u}{\partial y}$ 及 $\frac{\partial v}{\partial x}, \frac{\partial v}{\partial y}$，函数 $z = f(u,v)$ 在对应点 (u,v) 处可微，则复合函数 $z = f[\varphi(x,y), \varphi(x,y)]$ 在点 (x,y) 处两个偏导数存在，并有

$$\frac{\partial z}{\partial x} = \frac{\partial z}{\partial u} \cdot \frac{\partial u}{\partial x} + \frac{\partial z}{\partial v} \cdot \frac{\partial v}{\partial x},$$
$$\frac{\partial z}{\partial y} = \frac{\partial z}{\partial u} \cdot \frac{\partial u}{\partial y} + \frac{\partial z}{\partial v} \cdot \frac{\partial v}{\partial y}.$$

2. 隐函数微分法

$$\frac{\partial z}{\partial x} = -\frac{F'_x}{F'_z}, \quad \frac{\partial z}{\partial y} = -\frac{F'_y}{F'_z}.$$

9.2.5 二元函数的极值

1. 求函数 $z = f(x,y)$ 极值的一般步骤

(1) 由方程组 $f_x(x,y) = 0$，$f_y(x,y) = 0$ 求出实数解，得驻点.
(2) 对于每一个驻点 (x_0,y_0)，求出二阶偏导数的值 A, B, C.
(3) 定出 $AC - B^2$ 的符号，再判定是否是极值.

2. 拉格朗日乘数法

要找函数 $z = f(x,y)$ 在条件 $\varphi(x,y) = 0$ 下的可能极值点，先构造函数

$$L(x,y,\lambda) = f(x,y) + \lambda\varphi(x,y).$$

其中 λ 为某一常数. 然后,求 $L(x,y,\lambda)$ 关于 x,y,λ 的极值点,即解出 x,y,λ,其中 x,y 就是可能的极值点的坐标.

9.2.6 二重积分

1. 二重积分定义

$$\iint_D f(x,y)d\sigma = \lim_{\lambda \to 0}\sum_{i=1}^{n} f(\xi_i,\eta_i)\Delta\sigma_i.$$

2. 重积分的计算

1)利用直角坐标计算二重积分

将二重积分化为二次积分,选择恰当的积分次序,能简化积分的计算.

$$\iint_D f(x,y)dxdy = \int_a^b dx\int_{\varphi_1(x)}^{\varphi_2(x)} f(x,y)dy.$$

$$\iint_D f(x,y)dxdy = \int_c^d dy\int_{\varphi_1(y)}^{\varphi_2(y)} f(x,y)dx.$$

2)利用极坐标计算二重积分

$$x = r\cos\theta, y = r\sin\theta, dxdy = rdrd\theta.$$

$$\iint_D f(x,y)dxdy \text{ 化为 } \iint_D f(r\cos\theta,r\sin\theta)\cdot rdrd\theta.$$

通常是选择先对 r 积分,后对 θ 积分的次序来计算二次积分.

9.3 典型例题

【例 9-1】 设一个球面的球心为 $M_0(x_0,y_0,z_0)$,半径为 R,求此球面的方程.

解 设球面上任意一点为 $M(x,y,z)$,则点 M 到球心 M_0 的距离为 R,即 $|MM_0| = R$. 由两点间距离公式(9.1),有

$$\sqrt{(x-x_0)^2 + (y-y_0)^2 + (z-z_0)^2} = R,$$

化简得球面方程为

$$(x-x_0)^2 + (y-y_0)^2 + (z-z_0)^2 = R^2.$$

特别地,以原点 $O(0,0,0)$ 为球心,R 为半径的球面方程为:

$$x^2 + y^2 + z^2 = R^2.$$

【例 9-2】 函数 $f(x,y) = \begin{cases} \dfrac{xy}{x^2+y^2}, & x^2+y^2 \neq 0 \\ 0, & x^2+y^2 = 0 \end{cases}$ 在点 $(0,0)$ 有无极限?

解 当点 $P(x,y)$ 沿 x 轴趋于点 $(0,0)$ 时,

$$\lim_{(x,y)\to(0,0)} f(x,y) = \lim_{x\to 0} f(x,0) = \lim_{x\to 0} 0 = 0;$$

当点 $P(x,y)$ 沿 y 轴趋于点 $(0,0)$ 时,

$$\lim_{(x,y)\to(0,0)} f(x,y) = \lim_{y\to 0} f(0,y) = \lim_{y\to 0} 0 = 0;$$

当点 $P(x,y)$ 沿直线 $y=kx$ 移动有

$$\lim_{\substack{(x,y)\to(0,0)\\y=kx}} \frac{xy}{x^2+y^2} = \lim_{x\to 0} \frac{kx^2}{x^2+k^2x^2} = \frac{k}{1+k^2}.$$

因此,函数 $f(x,y)$ 在(0,0)处无极限.

【例 9-3】 证明: $f(x,y) = \begin{cases} \dfrac{xy}{x^2+y^2}, & x^2+y^2 \neq 0 \\ 0, & x^2+y^2 = 0 \end{cases}$ 在点(0,0)有 $f_x(0,0)=0, f_y(0,0)=0$,但函数在点(0,0)并不连续.

证明
$$f(x,0) = f(0,y) = 0,$$
$$f_x(0,0) = \frac{\mathrm{d}}{\mathrm{d}x}[f(x,0)] = f_y(0,0) = \frac{\mathrm{d}}{\mathrm{d}y}[f(0,y)] = 0.$$

当点 $P(x,y)$ 沿 x 轴趋于点(0,0)时,有
$$\lim_{(x,y)\to(0,0)} f(x,y) = \lim_{x\to 0} f(x,0) = \lim_{x\to 0} 0 = 0;$$

当点 $P(x,y)$ 沿直线 $y=kx$ 趋于点(0,0)时,有
$$\lim_{\substack{(x,y)\to(0,0)\\y=kx}} \frac{xy}{x^2+y^2} = \lim_{x\to 0} \frac{kx^2}{x^2+k^2x^2} = \frac{k}{1+k^2}.$$

因此, $\lim\limits_{(x,y)\to(0,0)} f(x,y)$ 不存在,故函数 $f(x,y)$ 在(0,0)处不连续.

【例 9-4】 设 $z = x^3 + y^3 - 2x^2 y$,求它的所有二阶偏导数.

解 因为 $\dfrac{\partial z}{\partial x} = 3x^2 - 4xy$,$\dfrac{\partial z}{\partial y} = 3y^2 - 2x^2$,

所以
$$\frac{\partial^2 z}{\partial x^2} = \frac{\partial}{\partial x}(3x^2 - 4xy) = 6x - 4y, \frac{\partial^2 z}{\partial y^2} = \frac{\partial}{\partial y}(3y^2 - 2x^2) = 6y,$$
$$\frac{\partial^2 z}{\partial x \partial y} = \frac{\partial}{\partial y}(3x^2 - 4xy) = -4x, \frac{\partial^2 z}{\partial y \partial x} = \frac{\partial}{\partial x}(3y^2 - 2x^2) = -4x.$$

【例 9-5】 设函数 $z = x^2 y + y^2$,求其全微分.

解
$$\frac{\partial z}{\partial x} = 2xy, \frac{\partial z}{\partial y} = x^2 + 2y,$$
$$\mathrm{d}z = \frac{\partial z}{\partial x}\mathrm{d}x + \frac{\partial z}{\partial y}\mathrm{d}y = 2xy\,\mathrm{d}x + (x^2 + 2y)\mathrm{d}y.$$

【例 9-6】 计算函数 $u = x + \sin\dfrac{y}{2} + \mathrm{e}^{yz}$ 的全微分.

解 因为 $\dfrac{\partial u}{\partial x} = 1$,$\dfrac{\partial u}{\partial y} = \dfrac{1}{2}\cos\dfrac{y}{2} + z\mathrm{e}^{yz}$,$\dfrac{\partial u}{\partial z} = y\mathrm{e}^{yz}$,

所以
$$\mathrm{d}u = \mathrm{d}x + \left(\frac{1}{2}\cos\frac{y}{2} + z\mathrm{e}^{yz}\right)\mathrm{d}y + y\mathrm{e}^{yz}\mathrm{d}z.$$

【例 9-7】 设 $z = uv$,而 $u = \mathrm{e}^t$,$v = \cos t$,求全导数 $\dfrac{\mathrm{d}z}{\mathrm{d}t}$.

解 由公式(9.10)得
$$\frac{\mathrm{d}z}{\mathrm{d}x} = \frac{\partial z}{\partial u} \cdot \frac{\mathrm{d}u}{\mathrm{d}t} + \frac{\partial z}{\partial v} \cdot \frac{\mathrm{d}v}{\mathrm{d}t}$$
$$= v\mathrm{e}^t - u\sin t = \mathrm{e}^t\cos t - \mathrm{e}^t\sin t = \mathrm{e}^t(\cos t - \sin t).$$

【例 9-8】 设 $u = f(x,y,z) = e^{x^2+y^2+z^2}$，而 $z = x^2 \sin y$，求 $\dfrac{\partial u}{\partial x}$ 和 $\dfrac{\partial u}{\partial y}$.

解
$$\frac{\partial u}{\partial x} = \frac{\partial f}{\partial x} + \frac{\partial f}{\partial z} \cdot \frac{\partial z}{\partial x}$$
$$= 2x e^{x^2+y^2+z^2} + 2z e^{x^2+y^2+z^2} \cdot 2x \sin y$$
$$= 2x(1 + 2x^2 \sin^2 y) e^{x^2+y^2+x^4 \sin^2 y}.$$
$$\frac{\partial u}{\partial y} = \frac{\partial f}{\partial y} + \frac{\partial f}{\partial z} \cdot \frac{\partial z}{\partial y}$$
$$= 2y e^{x^2+y^2+z^2} + 2z e^{x^2+y^2+z^2} \cdot x^2 \cos y$$
$$= 2(y + x^4 \sin y \cos y) e^{x^2+y^2+x^4 \sin^2 y}.$$

【例 9-9】 设 $e^z - z = xy^3$，求 $\dfrac{\partial z}{\partial x}$ 和 $\dfrac{\partial z}{\partial y}$.

解 设 $F(x,y,z) = e^z - z - xy^3$，则
$$F'_x = -y^3, F'_y = -3xy^2, F'_z = e^z - 1.$$
由公式(9.14)，得
$$\frac{\partial z}{\partial x} = -\frac{F'_x}{F'_z} = \frac{y^3}{e^z - 1} \quad \text{及} \quad \frac{\partial z}{\partial y} = -\frac{F'_y}{F'_z} = \frac{3xy^2}{e^z - 1}.$$

【例 9-10】 求函数 $f(x,y) = x^3 + y^3 - 3xy$ 的极值.

解 求方程组 $\begin{cases} f'_x = 3x^2 - 3y = 0 \\ f'_y = 3y^2 - 3x = 0 \end{cases}$ 的解，得驻点$(0,0)$及$(1,1)$，

再求函数 $f(x,y)$ 的二阶偏导数：
$$f''_{xx}(x,y) = 6x, f''_{xy}(x,y) = -3, f''_{yy}(x,y) = 6y.$$

在点 $(0,0)$ 处，$A = 0, B = -3, C = 0, AC - B^2 = -9 < 0$，所以 $f(0,0) = 0$ 不是极值点.

在 $(1,1)$ 处，$A = 6, B = -3, C = 6, AC - B^2 = 27 > 0$，且 $A = 6 > 0$，所以 $f(1,1) = -1$ 是函数的极小值.

【例 9-11】 某厂要用铁板做成一个体积为 $8m^3$ 的有盖长方体水箱.问当长、宽、高各取多少时，才能使用料最省？

解 设水箱的长为 x m，宽为 y m，则其高应为 $\dfrac{8}{xy}$ m. 此水箱所用材料的面积为
$$A = 2\left(xy + y \cdot \frac{8}{xy} + x \cdot \frac{8}{xy}\right) = 2\left(xy + \frac{8}{x} + \frac{8}{y}\right)(x > 0, y > 0).$$

令 $A_x = 2\left(y - \dfrac{8}{x^2}\right) = 0$，$A_y = 2\left(x - \dfrac{8}{y^2}\right) = 0$，得 $x = 2, y = 2$.

根据题意可知，水箱所用材料面积的最小值一定存在，并在开区域 $D = \{(x,y) | x > 0, y > 0\}$ 内取得. 因为函数 A 在 D 内只有一个驻点，所以此驻点一定是 A 的最小值点，即当水箱的长为 2m，宽为 2m，高为 $\dfrac{8}{2 \cdot 2} = 2$(m)时，水箱所用的材料最省. 因此 A 在 D 内的唯一驻点$(2,2)$处取得最小值，即长为 2m，宽为 2m，高为 $\dfrac{8}{2 \cdot 2} = 2$(m)时，所用材料最省.

【例 9-12】 某化妆品公司可以通过报纸和电视台做销售广告.根据统计材料，销售收入 R（单位：百万元）与报纸广告费用 x_1（单位：百万元）和电视广告费 x_2（单位：百万元）之间的关

系满足经验公式：
$$R = 15 + 14x_1 + 32x_2 - 8x_1x_2 - 2x_1^2 - 10x_2^2.$$

(1)如果不限制广告费用的支出,求最优广告策略.

(2)如果可供使用的广告费用为 150 万元,求相应的最优广告策略.

解 (1)设该公司的净销售收入为
$$z = f(x_1, x_2) = 15 + 14x_1 + 32x_2 - 8x_1x_2 - 2x_1^2 - 10x_2^2 - (x_1 + x_2)$$
$$= 15 + 13x_1 + 31x_2 - 8x_1x_2 - 2x_1^2 - 10x_2^2.$$

$$\begin{cases} f'_{x_1} = 13 - 8x_2 - 4x_1 = 0 \\ f'_{x_2} = 31 - 8x_1 - 20x_2 = 0 \end{cases},$$

得驻点 $x_1 = 0.75$ (百万元), $x_2 = 1.25$ (百万元),又
$$f''_{x_1x_1} = -4 < 0, \ f''_{x_1x_2} = 8, \ f''_{x_2x_2} = -20,$$

在点 $(0.75, 1.25)$ 处,有 $AC - B^2 = 80 - 64 = 16 > 0$ 且 $A = -4 < 0$,所以,函数 $z = f(x_1, x_2)$ 在 $(0.75, 1.25)$ 处有极大值,因极大值点唯一,故在 $(0.75, 1.25)$ 处也是最大值,即最优广告策略为报纸广告费 75 万元,电视广告费 125 万元.

(2)如果广告费限定为 150 万元,则需求函数 $f(x_1, x_2)$ 在条件 $x_1 + x_2 = 1.5$ 下的条件极值.设
$$L(x_1, x_2, \lambda) = 15 + 14x_1 + 32x_2 - 8x_1x_2 - 2x_1^2 - 10x_2^2 - \lambda(x_1 + x_2 - 1.5).$$

求解方程组
$$\begin{cases} L'_{x_1} = -4x_1 - 8x_2 + 14 + \lambda = 0 \\ L'_{x_2} = -8x_1 - 20x_2 + 32 + \lambda = 0 \\ L'_{\lambda} = x_1 + x_2 - 1.5 = 0 \end{cases},$$

得 $x_1 = 0, x_2 = 1.5$. 根据问题的实际意义,在点 $(0, 1.5)$ 处函数 $f(x_1, x_2)$ 有条件极值,即将广告费全部用于电视广告,才能使净收入最大.

【例 9-13】 计算 $\iint\limits_{D} \dfrac{\sin x}{x} dx dy$,其中 D 是直线 $y = x, y = 0, x = \pi$ 所围成的闭区域,如图 9-1 所示.

解 由被积函数可知,先对 x 积分不行,因此取 D 为 X-型域
$$D: \begin{cases} 0 \leqslant y \leqslant x \\ 0 \leqslant x \leqslant \pi \end{cases}$$

所以 $\iint\limits_{D} \dfrac{\sin x}{x} dx dy = \int_0^{\pi} \dfrac{\sin x}{x} dx \int_0^x dy = \int_0^{\pi} \sin x dx = [-\cos x]_0^{\pi} = 2.$

【例 9-14】 计算 $\iint\limits_{D} \sqrt{x^2 + y^2} dx dy$.

其中,D 为圆环: $\pi^2 \leqslant x^2 + y^2 \leqslant 4\pi^2$.

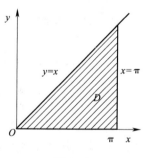

图 9-1

解 在极坐标系下,区域 D 的内环连续曲线为 $r = \pi$,外环连续曲线为 $r = 2\pi$,极点在区域 D 的外部.区域 D 可以表示为：
$$D = \{(r, \theta) | \pi \leqslant r \leqslant 2\pi, 0 \leqslant \theta \leqslant 2\pi\}.$$

因此

$$\iint\limits_{D} \sqrt{x^2+y^2}\,\mathrm{d}x\mathrm{d}y = \int_0^{2\pi} \mathrm{d}\theta \int_\pi^{2\pi} r \cdot r\mathrm{d}r = \frac{7\pi^3}{3}\int_0^{2\pi}\mathrm{d}\theta = \frac{14\pi^4}{3}.$$

【例 9-15】 计算 $\iint\limits_{D} \mathrm{e}^{-x^2-y^2}\,\mathrm{d}x\mathrm{d}y$，其中 D 是由中心在原点、半径为 a 的圆周所围成的闭区域．

解 在极坐标系中，闭区域 D 可表示为
$$0 \leqslant \rho \leqslant a, 0 \leqslant \theta \leqslant 2\pi.$$
于是
$$\iint\limits_{D} \mathrm{e}^{-x^2-y^2}\,\mathrm{d}x\mathrm{d}y = \iint\limits_{D} \mathrm{e}^{-\rho^2}\rho\mathrm{d}\rho\mathrm{d}\theta = \int_0^{2\pi}\left[\int_0^a \mathrm{e}^{-\rho^2}\rho\mathrm{d}\rho\right]\mathrm{d}\theta = \int_0^{2\pi}\left[-\frac{1}{2}\mathrm{e}^{-\rho^2}\right]_0^a\mathrm{d}\theta$$
$$= \frac{1}{2}\left(1-\mathrm{e}^{-a^2}\right)\int_0^{2\pi}\mathrm{d}\theta = \pi\left(1-\mathrm{e}^{-a^2}\right).$$

9.4 同步训练

习题 9.1

1. 指出下列方程在平面解析几何中和在空间解析几何中分别表示什么图形？
(1) $x = 2$；　　　(2) $y = x+1$；　　　(3) $x^2+y^2 = 4$；　　　(4) $x^2-y^2 = 1$．

2. 指出下列方程在平面解析几何中与在空间解析几何中分别表示什么图形？
(1) $\begin{cases} y = 5x+1 \\ y = 2x-3 \end{cases}$；
(2) $\begin{cases} \dfrac{x^2}{4}+\dfrac{y^2}{9} = 1 \\ y = 3 \end{cases}$．

3. 画出下列方程所表示的曲面．
(1) $\left(x-\dfrac{a}{2}\right)+y^2 = \left(\dfrac{a}{2}\right)^2$；
(2) $-\dfrac{x^2}{4}+\dfrac{y^2}{9} = 1$；
(3) $\dfrac{x^2}{9}+\dfrac{y^2}{4} = 1$；
(4) $y^2-z = 0$．

习题 9.2

1. 求下列各函数的定义域.

(1) $u = \dfrac{1}{\sqrt{x}} + \dfrac{1}{\sqrt{y}} + \dfrac{1}{\sqrt{z}}$;

(2) $u = \sqrt{R^2 - x^2 - y^2 - z^2} + \dfrac{1}{\sqrt{x^2 + y^2 + z^2 - r^2}}$ $(R > r > 0)$.

2. 函数 $z = \dfrac{y^2 + 2x}{y^2 - 2x}$ 在何处是间断的?

习题 9.3

1. 设函数 $z = x^2 - xy + y$.

(1) 求函数在点 (x_0, y_0) 处的偏增量 $\Delta_x z, \Delta_y z$ 和全增量 Δx;

(2) 当 x 从 2 变到 2.1,y 从 2 变到 1.9 时,求 $\Delta_x z, \Delta_y z$ 与 Δz 的值各为多少?

2. 设 $z = (1+xy)^y$，求 $\dfrac{\partial z}{\partial x}\bigg|_{\substack{x=1\\y=1}}$ 及 $\dfrac{\partial z}{\partial y}\bigg|_{\substack{x=1\\y=1}}$.

3. 设 $f(x,y) = x + y - \sqrt{x^2 + y^2}$，求 $f'_x(2,4)$.

4. 设 $z = \ln\left(x + \dfrac{y}{2x}\right)$，求 $\dfrac{\partial z}{\partial y}\bigg|_{\substack{x=1\\y=0}}$.

5. 设 $f(x,y) = \mathrm{e}^{-x}\sin(x+2y)$，求 $f'_x\left(0,\dfrac{\pi}{4}\right)$ 及 $f'_y\left(0,\dfrac{\pi}{4}\right)$.

6. 设 $u = \ln(1 + x + y^2 + z^3)$，当 $x = y = z = 1$ 时，求 $u_x + u_y + u_z$.

7. 求下列函数的偏导数.

(1) $z = \ln\tan\dfrac{x}{y}$;

(2) $z = \arcsin(y\sqrt{x})$;

(3) $z = \sin\dfrac{x}{y} \cdot \cos\dfrac{y}{x}$;

(4) $z = \left(\dfrac{1}{3}\right)^{-\frac{y}{x}}$;

(5) $z = xy\,\mathrm{e}^{\sin\pi xy}$;

(6) $z = \ln(x + \ln y)$;

(7) $z = \sqrt{x}\sin\dfrac{y}{x}$;

(8) $u = \rho\mathrm{e}^{t\varphi} + \mathrm{e}^{-\varphi} + t$;

(9) $u = \mathrm{e}^{\varphi+\theta}\cos(\theta - \varphi)$.

8. 求曲线 $\begin{cases} z = \sqrt{1+x^2+y^2} \\ x = 1 \end{cases}$ 在点 $(1,1,\sqrt{3})$ 处的切线与纵轴正向所成的角度.

9. 求下列函数的全微分.

(1) $z = e^{xy} + \ln(x+y)$;

(2) $z = \arctan \dfrac{x+y}{1-xy}$;

(3) $z = \sin(xy)$;

(4) $z = \dfrac{x^2+y^2}{x^2-y^2}$;

(5) $z = 2xe^{-y} - \sqrt{3x} + \ln 3$;

(6) $u = e^{x(x^2+y^2+z^2)}$;

(7) $u = x^{y^x}$;

(8) $u = \ln(3x - 2y + z)$;

(9) $u = \arctan(x-y)^2$.

10. 求下列函数在给定点处的全微分.

(1) $z = x^4 + y^4 - 4x^2 y^2$, $(1,1)$;　　　(2) $z = x\sin(x+y) + e^{x-y}$, $\left(\dfrac{\pi}{4}, \dfrac{\pi}{4}\right)$.

11. 求当 $x = 2$, $y = -1$, $\Delta x = 0.02$, $\Delta y = -0.01$ 时,函数 $z = x^2 y^3$ 的全微分及全增量的值.

12. 求下列函数的二阶偏导数.

(1) $z = \sin(ax + by)$;　　　(2) $z = \arcsin(xy)$;

(3) $z = x^{2y}$;　　　(4) $z = y^{\ln x}$;

(5) $z^3 - 3xyz = a^3$;　　　(6) $x + y + z = e^{-(x+y+z)}$.

13. 设 $f(x,y,z) = xy^2 + yz^2 + zx^2$, 求 $f_{xx}(0,0,1), f_{xz}(1,0,2)$, 及 $f_{zxy}(2,0,1)$.

习题 9.4

1. 设 $z = u^2v - uv^2, u = x\cos y, v = x\sin y$，求 $\dfrac{\partial z}{\partial x}, \dfrac{\partial z}{\partial y}$.

2. 设 $z = u^2\ln v, u = \dfrac{x}{y}, v = 3x - 2y$，求 $\dfrac{\partial z}{\partial x}, \dfrac{\partial z}{\partial y}$.

3. 设 $z = \arctan\dfrac{x}{y}, x = u + v, y = u - v$，证明：$\dfrac{\partial z}{\partial u} + \dfrac{\partial z}{\partial v} = \dfrac{u-v}{u^2+v^2}$.

4. 设 $z = \dfrac{x^2}{y}, x = u - 2v, y = v + 2u$，求 $\dfrac{\partial z}{\partial u}, \dfrac{\partial z}{\partial v}$.

5. 设 $z = (2x + y)^{2x+y}$，求 $\dfrac{\partial z}{\partial x}, \dfrac{\partial z}{\partial y}$.

6. 设 $z = \dfrac{y}{f(x^2 - y^2)}$，其中 f 为可微函数，验证：$\dfrac{1}{x}\dfrac{\partial z}{\partial x} + \dfrac{1}{y}\dfrac{\partial z}{\partial y} = \dfrac{z}{y^2}$.

7. 设 $z = F(x,y), x = r\cos\theta, y = r\sin\theta$，求 $\dfrac{\partial z}{\partial r}, \dfrac{\partial z}{\partial \theta}$.

8. 设 $z = \dfrac{y}{x}, x = e^t, y = 1 - e^{2t}$，求 $\dfrac{dz}{dt}$.

9. 设 $z = e^{x-2y}, x = \sin t, y = t^3$，求 $\dfrac{dz}{dt}$.

10. 设 $z = \arcsin(x - y), x = 3t, y = 4t^3$，求 $\dfrac{dz}{dt}$.

11. 设 $z = \arctan(xy), y = e^x$，求 $\dfrac{dz}{dx}$.

12. 设 $z = \tan(3t + 2x^2 - y), x = \dfrac{1}{t}, y = \sqrt{t}$，求 $\dfrac{dz}{dt}$.

13. 设 $u = \dfrac{e^{ax}(y-z)}{a^2+1}, y = a\sin x, z = \cos x$，求 $\dfrac{du}{dx}$.

14. 设 $z = \ln\dfrac{x+\sqrt{x^2+y^2}}{y}$，$x = \cos t, y = \sin t$，在 $t = \dfrac{\pi}{2}$ 处，求全导数的值.

15. 设 $z = \dfrac{1}{2}\ln\dfrac{x+y}{x-y}, x = \sec t, = 2\sin t$，在 $t = \pi$ 处，求全导数的值.

16. 设 $z = \arctan\dfrac{y}{x}, y = x^2$，求 $\dfrac{\partial z}{\partial x}, \dfrac{dz}{dx}$.

17. 设 $z = x^y, y = \varphi(x)$，求 $\dfrac{\partial z}{\partial x}, \dfrac{\mathrm{d}z}{\mathrm{d}x}$.

习题 9.5

1. 求函数 $f(x,y) = 4(x-y) - x^2 - y^2$ 的极值.

2. 求函数 $f(x,y) = (2ax - x^2)(2by - y^2)$ 的极值，其中，$ab \neq 0$.

3. 求函数 $f(x,y) = \mathrm{e}^{2x}(x + y^2 + 2y)$ 的极值.

4. 求下列已知函数在指定条件下的极值.
(1) $z = xy$，若 $x + y = 1$；

(2) $z = x^2 + y^2$，若 $\dfrac{x}{a} + \dfrac{y}{b} = 1$；

(3) $u = x + y + z$，若 $\dfrac{1}{x} + \dfrac{1}{y} + \dfrac{1}{z}$，$x > 0, y > 0, z > 0$.

5. 在斜边长为 l 的一切直角三角形中，求有最大周长的直角三角形.

6. 在半径为 a 的半球内求一个体积最大的内接长方体.

习题 9.6

1. 求 $\iint\limits_{D} x\mathrm{e}^{xy} \mathrm{d}x\mathrm{d}y$ 的值. 其中，$D: \begin{cases} 0 \leqslant x \leqslant 1 \\ -1 \leqslant y \leqslant 0 \end{cases}$.

2. 求 $\iint\limits_{D} \dfrac{\mathrm{d}x\mathrm{d}y}{(x-y)^2}$ 的值. 其中, $D: \begin{cases} 1 \leqslant x \leqslant 2 \\ 3 \leqslant y \leqslant 4 \end{cases}$.

3. 求 $\iint\limits_{D} \mathrm{e}^{x+y}\mathrm{d}x\mathrm{d}y$ 的值, 其中. $D: \begin{cases} 0 \leqslant x \leqslant 1 \\ 0 \leqslant y \leqslant 1 \end{cases}$.

4. 求 $\iint\limits_{D} x^2 y\cos(xy^2)\mathrm{d}x\mathrm{d}y$ 的值, 其中. $D: \begin{cases} 0 \leqslant x \leqslant \dfrac{\pi}{2} \\ 0 \leqslant y \leqslant 2 \end{cases}$.

5. 按照下列指定的区域 D 将二重积分 $\iint\limits_{D} f(x,y)\mathrm{d}x\mathrm{d}y$ 化为累次积分.

(1) $D: x+y=1, x-y=1, x=0$ 所围成的区域;

(2) $D: y=x, y=3x, x=1, x=3$ 所围成的区域;

(3) $D: y-2x=0, 2y-x=0, xy=2$ 在第一象限中所围成的区域；

(4) $D: x=3, x=5, 3x-2y+4=0, 3x-2y+1=0$ 所围成的区域；

(5) $D: (x-2)^2+(y-3)^2=4$ 所围成的区域.

6. 改变下列累次积分的积分次序.

(1) $\int_0^1 dy \int_y^{\sqrt{y}} f(x,y) dx$；

(2) $\int_1^e dx \int_0^{\ln x} f(x,y) dy$；

(3) $\int_{-1}^1 dx \int_0^{\sqrt{1-x^2}} f(x,y) dy$；

(4) $\int_0^1 dx \int_0^{x^2} f(x,y) dy + \int_1^3 dx \int_0^{\frac{1}{2}(3-x)} f(x,y) dy$；

(5) $\int_{-1}^1 dx \int_{-\sqrt{1-x^2}}^{1-x^2} f(x,y) dy$；

(6) $\int_0^{2a} dx \int_{\sqrt{2ax-x^2}}^{\sqrt{2ax}} f(x,y) dy$.

7. 计算下列二重积分.

(1) $\iint\limits_{D}(x+6y)\mathrm{d}x\mathrm{d}y, D: y=x, y=5x, x=1$ 所围成的区域；

(2) $\iint\limits_{D}\dfrac{y}{x}\mathrm{d}x\mathrm{d}y, D: y=2x, y=x, x=4, x=2$ 所围成的区域；

(3) $\iint\limits_{D}\dfrac{y}{x}\mathrm{d}x\mathrm{d}y, D: y=2, y=x, xy=1$ 所围成的区域；

(4) $\iint\limits_{D}(x^2+y^2)\mathrm{d}x\mathrm{d}y, D: y=x, y=x+a, y=a, y=3a(a>0)$ 所围成的区域.

8. 把下列直角坐标形式的累次积分变为极坐标形式的累次积分.

(1) $\displaystyle\int_0^{2R}\mathrm{d}y\int_0^{\sqrt{2Ry-y^2}}f(x,y)\mathrm{d}x$ ；

(2) $\displaystyle\int_0^{R}\mathrm{d}x\int_0^{\sqrt{R^2-x^2}}f(x^2+y^2)\mathrm{d}y$ ；

(3) $\int_0^{\frac{R}{\sqrt{1+R^2}}} dx \int_0^{Rx} f\left(\frac{y}{x}\right) dy + \int_{\frac{R}{\sqrt{1+R^2}}}^{R} dx \int_0^{\sqrt{R^2-x^2}} f\left(\frac{y}{x}\right) dy.$

9. 将下列二重积分变成极坐标形式,并计算.

(1) $\iint\limits_D \ln(1+x^2+y^2) dx dy.$ D 为圆 $x^2+y^2=1$ 所围的第一象限中的区域;

(2) $\iint\limits_D \sqrt{R^2-x^2-y^2} dx dy.$ D 为圆 $x^2+y^2=Rx$ 所围的第一象限中的区域;

(3) $\iint\limits_D \arctan\frac{y}{x} dx dy.$ D 为圆 $x^2+y^2=4, x^2+y^2=1$ 及直线 $y=x, y=0$ 围成的第一象限内的区域;

(4) $\iint\limits_D \sin\sqrt{x^2+y^2} dx dy.$ $D: x^2+y^3 \leqslant 4\pi^2, x^2+y^2 \geqslant \pi^2.$

总习题 9

1. 选择题.

(1) 函数 $z = \ln(xy)$ 的定义域为( ).

A. $x \geqslant 0, y \geqslant 0$
B. $x \geqslant 0, y \geqslant 0$ 或 $x \leqslant 0, y \leqslant 0$
C. $x < 0, y < 0$
D. $x > 0, y > 0$ 或 $x < 0, y < 0$

(2) 设 $f(x,y) = \dfrac{xy}{x^2+y^2}$，则 $f\left(\dfrac{y}{x}, 1\right) = ($).

A. $\dfrac{xy}{x^2+y^2}$ B. $\dfrac{x^2+y^2}{xy}$ C. $\dfrac{x}{1+x^2}$ D. $\dfrac{x^2}{1+x^4}$

(3) $\lim\limits_{\substack{x\to 0\\ y\to 0}} \dfrac{xy}{1+x^2+y^2} = ($).

A. $\dfrac{1}{2}$ B. $\dfrac{1}{3}$ C. 0 D. 不存在

(4) 若函数 $z = f(x,y)$ 在点 $P_0(x_0, y_0)$ 处的两个偏导数 $\dfrac{\partial z}{\partial x}, \dfrac{\partial z}{\partial y}$ 存在是它在 P_0 处可微的( ).

A. 充分条件 B. 必要条件 C. 充要条件 D. 无关条件

(5) 设 $z = F(x^2 - y^2)$，且 F 具有导数，则 $\dfrac{\partial z}{\partial x} + \dfrac{\partial z}{\partial y} = ($).

A. $2x - 2y$
B. $(2x-2y)F(x^2-y^2)$
C. $(2x-2y)F'(x^2-y^2)$
D. $(2x+2y)F'(x^2-y^2)$

(6) 若 $f_x'(x_0, y_0) = 0, f_y'(x_0, y_0) = 0$，则 $f(x,y)$ 在点 (x_0, y_0) 处( ).

A. 有极值 B. 无极值 C. 不一定有极值 D. 有极大值

(7) 下列各点中，是二元函数 $f(x,y) = x^3 - y^3 - 3x^2 + 3y - 9x$ 的极值点的是( ).

A. $(-3, -1)$ B. $(3, 1)$ C. $(-1, 1)$ D. $(-1, -1)$

(8) 设 D 是由 $\{(x,y) \mid 1^2 \leqslant x^2 + y^2 \leqslant 3^2\}$ 所确定的闭区域，则 $\iint\limits_{D} dxdy = ($).

A. 9π B. 2π C. 4π D. 8π

(9) 设 D 是由直线 $y = x, y = \dfrac{1}{2}x, y = 2$ 所围成的闭区域，则 $\iint\limits_{D} dxdy = ($).

A. $\dfrac{1}{4}$ B. $\dfrac{1}{2}$ C. 1 D. 2

(10) 设 $I = \iint\limits_{D} \sqrt[3]{x^2+y^2-1}\, dxdy$，其中 D 是圆环：$\{(x,y) \mid 1 \leqslant x^2+y^2 \leqslant 2\}$ 所确定的闭区域，则必有( ).

A. $I > 0$ B. $I < 0$ C. $I = 0$ D. 不能确定

(11) 如果 $\iint\limits_{D} dxdy = 1$，其中区域 D 是由( )所围成的闭区域.

A. $y = x+1, x = 0, x = 1, x$ 轴
B. $|x| = 1, |y| = 1$

C. $2x+y=2$，x 轴，y 轴　　　　　D. $|x+y|=1$，$|x-y|=1$

(12) 设 D 是由 $|x|=2$，$|y|=1$ 所围成的闭区域，则 $\iint\limits_{D} xy^2 \mathrm{d}x\mathrm{d}y=$（　　）．

A. $\dfrac{4}{3}$　　　　B. $\dfrac{8}{3}$　　　　C. $\dfrac{16}{3}$　　　　D. 0

(13) 设 $f(x,y)$ 为连续的函数，且 $I=\int_0^2 \mathrm{d}x \int_x^{\sqrt{2x}} f(x,y)\mathrm{d}y$，交换 I 的积分次序，则 $I=$
（　　）．

A. $\int_0^2 \mathrm{d}x \int_x^{\sqrt{2x}} f(x,y)\mathrm{d}y$　　　　　B. $\int_0^2 \mathrm{d}x \int_{\frac{y^2}{2}}^{y} f(x,y)\mathrm{d}y$

C. $\int_0^2 \mathrm{d}x \int_0^{y} f(x,y)\mathrm{d}y$　　　　　D. $\int_2^0 \mathrm{d}x \int_{\frac{y^2}{2}}^{y} f(x,y)\mathrm{d}y$

(14) 设 D 是圆域 $x^2+y^2 \leqslant a^2 (a>0)$，且 $\iint\limits_{D} \sqrt{x^2+y^2}\mathrm{d}x\mathrm{d}y=\pi$，则 $a=$（　　）．

A. 1　　　　B. $\sqrt[3]{\dfrac{3}{2}}$　　　　C. $\sqrt[3]{\dfrac{3}{4}}$　　　　D. $\sqrt[3]{\dfrac{1}{2}}$

(15) 设 $I=\int_{-1}^{1} \mathrm{d}y \int_0^{\sqrt{1-y^2}} f(x,y)\mathrm{d}x$，将 I 化为极坐标下的二次积分，则 $I=$（　　）．

A. $\int_0^{2\pi} \mathrm{d}\theta \int_0^{1} f(r\cos\theta, r\sin\theta)\cdot r\mathrm{d}r$　　　　　B. $\int_0^{\pi} \mathrm{d}\theta \int_0^{1} f(r\cos\theta, r\sin\theta)\cdot r\mathrm{d}r$

C. $\int_{-\frac{\pi}{2}}^{\frac{\pi}{2}} \mathrm{d}\theta \int_0^{1} f(r\cos\theta, r\sin\theta)\cdot r\mathrm{d}r$　　　　　D. $2\int_0^{\frac{\pi}{2}} \mathrm{d}\theta \int_0^{1} f(r\cos\theta, r\sin\theta)\cdot r\mathrm{d}r$

2. 判断题．

(1) 点 $M(-1,6,2)$ 关于 x 轴对称的点的坐标为 $(-1,-6,-2)$．（　　）

(2) 点 $M(3,0,4)$ 到 z 轴的距离是 5．（　　）

(3) 球面 $x^2+y^2+z^2-2x+2y=1$ 的球心为 $(-1,-1,0)$．（　　）

(4) $f(xy, x-y)=x^2+y^2$，则 $f(x,y)=2x+y^2$．（　　）

(5) 设函数 $f(x,y)=\dfrac{1}{1-e^{x+y}}$，则 $f(x,y)$ 的间断点为 $\{(x,y)|x+y=0\}$．（　　）

(6) $f(xy, x+y)=x^2+y^2$，则 $f'(x,y)=2$．（　　）

(7) $f'_x(x,y_0)=2$，则 $\lim\limits_{\Delta x \to 0} \dfrac{f(x_0-\Delta x, y_0)-f(x_0,y_0)}{\Delta x}=2$．（　　）

(8) 设 $z=xy$，$x=1$，$y=2$，$\Delta x=0.1$，$\Delta y=0.2$，则 $\Delta z=0.42$，$\mathrm{d}z=0.4$．（　　）

(9) 二元函数 $f(x,y)=x^2+y^2+2x$ 的驻点是 $(-1,1)$．（　　）

(10) 二元函数 $f(x,y)=x^3+y^3+xy$ 的极大值是 $\dfrac{1}{27}$．（　　）

(11) 在区域 D 上，$f(x,y)\equiv 1$，则 $\iint\limits_{D} f(x,y)\mathrm{d}\sigma=\iint\limits_{D}\mathrm{d}\sigma=\sigma$．（　　）

(12) $\iint\limits_{D}(x+y)^2\mathrm{d}\sigma \geqslant \iint\limits_{D}(x+y)^3\mathrm{d}\sigma$，$D$ 是 $(x-2)^2+(y-1)^2=2$ 所围成的闭区域．（　　）

(13) $1 \leqslant \iint\limits_{D}(x+3y+7)\mathrm{d}\sigma \leqslant 28$，其中 $0 \leqslant x \leqslant 1$，$0 \leqslant y \leqslant 2$．（　　）

(14) $\int_0^1 \mathrm{d}x \int_x^1 e^{-y^2} \mathrm{d}y = \int_0^1 \mathrm{d}y \int_0^y e^{-y^2} \mathrm{d}x$．（　　）

(15) $\iint\limits_D f(x,y)\mathrm{d}x\mathrm{d}y = \iint\limits_D f(r\cos\theta, r\sin\theta)\mathrm{d}r\mathrm{d}\theta$. (   )

3. 求满足下列条件的点的坐标.

(1) 点 $(2,-1,1)$ 关于 xOy 平面的对称点；

(2) 在 x 轴上且与点 $(3,2,1)$ 的距离等于 3 的点.

4. 求下列函数的定义域.

(1) $z = \dfrac{\sqrt{1-x^2-y^2}}{\sqrt{x^2+y^2}}$；

(2) $z = \dfrac{1}{\ln(x+y)}$；

(3) $z = \sqrt{x-\sqrt{y}}$；

(4) $z = \dfrac{\arcsin y}{\sqrt{x}}$.

5. 求下列函数的一阶偏导数.

(1) $z = x^2 y + \dfrac{x}{y}$；

(2) $z = xy\ln(x+y)$；

(3) $z = \mathrm{e}^{-x}\sin y$；

(4) $z = \mathrm{e}^{\sin(xy)}$；

(5) $z = \arcsin(xy)$; (6) $z = \arctan \dfrac{x+y}{1-xy}$.

6. 求下列函数的所有二阶导数.

(1) $z = x^4 + y^4 - 4x^2 y^2$; (2) $z = \ln(x^2 + y^2)$;

(3) $z = \sqrt{xy}$; (4) $z = \dfrac{x+y}{x-y}$.

7. 求下列函数的全微分.

(1) $z = xy + \dfrac{y}{x}$; (2) $z = e^{xy}$;

(3) $z = \arctan \dfrac{y}{x}$; (4) $z = \sin(x-y)$.

8. 求下列函数在已知条件下全微分的值.

(1) $z = \sqrt{\dfrac{x}{y}}, x = 1, y = 1, \Delta x = 0.2, \Delta y = 0.1$;

(2) $z = \ln\left(1 + \dfrac{x}{y}\right), x = 1, y = 1, \Delta x = 0.15, \Delta y = -0.25$.

9. 设 $z = \ln(\sqrt{x} + \sqrt{y})$,证明: $x\dfrac{\partial z}{\partial x} + y\dfrac{\partial z}{\partial y} = \dfrac{1}{2}$.

10. 求下列函数的偏导数.

(1) $z = (x + 2y)^x$,求 $\dfrac{\partial z}{\partial x}, \dfrac{\partial z}{\partial y}$;

(2) $z = \arctan(xy), y = e^x$,求 $\dfrac{dz}{dx}$;

(3) $z = f(u,v)$,且 $f(u,v)$ 可微,$u = xy, v = \dfrac{x}{y}$,求 $\dfrac{\partial z}{\partial x}, \dfrac{\partial z}{\partial y}$;

(4) $z = f(x^2 - y^2, \mathrm{e}^{xy})$（其中 f 是可微函数），求 $\dfrac{\partial z}{\partial x}, \dfrac{\partial z}{\partial y}$.

11. 求由下列各方程确定的隐函数的导数或偏导数.

(1) $x^2 + y^2 + 2x - 2yz = \mathrm{e}^z$，求 $\dfrac{\partial z}{\partial x}, \dfrac{\partial z}{\partial y}$；

(2) $z^3 - 3xyz = a^3$，求 $\dfrac{\partial z}{\partial x}, \dfrac{\partial z}{\partial y}$；

(3) $x^2 y^2 - x^4 - y^4 = a^4$，求 $\dfrac{\mathrm{d}y}{\mathrm{d}x}$；

(4) $\dfrac{x}{z} = \ln \dfrac{z}{y}$，求 $\dfrac{\partial z}{\partial x}, \dfrac{\partial z}{\partial y}$.

12. 求下列函数的极值.

(1) $f(x,y) = 4(x-y) - x^2 - y^2$；

(2) $f(x,y) = e^{2x}(x + y^2 + 2y)$.

13. 求函数 $z = xy$ 在条件 $x + y = 1$ 下的极值.

14. 求上半球面 $z = \sqrt{2 - x^2 - y^2}$ 与旋转抛物面 $z = x^2 + y^2$ 所围成的立体体积.

15. 利用二重积分的性质估计下列积分的值.

$\iint\limits_{D} (x^2 + 4y^2 + 9)\mathrm{d}\sigma$. 其中 $D = \{(x,y) \mid x^2 + y^2 \leqslant 4\}$.

16. 计算下列二重积分.

(1) $\iint\limits_{D} \left(\dfrac{x^2}{y^2}\right)\mathrm{d}x\mathrm{d}y$, D 是由直线 $x=2$, $y=x$, 及曲线 $xy=1$ 所围成的闭区域;

(2) $\iint\limits_{D} e^{x+y}\mathrm{d}x\mathrm{d}y$, $D = \{(x,y) \mid |x| + |y| \leqslant 1\}$;

(3) $\iint\limits_{D} \dfrac{y}{x} dxdy$. D 是由圆周 $x^2+y^2=1, x^2+y^2=4$ 及直线 $y=0, y=x$ 所围成的第一象限的闭区域；

(4) $\iint\limits_{D} \sqrt{|y-x^2|} dxdy$. $D=\{(x,y) \mid 0 \leqslant x \leqslant 1, 0 \leqslant y \leqslant 2\}$.

17. 交换下列二次积分的次序.

(1) $\int_{0}^{1} dx \int_{x}^{2-x^2} f(x,y) dy$;

(2) $\int_{0}^{1} dx \int_{x^3}^{x^2} dy$;

(3) $\int_{1}^{2} dy \int_{y}^{y^2} f(x,y) dx$;

(4) $\int_{1}^{e} dx \int_{0}^{\ln x} f(x,y) dy$.

18. 计算下列二重积分(利用极坐标计算).

(1) $\iint\limits_{D} \sqrt{R^2-x^2-y^2} dxdy$，其中 D 是圆周 $x^2+y^2=Rx$ 所围成的闭区域；

(2) $\iint\limits_{D} \dfrac{1+xy}{1+x^2+y^2} dxdy, D=\{(x,y) \mid x^2+y^2 \leqslant 1, x>0\}$.

第 7～9 章 模拟试卷(一)

考试时间为 120 分钟

题号	一	二	三	四	总分
得分					

一、填空题(每空 3 分,共 30 分)

1. $\dfrac{\mathrm{d}}{\mathrm{d}x}\displaystyle\int f(x)\,\mathrm{d}x =$ _____ $\dfrac{\mathrm{d}}{\mathrm{d}x}\displaystyle\int_b^a f(x)\mathrm{d}x =$ _____ $\dfrac{\mathrm{d}}{\mathrm{d}x}\displaystyle\int_a^x f(t)\mathrm{d}t =$ _____ .

2. 若 $\displaystyle\int_0^a x^2\mathrm{d}x = 9$ 则 $a=$ _____ ; $\displaystyle\int_a^b \dfrac{\mathrm{d}}{\mathrm{d}x}f(x)\mathrm{d}x =$ _____ .

3. 微分方程 $(y'')^4 + xy''' = \mathrm{e}^{x+y}$ 的阶数是 _____ ,方程 $y'' = 2x$ 的通解为 _____ .

4. 微分方程 $y'' + y' - 2y = 0$ 的通解是 _____ .

5. 若级数 $\displaystyle\sum_{n=1}^\infty u_n$ 收敛,则 $\displaystyle\lim_{n\to\infty} u_n =$ _____ ,级数 $\displaystyle\sum_{n=1}^\infty \left(\dfrac{2}{3}\right)^n$ 的和为 _____ .

二、单选题(每题 5 分,共 20 分)

1. 下列定积分的值为负的是( ).

A. $\displaystyle\int_0^{\frac{\pi}{2}} \sin x\,\mathrm{d}x$ B. $\displaystyle\int_{\frac{\pi}{2}}^{\pi} \sin x\,\mathrm{d}x$ C. $\displaystyle\int_0^1 x^3\,\mathrm{d}x$ D. $\displaystyle\int_{-\frac{\pi}{2}}^{0} \sin x\,\mathrm{d}x$

2. 下列积分值为 0 的是( ).

A. $\displaystyle\int_{-1}^2 x\,\mathrm{d}x$ B. $\displaystyle\int_{-1}^1 x\sin x\,\mathrm{d}x$ C. $\displaystyle\int_{-2}^2 x\sin^2 x\,\mathrm{d}x$ D. $\displaystyle\int_{-1}^1 x^2\sin^2 x\,\mathrm{d}x$

3. 下列方程中哪个是可分离变量微分方程( ).

A. $y' = \mathrm{e}^{xy}$ B. $(x - xy^2)\mathrm{d}x + (y + x^2 y)\mathrm{d}y = 0$
C. $xy' + y = \mathrm{e}^x$ D. $yy' + y - x = 0$

4. 下列方程中哪个是一阶线性微分方程( ).

A. $3y' + y\cos x = 5x^2$ B. $y' + y^2 = 2$
C. $y' = \dfrac{y}{xy^2 + \mathrm{e}^y}$ D. $y' + xy^3 = x^2$

三、解答题(Ⅰ)(每题 8 分,共 40 分)

1. 求 $\displaystyle\int_0^1 \dfrac{2x+3}{1+x^2}\mathrm{d}x$.

2. 若 $b > 0$，且 $\int_1^b \ln x \, dx = 1$，求 b 的值.

3. 求方程 $y' = xy + x + y + 1$ 的通解.

4. 求方程 $y' = \dfrac{2y - x^2}{x}$ 的通解.

5. 判断级数 $\sum\limits_{n=1}^{\infty} n\left(-\dfrac{1}{3}\right)^n$ 的收敛性.

四、解答题(Ⅱ)(每题 5 分，共 10 分)
1. 求由曲线 $y + 1 = x^2$ 和直线 $y = x + 1$ 所围成的平面图形的面积.

2. 求方程 $y' = \dfrac{y}{y - x}$ 的通解.

第7～9章 模拟试卷(二)

考试时间为120分钟

题号	一	二	三	四	总分
得分					

一、填空题(每题4分,共28分)

1. $\int_{2}^{+\infty} \frac{1}{x^2} dx = $ _____.

2. 方程 $y' = e^{-\frac{1}{2}x}$ 的通解是 _____.

3. 方程 $xy' + y = 3$ 的通解是 _____.

4. 级数 $\sum_{n=1}^{\infty}(1-u_n)$ 收敛,则 $\lim_{n\to\infty} u_n = $ _____.

5. 当 P _____ 时,级数 $\sum_{n=1}^{\infty} \frac{1}{n^{p-1}}$ 一定收敛.

6. 级数 $\sum_{n=1}^{\infty} \frac{3}{2^n}$ 的和为 _____.

7. $z = x^2y + e^{xy}$,则 $\left.\frac{\partial z}{\partial y}\right|_{(1,2)} = $ _____.

二、单选题(每题4分,共24分)

1. 下列广义积分发散的是( ).

   A. $\int_{e}^{+\infty} \frac{\ln x}{x} dx$ B. $\int_{0}^{+\infty} \frac{dx}{1+x^2}$ C. $\int_{0}^{1} \frac{dx}{\sqrt{1-x^2}}$ D. $\int_{0}^{+\infty} e^{-x} dx$

2. 下列方程中哪个是可分离变量的微分方程( ).

   A. $x\sin(xy)dx + ydy = 0$ B. $\frac{dy}{dx} = x\sin y$

   C. $y' = \ln(x+y)$ D. $y' + \frac{1}{x}y = e^x y^2$

3. 下列方程中哪个是一阶线性微分方程( ).

   A. $xy' + y^2 = x$ B. $yy' = x$

   C. $y' + xy = \sin x$ D. $y'^2 + xy = 0$

4. 下列级数中收敛的是( ).

   A. $\sum_{n=1}^{\infty} \frac{1}{\sqrt{2n+1}}$ B. $\sum_{n=1}^{\infty} \frac{n}{3n+1}$

   C. $\sum_{n=1}^{\infty} \frac{100}{q^n}$ ($|q| < 1$) D. $\sum_{n=1}^{\infty} \frac{2^{n-1}}{3^n}$

5. 级数 $\sum_{n=1}^{\infty} \frac{3^n}{n+3} x^n$ 的收敛半径是( ).

A. $\frac{1}{3}$ B. 1   C. 3   D. $+\infty$

6. $z=(1-x)^2+(1-y)^2$ 的驻点是( ).

A. (0,0)   B. (1,1)   C. (0,1)   D. (1,0)

三、解答题(Ⅰ)(每题8分,共40分)

1. 求方程 $xy'-y=x^2 e^x$ 满足条件 $y\big|_{x=1}=1$ 的特解.

2. 求方程 $x''+x=0$ 满足条件 $x\big|_{t=0}=1, x'\big|_{t=0}=1$ 的特解.

3. 求级数 $\sum_{n=1}^{\infty}(\ln x)^n$ 的收敛域.

4. 将 $f(x)=\dfrac{1}{3-x}$ 展为 $(x-1)$ 的幂级数.

5. $z=\dfrac{x}{y}$, $x=e^{2t}$, $y=e-e^{-t}$, 求 $\dfrac{dz}{dt}$.

四、解答题(Ⅱ)(每题 4 分,共 8 分)

1. 求方程 $(y^2 - 6x)\dfrac{dy}{dx} + 2y = 0$ 的通解.

2. 求幂级数 $\sum\limits_{n=1}^{\infty} 2nx^{2n-1}$ 的收敛域及和函数.

第7～9章 模拟试卷(三)

考试时间为90分钟

题号	一	二	三	四	总分
得分					

一、单选题(每题3分,共24分)

1. 若级数 $\sum_{n=1}^{\infty} u_n$ 收敛,S_n 为其前 n 项部分和,则它的和为(　　).

   A. S_n　　　　B. u_n　　　　C. $\lim_{n \to \infty} S_n$　　　　D. $\lim_{n \to \infty} u_n$

2. 级数 $\sum_{n=1}^{\infty} (-1)^{n-1}$ 的前 n 项和数列的极限(　　).

   A. 1　　　　B. -1　　　　C. 不存在　　　　D. 0

3. 级数 $\sum_{n=0}^{\infty} \frac{3^n}{5^n}$ 的和为(　　).

   A. $\frac{1}{2}$　　　　B. $\frac{3}{5}$　　　　C. $\frac{5}{2}$　　　　D. $\frac{5}{3}$

4. 下列级数中收敛的是(　　).

   A. $\sum_{n=0}^{\infty} \left(\frac{3}{2}\right)^n$　　B. $\sum_{n=1}^{\infty} \frac{1}{n}$　　C. $\sum_{n=1}^{\infty} \frac{1}{n^2}$　　D. $\sum_{n=1}^{\infty} \frac{1}{n+1}$

5. 幂级数 $\sum_{n=1}^{\infty} \frac{x^n}{n}$ 的收敛域是(　　).

   A. $(-1,1)$　　B. $(-1,1]$　　C. $[-1,1]$　　D. $[-1,1)$

6. 微分方程 $(y')^2 + (y'')^3 y + xy^4 = 0$ 的阶数是(　　).

   A. 3　　　　B. 4　　　　C. 5　　　　D. 2

7. 方程 $y' - 2y = 0$ 的通解是(　　).

   A. $y = \sin 2x$　　B. $y = 4e^{2x}$　　C. $y = \frac{c}{x} + 3$　　D. $y = ce^{2x}$

8. 下列微分方程中哪个是可分离变量的微分方程(　　).

   A. $(x - xy^2)dx + (y + x^2 y)dy = 0$　　B. $xy' + y = e^x$

   C. $y' = e^{xy}$　　D. $yy' + y - x = 0$

二、填空题(每题4分,共28分)

1. 方程 $y' = y$ 满足初始条件 $y|_{x=0} = 2$ 的特解是_____.

2. 方程 $y'' - 4y = 0$ 的通解为_____.

3. 级数 $\sum_{n=1}^{\infty} \frac{1}{n^{a+1}}$ 发散,则应有 $a \leqslant$ _____.

4. 若级数 $\sum\limits_{n=1}^{\infty}(1-u_n)$ 收敛,则 $\lim\limits_{n\to\infty}u_n =$ _____.

5. 幂级数 $\sum\limits_{n=0}^{\infty}\dfrac{x^n}{3^n}$ 得收敛半径 $R=$ _____.

6. 幂级数 $\sum\limits_{n=0}^{\infty}\dfrac{x^n}{2^n}$ 的收敛域为 _____.

7. 幂级数 $\sum\limits_{n=0}^{\infty}\dfrac{x^{2n}}{n!}$ 的和函数是 _____.

三、解答题(每题 6 分,共 48 分)

1. 求级数 $\sum\limits_{n=0}^{\infty}\left(\dfrac{1}{5^n}+\dfrac{1}{3^n}\right)$ 的和.

2. 判断级数 $\sum\limits_{n=0}^{\infty}\dfrac{1}{n(n+1)}$ 的收敛性.

3. 判断级数 $\sum\limits_{n=0}^{\infty}\dfrac{2^n}{n^2}$ 的收敛性.

4. 研究级数 $\sum\limits_{n=0}^{\infty}\left(\dfrac{1}{n}+\dfrac{1}{n^2}+\dfrac{1}{3^n}\right)$ 的收敛性.

5. 求方程 $(1+e^x)yy' = e^x$ 满足初始条件 $y|_{x=0}=0$ 的特解.

6. 求方程 $y'' - 10y' - 11y = 0$ 的通解.

7. 将 $f(x) = e^{x+1}$ 展为 x 的幂级数.

8. 求 $y' = \dfrac{y}{2x - y^2}$.

习题答案

第1章 习题答案

习题 1.1

1. (1)B (2)D (3)A (4)B (5)C

2. (1) $(-\infty,-3)\cup(3,+\infty)$ (2) $\left(0,\dfrac{\pi}{2}\right]$.

3. $0,-\dfrac{\pi}{2},\dfrac{\pi}{3}$,不存在.

4. (1)不相等,定义域不同;(2)相同.

习题 1.2

1. (1)A (2)B (3)D (4)C (5)C (6)C

2. 3. 4. 5. 略

习题 1.3

1. (1)C (2)D (3)B (4)B

2. (1) $y=\sin u, u=2x$; (2) $y=u^2, u=\sin x$; (3) $y=e^u, u=-x^2$;

   (4) $y=\dfrac{1}{u}, u=\ln v, v=\ln x$; (5) $y=u^{\frac{1}{2}}, u=\cot v, v=\dfrac{x}{2}$;

   (6) $y=2^u, u=\arcsin v, v=w^{\frac{1}{2}}, w=1+x$.

3. $[1,e^2]$.

总习题 1

1. (1)D (2)B (3)B (4)A (5)D (6)B (7)C (8)C (9)C

2. (1) $x\neq k,(k=0,\pm1,\pm2\cdots)$; (2) $\left(\dfrac{3}{2},2\right)\cup(2,+\infty)$;(3) $[-1,2]$.

3. $(-\infty,+\infty),[-1,1]$.

4. (1)不相同,对应法则不同;(2)相同.

6. $a=4, b=-1$.

7. (1) $y=\sqrt[3]{u}, u=(1+x^2)+1$; (2) $y=3^u, u=v^2, v=x+1$;

   (3) $y=u^2, u=\sin v, v=3x+1$; (4) $y=\sqrt[3]{u}, u=\log_a v, v=w^2, w=\cos x$.

习题答案

8. (1) $y = \sin^3 t$,定义域$(-\infty, +\infty)$；　(2) $y = a^{x^2}$,定义域为$(-\infty, +\infty)$；

   (3) $y = \log_a(3x^2+2)$,定义域为$(-\infty, +\infty)$；　(4)不能；

   (5) $y = x^{\frac{3}{2}}$,定义域$[0, +\infty]$；

   (6) $y = \log_a(x^2-2)$,定义域为$(-\infty, -\sqrt{2}) \cup (\sqrt{2}, +\infty)$.

9. (1)偶函数；　(2)既非奇函数,又非偶函数；　(3)偶函数；

   (4)奇函数；　(5)既非奇函数,又非偶函数；　(6)偶函数；

   (7)奇函数；　(8)奇函数；　(9)奇函数.

10. $f[f(x)] = \dfrac{x}{1-2x}$.

11. $f(x) = x^2 - 2$.

14. (1) 2π；(2) $\dfrac{\pi}{2}$；(3) 2；(4)非周期函数；(5) π.

16. $S = -13\,000 + 4\,000p$.

17. $p_0 = 4$.

18. $C(200) = 2\,000 + \dfrac{200^2}{8} = 7\,000$；$\overline{C}(200) = \dfrac{2\,000 + \dfrac{200^2}{8}}{200} = 35$.

第2章　习题答案

习题 2.1

1. (1)A (2)A (3)D
2. (2)25；(3)0.

习题 2.2

1. (1)B (2)D (3)D
2. (1)0；(2)0；(3)2；(4)0.
3. 0.

习题 2.3

1. (1) D (2)D (3)A (4)A
2. (1)3；(2)0；(3)-1；(4)$\dfrac{3}{2}$；(5)0；(6)0；(7)2；(8)$\dfrac{2}{3}$；(9)$\dfrac{1}{2}$；(10)$\dfrac{1}{4}$.

习题 2.4

1. (1)C (2)C (3)A (4)B (5)A
2. (1) $\dfrac{a}{b}$；(2) $\dfrac{5}{2}$；(3)0；(4)0.
3. (1) e^5；(2) e^{-3}；(3) $e^{-\frac{3}{2}}$；(4) e^{-1}.

4. $a=2, \lim\limits_{x\to 0}f(x)=3$.

习题 2.6

1. (1)A (2)B(3)D(4)C
3. 连续.
4. 不连续.
6. $(-\infty,1)\cup(1,+\infty)$.
7. $(-1,1)\cup(1,4)$.
8. (1) $x=1$,无穷间断点;(2) $x=0$ 跳跃间断点.
9. (1)2;(2) $\dfrac{\pi}{4}$;(3)0;(4)-1;(5) $\dfrac{\pi}{4}$;(6)2.

总习题 2

1. (1)A (2)B(3)A(4)B(5)D
2. (1)否; (2)否; (3)否; (4)否.
3. (1)略； (2) $f(1-0)=1, f(1+0)=2$； (3)否.
4. (1)-9;(2)0;(3)0;(4) $\dfrac{1}{2}$;(5) $2x$;(6)2;(7) $\dfrac{1}{2}$;

    (8)0;(9) $\dfrac{2}{3}$;(10)2;(11)2;(12) $\dfrac{1}{2}$;(13) $\dfrac{1}{5}$;(14)1;(15)0.
5. (1) $\dfrac{a}{b}$;(2) $\dfrac{1}{2}$;(3) $\dfrac{1}{2}$;(4)1;(5)1;(6) x.
6. (1) e^2;(2) $\dfrac{1}{e}$;(3)e;(4)e;(5) e^a;(6)e;(7)1.
7. (1) $\dfrac{2}{3}$;(2)2;(3) $0(m<n)$,$1(m=n)$,$\infty(m>n)$;(4) $\sqrt{2}$.
9. (1) $f(x)$ 在 $(-\infty,0)\cup(0,+\infty)$ 上连续,$x=0$ 为可去间断点;

    (2) $f(x)$ 在 $[0,2]$ 上连续；

    (3) $f(x)$ $(-\infty,-1)\cup(-1,+\infty)$ 上连续 $x=-1$ 为第一类间断点；

    (4) $f(x)$ 在 $(-\infty,0)\cup(0,+\infty)$ 上连续,$x=0$ 为第一类间断点.
10. $a=e-1$.
11. (1) $\sqrt{5}$;(2)1;(3)2;(4) $\cos a$;(5) $a^b\ln a$;(6)3;(7)1;(8) $\dfrac{1}{2}$;(9)$-\infty$;(10) $\dfrac{1}{2}$;

    (11)1;(12) $\dfrac{1}{a}$.

第 3 章 习题答案

习题 3.1

1. D 2. D 3. A

4. 用定义证明（略）. 5. 在 $x=0$ 点左右导数不相等,所以函数在点 $x=0$ 处不可导.
6. 切线和法线方程为：$y-ex=0, x+ey=e^2+1$. 7. $a=2, b=-1$.

习题 3.2

1. A 2. C 3. B 4. D 5. C 6. C

7. (1) $\frac{1}{2}x^{-\frac{1}{2}}+\cos x$； (2) $\frac{1}{2}x^{-\frac{1}{2}}\sin x+\sqrt{x}\cos x$； (3) $5\frac{1}{x\ln 2}-8x^3$；
   (4) $\sec x\tan x+2^x\ln 2+3x^2$； (5) $8x(2x^2-3)$； (6) $3\sec x^2(3x+2)$；
   (7) $\sin^2\frac{x}{3}\cos\frac{x}{3}$； (8) $2x\cot x(\cot x-x\csc^2 x)$.

8. $\frac{-y^2}{xy+1}$ 9. (1) $-\frac{6x+y}{x-5}$；(2) $-\frac{e^{x+y}-y}{e^{x+y}-x}$. 10. $a_0 n!$

习题 3.3

1. B 2. D
3. 0.002.
4. (1) $(2x+3\sec^2 x+e^x)dx$；(2) $(e^x\cos x-e^x\sin x)dx$；
   (3) $\frac{\cos x+\cos x\cdot x^2-2x\sin x}{(1+x^2)^2}$；(4) $\frac{1}{\sqrt{1-4x^2}}$；(5) $-2\ln(1-x)\frac{1}{1-x}$；
   (6) $2xe^{2x\sin x}(1+x\sin x+x^2\cos x)$.
5. (1) $dy=-\frac{b^2 x}{a^2 y}dx$；(2) $dy=-\frac{y\sin(xy)+2xy^2}{x\sin(xy)+2x^2 y}dx$.
6. 解：方程两边对 x 求导,得 $[\cos(x+y)]'+(e^y)'=(x)', -\sin(x+y)[1+y']+e^y y'=1$,
   $[e^y-\sin(x+y)]y'=1+\sin(x+y)$, $y'=\frac{1+\sin(x+y)}{e^y-\sin(x+y)}$,
故 $dy=\frac{1+\sin(x+y)}{e^y-\sin(x+y)}dx$.

总习题 3

一、选择题
1. B 2. C 3. B 4. D 5. C 6. C 7. D 8. D 9. C 10. A 11. C 12. B
二、填空题
1. $-f'(x_0), 2f'(x_0)$. 2. $f'(0)$. 3. 0.
4. (1) 0；(2) $\mu x^{\mu-1}$；(3) e^x；(4) $2^x\ln 2$；(5) $\frac{1}{x}$；(6) $\frac{1}{x\ln a}$；(7) $\cos x$；
   (8) $-\sin x$；(9) $\sec^2 x$；(10) $-\csc^2 x$；(11) $\frac{1}{\sqrt{1-x^2}}$；(12) $-\frac{1}{\sqrt{1-x^2}}$；
   (13) $\frac{1}{1+x^2}$；(14) $-\frac{1}{1+x^2}$；(15) $-4x\sin 2x^2$；(16) $-\sin 2x^2$；(17) $-2\sin 2x^2$；(18) 3；
   (19) $(\ln 10)^n$.

5. $\dfrac{1}{2}+e$. 6. -2. 7. $y=(1+e)x-1$. 8. 1. 9. $(\sin^2 x-\cos x)e^{\cos x}$.

10. $-\dfrac{1}{x^2}f''\left(\dfrac{1}{x}\right)+\dfrac{2}{x^3}f'\left(\dfrac{1}{x}\right)$. 11. $\left(3x^2+\dfrac{1}{1+x}\right)dx$. 12. $\dfrac{y-2x}{2y-x}$.

13. $900(1-3x)^{98}-\dfrac{3}{x^2\ln 2}-4\sin 2x$. 14. $\dfrac{1}{2}$. 15. $2(\ln x+1)x^{2x}dx$.

16. $(4x^3+5)dx$. 17. $\left(-\dfrac{1}{x^2}+\dfrac{1}{\sqrt{x}}\right)dx$. 18. $\left(e^x\ln x+\dfrac{1}{x}e^x\right)dx$. 19. $\dfrac{e^{\sqrt{\sin 2x}}}{2\sqrt{\sin 2x}}$.

三、计算题

1. (1) $2x\cos x-x^2\sin x+\dfrac{5}{2}x^{\frac{3}{2}}$; (2) $-\dfrac{1}{\sqrt{x}(1+\sqrt{x})^2}$; (3) $3x^2-12x+11$;

(4) $\dfrac{1}{3}x^{-\frac{2}{3}}\sin x+x^{\frac{1}{3}}\cos x-a^x e^x\ln(ae)$; (5) $\log_2 x+\dfrac{1}{\ln 2}$; (6) $-\csc^2 x\arctan x+\dfrac{\cot x}{1+x^2}$;

(7) $\dfrac{1}{x^2}\sin\dfrac{1}{x}$; (8) $\dfrac{1+x}{x(x\ln x-1)}$; (9) $\dfrac{1}{x-1}$; (10) $\dfrac{1}{\sqrt{1+x^2}}$.

2. $y=4x-6, y=-\dfrac{1}{4}x-\dfrac{7}{4}$. 3. $\dfrac{1}{2}$. 4. $\pi^x\ln\pi+\pi x^{\pi-1}+x^x(1+\ln x)$.

5. $6x-\csc^2 x$. 6. $2\varphi(x)+\varphi'(0)$. 7. $a=2, b=1$. 8. $\dfrac{1}{2}$.

9. $\left[\dfrac{1}{2x\sqrt{\ln x}}-\dfrac{2}{(2x-1)^2}\right]dx$. 10. $\dfrac{dy}{dx}=\ln x+1-\dfrac{1}{2}x^{-\frac{3}{2}}$, $\left.\dfrac{dy}{dx}\right|_{x=1}=\dfrac{1}{2}$.

11. 2. 12. $x+y-1$. 13. $\dfrac{2xy}{\cos y+2e^{2y}-x^2}$. 14. $\dfrac{2}{3x}(1+\ln^2 x)^{-\frac{2}{3}}\ln x dx$.

15. $-\dfrac{2x\sin(x^2+y)+y}{x+\sin(x^2+y)}dx$. 16. $dy=2^x(\ln 2\cdot\cos x-\sin x)dx-\dfrac{2}{1-x^2}dx$.

17. $dy=\left(\dfrac{7}{4}x^{\frac{3}{4}}-\dfrac{1}{x}\right)dx$. 18. $\left[\dfrac{1}{2x\sqrt{\ln x}}-\dfrac{2}{(2x-1)^2}\right]dx$.

第4章 习题答案

习题 4.1

1. D 2. B 3. B 4. D 5. C 6. B

7. (验证略) 8. (验证略) 9. (验证略)

10. 证：设 $f(x)=e^x-xe$. 因为 $f'(x)=e^x-e$, 当 $x>1$ 时，有 $f'(x)>0$, 即 $f(x)$ 单调增加，由 $f(x)>f(1)=0$, 即有 $e^x-xe>0$, 所以，当 $x>1$ 时，有 $e^x>xe$.

11. 证：设 $F(x)=x-\ln(1+x)$, 因为 $F'(x)=1-\dfrac{1}{1+x}$, 当 $x>0$ 时，$F'(x)>0$, 即 $F(x)$ 单调增加. 所以当 $x>0$ 时，有 $x-\ln(1+x)=F(x)>F(0)=0$, 即 $x>\ln(1+x)$.

12. 证：设 $f(x)=\ln(1+x)-\left(x-\dfrac{1}{2}x^2\right)$, 因为 $f(x)$ 在 $[0,+\infty)$ 连续，在 $(0,+\infty)$ 可导，且 $f'(x)=\dfrac{1}{1+x}-1+x=\dfrac{x^2}{1+x}$. 当 $x>0$ 时，$f'(x)=\dfrac{x^2}{1+x}>0$. 所以，当 $x>0$ 时，

$f(x)$ 是单调增加的,且由 $f(0)=0$ 可知,当 $x>0$ 时,$f(x)>0$,故 $\ln(1+x)>x-\dfrac{1}{2}x^2$.

习题 4.2

1. (1) $\dfrac{3}{4}$; (2) $\cos a$; (3) 6 ; (4) 0.

2. (1) 0 ; (2) $-\dfrac{1}{2}$; (3) 1 ; (4) e ; (5) 1.

习题 4.3

1. A 2. B 3. B 4. B 5. D 6. D 7. A 8. B

9. (1) 函数 $f(x)=\dfrac{3}{5}x^{\frac{5}{3}}-\dfrac{3}{2}x^{\frac{2}{3}}+1$ 的定义域是 $(-\infty,+\infty)$.

因为 $f'(x)=x^{\frac{2}{3}}-x^{-\frac{1}{3}}=\dfrac{x-1}{\sqrt[3]{x}}$,可见,在 $x_1=0$ 处 $f'(x)$ 不存在. 令 $f'(x)=0$,即 $\dfrac{x-1}{\sqrt[3]{x}}=0$,得 $x_2=1$.

当 $x\in(-\infty,0)$ 时,$f'(x)=\dfrac{x-1}{\sqrt[3]{x}}>0$;当 $x\in(0,1)$ 时,$f'(x)=\dfrac{x-1}{\sqrt[3]{x}}<0$;

当 $x\in(1,+\infty)$ 时,$f'(x)=\dfrac{x-1}{\sqrt[3]{x}}>0$,所以函数 $f(x)$ 的单调增加区间为 $(-\infty,0)$ 和 $(1,+\infty)$,单调减少区间为 $(0,1)$.

(2) 函数 $f(x)=x-2\ln(x+\sqrt{x^2+1})$ 的定义域为 $(-\infty,+\infty)$.

因为 $f'(x)=1-\dfrac{2}{\sqrt{x^2+1}}=\dfrac{\sqrt{x^2+1}-2}{\sqrt{x^2+1}}$,

令 $f'(x)=0$,即 $\dfrac{\sqrt{x^2+1}-2}{\sqrt{x^2+1}}=0$,得 $x_1=-\sqrt{3},x_2=\sqrt{3}$.

当 $x\in(-\infty,-\sqrt{3})$ 时,$f'(x)>0$;当 $x\in(-\sqrt{3},\sqrt{3})$ 时,$f'(x)<0$;

当 $x\in(\sqrt{3},+\infty)$ 时,$f'(x)>0$.

所以函数 $f(x)$ 的单调增加区间为 $(-\infty,-\sqrt{3}]$,$[\sqrt{3},+\infty)$;单调减少区间为 $[-\sqrt{3},\sqrt{3}]$.

10. (1) 极小值 $f\left(\dfrac{1}{\sqrt{e}}\right)=-\dfrac{1}{2e}$; (2) 极大值 $f(2)=\sqrt{5}$.

11. (1) 最大值 $f(3)=\ln 8$;最小值 $f(2)=\ln 3$.

    (2) 最大值 $f(2)=3$;最小值 $f(0)=-1$.

12. 当 $r=\sqrt[3]{\dfrac{V}{2\pi}}$ 和 $h=\sqrt[3]{\dfrac{4V}{\pi}}$ 时,表面积最小.

13. 当小正方形的边长为 $\dfrac{a}{6}$ 时,盒子的容积最大.

习题 4.4

1. D

2. $C'(q)=\dfrac{3}{2\sqrt{q}}, R'(q)=-\dfrac{1}{(q-1)^2}, L'(q)=-\dfrac{1}{(q-1)^2}-\dfrac{3}{2\sqrt{q}}$.

3. $q=20, \overline{C}(20=46)$.

4. $p=25, p=35$.

5. $q=10, q=10, q=10$.

6. $q=300, L(300)=43\ 500$.

总习题 4

1. (1)C　(2)A　(3)C　(4)C　(5)D　(6)B　(7)D　(8)D

2. (1)1.　(2) $f(x)$ 在 $(-1,1)$ 内不可导.　(3) $\dfrac{e^b-e^a}{b^2-a^2}=\dfrac{e^\xi}{2\xi}$.

   (4) $[1,+\infty]$ 和 $(-\infty,0)\cup(0,1]$.　(5) 0,小, $\dfrac{2}{5}$,大.　6. $\dfrac{22}{3},-\dfrac{5}{3}$.　7. $\dfrac{3}{5},-1$.

3. (略)

4. (1) $\xi=1$;　(2) $\xi=\sqrt{\dfrac{4-\pi}{\pi}}$;　(3) $\xi=\dfrac{1}{\ln 2}$.

5. (1) $\dfrac{3}{2}$;　(2) $\dfrac{3}{5}$;　(3)1;　(4) $\dfrac{1}{2}$;　(5)1;　(6)1;　(7) $-\dfrac{3}{5}$;　(8) $-\dfrac{1}{3}$;　(9) $\cos a$;　(10) 0.

6. (1)在 $(-\infty,-1], [3,+\infty)$ 内单调增加,在 $[-1,3]$ 内单调减少;

   (2)在 $\left(\dfrac{1}{2},+\infty\right)$ 内单调增加,在 $\left(0,\dfrac{1}{2}\right)$ 内单调减少;

   (3). 在 $(0,2]$ 内单调减少,在 $[2,+\infty)$ 内单调增加;

   (4)在 $\left(\dfrac{\pi}{3},\dfrac{5}{3}\pi\right)$ 内单调增加,在 $\left(0,\dfrac{\pi}{3}\right)\cup\left(\dfrac{5}{3}\pi,2\pi\right)$ 内单调减少.

7. (1)极大值 $y(\pm 1)=1$,极小值 $y(0)=0$;

   (2)极大值 $f(-1)=2$;

   (3)极大值 $y(0)=2$,极小值 $y(\pm 2)=-14$;

   (4)极大值 $y\left(\dfrac{\pi}{4}\right)=\dfrac{\pi}{3}-\sqrt{3}$,极小值 $y\left(\dfrac{5}{4}\pi\right)=-\dfrac{\sqrt{2}}{2}e^{\frac{5}{4}\pi}$.

8. (1)最大值 $y(\pm 2)=13$,最小值 $y(\pm 1)=4$;

   (2)最大值 $y\left(-\dfrac{1}{2}\right)=y(1)=\dfrac{1}{2}$,最小值 $y(0)=0$;

   (3)最大值 $y\left(\dfrac{3}{4}\right)=1.25$,最小值 $y(-5)=-5+\sqrt{6}$.

9. $r=\sqrt[3]{\dfrac{V}{2\pi}}, h=2\sqrt[3]{\dfrac{V}{2\pi}}, d:h=1:1$.

10. 解　因为　收入函数 $R(q)=pq=50q$,

利润函数 $L(q) = R(q) - C(q) = 50q - \left(250 + 20q + \dfrac{q^2}{10}\right) = 30q - 250 - \dfrac{q^2}{10}$,

且 $L'(q) = \left(30q - 250 - \dfrac{q^2}{10}\right)' = 30 - 0.2q$,

令 $L'(q) = 0$,即 $30 - 0.2q = 0$,得 $q = 150$,

它是利润函数 $L(q)$ 在其定义域内的唯一驻点. 所以 $q = 150$ 是利润函数 $L(q)$ 的最大值点. 即若产品以每件 50 万元售出,要使利润最大,应生产 150 件产品.

11. 解 (1)因为总成本、平均成本和边际成本分别为

$$C(x) = 100 + 0.25x^2 + 6x, \quad \overline{C}(x) = \dfrac{100}{x} + 0.25x + 6, \quad C'(x) = 0.5x + 6,$$

所以,$C(10) = 100 + 0.25 \times 10^2 + 6 \times 10 = 185$,

$\overline{C}(10) = \dfrac{100}{10} + 0.25 \times 10 + 6 = 18.5$,

$C'(10) = 0.5 \times 10 + 6 = 11$.

(2)令 $\overline{C}'(x) = -\dfrac{100}{x^2} + 0.25 = 0$,得 $x = 20$ ($x = -20$ 舍去).

因为 $x = 20$ 是其在定义域内唯一驻点,且该问题确实存在最小值,所以当 $x = 20$ 时,平均成本最小.

12. 解 (1)总成本函数和总收入函数分别为

$$C(p) = 200 + 5q = 200 + 5(100 - 2p) = 700 - 10p,$$
$$R(p) = pq = p(100 - 2p) = 100p - 2p^2.$$

(2)利润函数 $L(p) = R(p) - C(p) = 110p - 2p^2 - 700$,且令 $L'(p) = 110 - 4p = 0$,得 $p = 27.5$,该问题确实存在最大值. 又 $q = 100 - 2p$,当 $p = 27.5$ 时,$q = 45$. 所以,当产量 $q = 45$ 单位时,利润最大.

最大利润 $L(27.5) = 110 \times 27.5 - 2 \times 27.5^2 - 700 = 812.5$(百元).

13. 解 (1)成本函数 $C(q) = 60q + 2\,000$.

因为 $q = 1000 - 10p$,即 $p = 100 - \dfrac{1}{10}q$,

所以收入函数 $R(q) = p \times q = \left(100 - \dfrac{1}{10}q\right)q = 100q - \dfrac{1}{10}q^2$.

(2)因为利润函数 $L(q) = R(q) - C(q) = 100q - \dfrac{1}{10}q^2 - (60q + 2\,000)$

$$= 40q - \dfrac{1}{10}q^2 - 2\,000,$$

且 $L'(q) = \left(40q - \dfrac{1}{10}q^2 - 2\,000\right)' = 40 - 0.2q$,

令 $L'(q) = 0$,即 $40 - 0.2q = 0$,得 $q = 200$,它是 $L(q)$ 在其定义域内的唯一驻点. 所以 $q = 200$ 是利润函数 $L(q)$ 的最大值点,即当产量为 200 吨时利润最大.

第5章 习题答案

习题 5.1

1. (1) B (2) D

3. (1) $\dfrac{2}{5}x^{\frac{5}{2}}+C$ ；(2) $e^{t+2}+C$ ；(3) $-\dfrac{1}{x}+\ln|x|+C$ ；(4) $\dfrac{2}{3}x^{\frac{3}{2}}+C$ ；

(5) $\arctan x + x + C$ ；(6) $x-2\ln|x|-\dfrac{1}{x}+C$ ；(7) $-2\cos x + C$ ；

(8) $e^x - x + C$ ；(9) $\arcsin\theta - \theta + C$ ；(10) $\tan x - x + C$.

4. $C(Q)=7Q+50\sqrt{Q}+1\,000, \overline{C}(Q)=7+\dfrac{50}{\sqrt{Q}}+\dfrac{1\,000}{Q}$.

习题 5.2

1. (1) $\dfrac{1}{4}\ln|4x-3|+C$ ；(2) $\dfrac{1}{5}\sin 5x + C$ ；(3) $\dfrac{1}{3}(3x+1)^{\frac{3}{2}}+C$ ；(4) $\dfrac{1}{2}e^{2x+1}+C$.

2. (1) $-\dfrac{1}{2}\ln|1-x^2|+C$ ；(2) $-\dfrac{1}{2(1-2x)}+C$ ；

(3) $\ln|x|+\ln|\ln x|+C$ ；(4) $-\dfrac{1}{2\sin^2 x}+C$ ；

(5) $\arctan e^x + C$ ；(6) $-\dfrac{1}{3}(1-x^2)^{\frac{3}{2}}+C$.

3. (1) $\dfrac{3}{2}x^{\frac{2}{3}}-x^{\frac{1}{3}}-3\ln|x^{\frac{1}{3}}+1|+C$ ；(2) $\sqrt{2x}-\ln|\sqrt{2x}+1|+C$ ；

(3) $\dfrac{(3x+1)^{\frac{5}{3}}}{15}-\dfrac{(3x+1)^{\frac{2}{3}}}{6}+C$ ；(4) $\dfrac{\sqrt{1-x^2}}{2}+\dfrac{1}{2}\arcsin x + C$.

习题 5.3

1. (1) $-\dfrac{1}{3}e^{-3x}-\dfrac{1}{9}e^{-3x}+C$ ；(2) $-\dfrac{1}{4}\cos 4x + \dfrac{1}{16}\sin 4x + C$ ；(3) $-\dfrac{1}{x}\ln x - \dfrac{1}{x}+C$ ；

(4) $x\arcsin x + \sqrt{1-x^2}+C$ ；(5) $x\text{arccot}\, x - \dfrac{1}{2}\ln|1+x^2|+C$ ；

(6) $-x\cot x + \ln|\sin x|+C$.

2. (1) $\dfrac{1}{2}e^x(\cos x + \sin x)+C$ ；(2) $-\dfrac{\arctan e^x}{e^x}+x-\dfrac{1}{2}\ln(1+e^{2x})+C$.

总习题 5

1. (1) A (2) A (3) C (4) C (5) C (6) D (7) A (8) B (9) C (10) A (11) B

2. (1) $-\dfrac{2}{3}x^{-\frac{3}{2}}+C$ ；(2) $e^x + \dfrac{1}{x}+C$ ；(3) $\dfrac{1}{5}e^{5t}+C$ ；(4) $\dfrac{1}{\arcsin x}+C$ ；

(5) $\frac{\sqrt{2}}{2}\ln|1+\sqrt{2}x|+C$;(6) $\frac{1}{6}\arctan\frac{x^3}{2}+C$;(7) $-\frac{1}{x}+\frac{\sqrt{1-x^2}}{x}+\arcsin x+C$;

(8) $\frac{x}{2}+\frac{\sin x}{2}+C$;(9) $-\frac{x^2}{2}+x\tan x+\ln|\cos x|+C$;(10) $\frac{x}{3}\sin 3x+\frac{1}{9}\cos 3x+C$;

(11) $-(x+1)e^x+C$;(12) $x\ln x-x+C$;(13) $2(\sqrt{x}-1)e^{\sqrt{x}+1}+C$;

(14) $\sqrt{x}\ln x-2\sqrt{x}+C$.

第6章 习题答案

习题 6.1

1. C 2. B 3. (1)正;(2)正;(3)负;(4)正. 4. (1)4;(2) π. 5. (1)<;(2)>.

6. 略

7. (1) $-\frac{3}{4}\leqslant\int_1^4(x^2-3x+2)dx\leqslant 18$;(2) $\frac{\sqrt{2}}{8}\pi\leqslant\int_0^{\frac{\pi}{4}}\cos x dx\leqslant\frac{\pi}{4}$.

习题 6.2

1. D 2. D 3. C 4. B 5. (1)不正确,因为 $x=0$ 为间断点;(2)正确.

6. (1) $\frac{1}{1+x}$;(2) $-\cos(y+1)$;(3) $2xe^{x^2}$;(4) $2x\sin x^2-\sin x$.

7. (1) $2-e$;(2) $\frac{1}{3}$;(3) $\frac{3}{2}-\ln 2$;(4) $\frac{17}{6}$;(5) $1-\frac{\pi}{4}$;(6) 0.

8. $\frac{10}{3}$. 9. 1.

习题 6.3

1. (1) $\frac{e^2+1}{4}$;(2) $\frac{e^2+1}{4}$;(3) $\frac{\pi}{2}-1$;(4) $8\ln 2-4$.

2. (1) 0;(2) $\frac{2\sqrt{2}-1}{3}$;(3) $2-\ln 3$;(4) $2-\frac{\pi}{2}$.

3. 证 $\int_{-a}^a f(x)dx=\int_{-a}^0 f(x)dx+\int_0^a f(x)dx$ (*)

在(*)式第一项中令 $x=-t$,则 $dx=-dt$.当 $x=-a$ 时,$t=a$;当 $x=0$ 时,$t=0$.

(1)当 $f(x)$ 为奇函数时,$f(-x)=-f(x)$.所以有

$$\int_{-a}^0 f(x)dx=\int_a^0 f(-t)(-dt)=\int_0^a f(-t)dt=-\int_0^a f(t)dt=-\int_0^a f(x)dx$$

代入(*)式,有 $\int_{-a}^a f(x)dx=0$.

(2)当 $f(x)$ 为偶函数时,$f(-x)=f(x)$.所以有

$$\int_{-a}^0 f(x)dx=\int_a^0 f(-t)(-dt)=\int_0^a f(-t)dt=\int_0^a f(t)dt=\int_0^a f(x)dx,$$

代入(*)式,有 $\int_{-a}^a f(x)dx=2\int_0^a f(x)dx$.

4. $\dfrac{2-\sin 2}{2}$.

习题 6.4

1. (1) $e-1$; (2) $\dfrac{32}{3}$; (3) 5; (4) $\dfrac{8}{3}$.

2. $C(q) = \dfrac{1}{3}q^3 - 2q^2 + 4q + 6$, $R(q) = -q^2 + 15q$

3. (1) $C(Q) = 0.2Q^2 + 2Q + 20$; (2) $L(Q) = -0.2Q^2 + 16Q - 20$; (3) 40.

4. (1) 250 台; (2) 0.25 万元.

习题 6.5

1. B 2. C 3. B 4. C

5. (1) 1; (2) 发散; (3) $\dfrac{1}{2}$; (4) -1; (5) $\dfrac{\pi}{2}$; (6) $\dfrac{\pi}{2}$; (7) 发散; (8) 发散.

总习题 6

1. (1)D (2)C (3)D (4)A (5)A (6)B (7)A (8)D (9)A (10)D
(11)B (12)C (13)A (14)B (15)A (16)B (17)D (18)B (19)A (20)C
(21)B (22)A (23)D (24)C (25)C (26)C (27)D (28)A (29)A (30)C
(31)B (32)A (33)C (34)C (35)C (36)D (37)C (38)A (39)C (40)B

2. (1) $\dfrac{\pi}{4}$; (2) $\dfrac{4}{3}$; (3) $+\infty$; (4) $2\sqrt{2}e^{-4}$; (5) $\dfrac{\pi}{4}$; (6) $\dfrac{4}{3}$, 1; (7) 0; (8) 负号;
(9) $\ln(x^2+1)$; (10) 2; (11) $\dfrac{5}{2}$; (12) 2; (13) $\dfrac{1}{2}$; (14) 0; (15) $2x\sin x^4$; (16) $2a$;
(17) $\dfrac{1}{2}$; (18) $2x\sin x$; (19) 2; (20) $b-a-m$.

3. (1) $\dfrac{\pi}{4}$; (2) $\dfrac{\pi}{2}$; (3) $\dfrac{(e-1)^5}{5}$; (4) 1; (5) 4; (6) $\dfrac{1}{3}$; (7) $4\sin 1 - 4\cos 1$;
(8) $(\pi-1)e^{\pi} + (\pi+1)e^{-\pi}$; (9) 0; (10) $\dfrac{\pi}{4}$.

4. $\dfrac{3}{2} - \ln 2$

5. $V_x = \dfrac{16}{15}\pi$, $V_y = \dfrac{\pi}{2}$

6. (1) 19 万元; (2) 3.2 百台.

第1~6章 模拟试卷(一)答案

一、填空题

1. $\{x|x<1\}$. 2. 0. 3. $k=\dfrac{1}{2}$. 4. 1. 5. 单调减少.

二、选择题

1. D. 2. B. 3. B. 4. A. 5. C.

三、计算题

1. 求下列极限.

   (1) $\dfrac{2^{30}\cdot 3^{20}}{5^{50}}$;(2) e^5 ;(3) $\dfrac{1}{2}$.

2. 求下列导数.

   (1) $y'=2e^{2x}\sin x+e^{2x}\cos x+2(x+1)$;

   (2) $y'=\dfrac{x-y}{x+y}$.

四、综合题

1. $f(0)=k=1$.

2. 求下列不定积分.

   (1) $\dfrac{1}{2}\arctan^2 x+c$;

   (2) $x\ln(1+x^2)-2(x-\arctan x)+c$;

3. $\ln 5$.

4. $\dfrac{4}{3}$.

第1~6章 模拟试卷(二)答案

一、填空题

1. $(2,5)$. 2. $\sqrt{2+\cos^2 x}$. 3. 1. 4. $\cos x$. 5. $\dfrac{1}{5}$. 6. 0.

二、单选题

1. C 2. A 3. B 4. A 5. B 6. B

三、解答题

1. 0. 2. e^2. 3. $\dfrac{1}{4}$. 4. $y'=\dfrac{e^y}{(1-xe^y)}$.

6. $(x^2+3)\sin x+2x\cos x+C$. 7. $\dfrac{2}{3}$. 8. 2.

第1~6章 模拟试卷(三)答案

一、单选题

1. B   2. A   3. D   4. A   5. A   6. B   7. B   8. B   9. D   10. B

二、填空题

1. $9x+17$.   2. 2.   3. 1,2.   4. $\dfrac{1}{2(1+x)\sqrt{x}}$.   5. $\sin 1$.

三、解答题

1. 1.   2. $n!+e^x$.   3. $x^2\sin x+2x\cos x+C$.   4. 10.   5. 2.

第七章 习题答案

习题 7.1

1. (1) 一阶；   (2) 二阶；   (3) 一阶；   (4) 一阶.

2. 特解为 $y=2e^{2x}-2e^x$.

3. (1) $y=\dfrac{4}{3}x^3$；   (2) $y=\dfrac{1}{10}x^6+C_1x+C_2$.

4. $y=x^2+2$

习题 7.2

1. (1) $e^y-\dfrac{1}{3}e^{3x}-C=0$；   (2) $y=Ce^{-\frac{1}{2}x^2}$；

   (3) $\dfrac{1}{2}y^2-\dfrac{1}{5}x^5=\dfrac{9}{2}$；   (4) $y^2-x^2=0$.

2. $x^2+y^2=C$.

3. (1) $y=Ce^{-3x}$；   (2) $y=Ce^{-3x}+\dfrac{1}{3}x-\dfrac{1}{9}$.

4. (1) $\ln y=Ce^x$；   (2) $y=\dfrac{5}{6}x^3+\dfrac{1}{2}x^2+C$；

   (3) $y=e^{-\sin x}(x+C)$；   (4) $y=\dfrac{1}{x}\left(-\dfrac{1}{2}\cos x+C\right)$.

5. (1) $y=x$；   (2) $y=e^{x^2}(\sin x+2)$.

6. $y=4x^2-8x+8$.

习题 7.3

1. (1) $y=(\arcsin x)^2+C_1\arcsin x+C_2$；

   (2) $y=x\arctan x=\dfrac{1}{2}\ln(1+x^2+C_1x+C_2)$；

   (3) $y=-\dfrac{1}{2}x^2-x+C_1e^x+C_2$；   (4) $y=-\ln\cos(x+C_1)+C_2$.

2. (1) $y = \dfrac{1}{12}(x+2)^3 - \dfrac{2}{3}$；   (2) $y = \dfrac{3}{2}(\arcsin x)^2$.

3. $y = \dfrac{1}{6}x^3 + \dfrac{1}{2}x + 1$.

习题 7.4

1. (1) $y = C_1 e^{-2x} + C_2 e^{-3x}$；   (2) $y = e^{-\frac{1}{4}x}\left(C_1 \cos\dfrac{\sqrt{30}}{8}x + C_2 \sin\dfrac{\sqrt{30}}{8}x\right)$；

   (3) $y = e^{-3x}(C_1 + C_2 x)$；   (4) $y = e^{2x}(C_1 + C_2 x)$.

2. (1) $y = e^{-x} + e^x$；   (2) $y = 4e^x + 2e^{3x}$.

3. $s = C_1 e^{2t} + C_2 e^{-t}$.

习题 7.5

1. (1) B (2) D (3) C (4) B

2. (1) $y = C_1 e^x + C_2 e^{-2x} + \dfrac{2}{3}x e^x$；(2) $y = C_1 + C_2 e^{-\frac{5}{2}x} + \dfrac{1}{3}x^3 - \dfrac{3}{5}x^2 + \dfrac{7}{25}x$；

   (3) $y = (C_1 + C_2 x)e^{-x} + \dfrac{5}{2}x^2 e^{-x}$；(4) $y = \dfrac{1}{16}e^{-2x} + (C_1 x + C_2)e^{2x}$；

   (5) $y = C_1 e^x + C_2 e^{-x} - 2\sin x$；(6) $y = e^x(C_1 \cos 2x + C_2 \sin 2x) + \dfrac{1}{17}\cos 2x - \dfrac{4}{17}\sin 2x$.

3. (1) $y = \dfrac{7}{2}e^{2x} - 5e^x + \dfrac{5}{2}$； (2) $y = e^x - e^{-x} + (x^2 - x)e^x$.

总习题 7

1. (1) B (2) B (3) C (4) C (5) B (6) A (7) B (8) B (9) D (10) C (11) C (12) B (13) A (14) A

2. (1) 二阶；   (2) $y = \dfrac{1}{24}x^4 + \dfrac{1}{3}C_1 x^2 + C_2 x + C_3$；   (3) $y = Ce^{-x}$；

   (4) $y = -\sin x + C_1 x + C_2$；   (5) $y = C_1 e^{-2x} + C_2$；   (6) $y^* = x^2(Ax + B)e^{-x}$.

3. (1) $y = Ce^{\sqrt{1-x^2}}$；   (2) $\ln^2 x + \ln^2 y = C$；   (3) $\dfrac{1+y^2}{1-x^2} = C$；

   (4) $\sin\dfrac{y}{x} = Cx$；   (5) $2y^3 + 3y^2 - 2x^3 - 3x^2 = 5$；   (6) $y = e^{\tan\frac{x}{2}}$；

   (7) $y^2 = x^2(\ln x^2 + 1)$；   (8) $e^y = \dfrac{1}{2}e^{2x} + \dfrac{1}{2}$.

4. (1) $y = (x + C)(x+1)^2$；   (2) $y = e^{-x}(x + C)$；   (3) $y = Ce^{\frac{3}{2}x^2} - \dfrac{2}{3}$；

   (4) $y = x^2\left(C - \dfrac{1}{3}\cos 3x\right)$；   (5) $y = x^2(e^x - e)$；   (6) $y = 3 - \dfrac{3}{x}$；

   (7) $y = \dfrac{x}{\cos x}$；   (8) $y = (x-2)^3 - (x-2)$.

5. (1) $y = \frac{1}{4}e^{2x} + C_1 x + C_2$；　　(2) $y = x\arctan x - \frac{1}{2}\ln(1+x^2) + C_1 x + C_2$；

   (3) $y = C_1 \ln x + C_2$；　　(4) $y = C_1 e^x + C_2 x + C_3$；　　(5) $2y^{\frac{1}{4}} = x + 2$；

   (6) $y = \frac{3}{2}(\arcsin x)^2$.

6. (1) $y = (C_1 + C_2 x)e^{2x}$；　　　　　　　(2) $y = e^{2x}(C_1 \cos 3x + C_2 \sin 3x)$；

   (3) $y = C_1 + C_2 e^{5x}$；　　　　　　　　(4) $y = C_1 e^{-x} + C_2 e^{11x}$；

   (5) $y = 2xe^{3x}$；　　　　　　　　　　　(6) $y = 3e^{-x} - 2e^{-2x}$；

   (7) $y = 2\cos 5x + 3\sin 5x$；　　　　　　(8) $y = 3e^{-2x}\sin 5x$.

7. (1) $y = (C_1 \cos 2x + c_2 \sin 2x)e^{3x} + \frac{14}{13}$；　(2) $y = C_1 e^{3x} + C_2 e^{-x} - \frac{2}{3}x + \frac{1}{9}$；

   (3) $y = C_1 e^x + C_2 e^{-2x} + \frac{2}{3}xe^x$；　　　　(4) $y = C_1 e^x + C_2 e^{-x} - 2\sin x$；

   (5) $y = e^{-2x} + e^{2x} - 1$；　　　　　　　　　(6) $y = e^x$；

   (7) $y = \frac{7}{2}e^{2x} - 5e^x + \frac{5}{2}$；　　　　　(8) $y = e^x - e^{-x} + (x^2 - x)e^x$.

第8章　习题答案

习题 8.1

1. (1) B　(2) B

2. (1) $1, \frac{3}{5}, \frac{4}{10}, \frac{5}{17}, \frac{6}{26}$；　　(2) $\frac{1}{5}, -\frac{1}{5^2}, \frac{1}{5^3}, -\frac{1}{5^4}, \frac{1}{5^5}$.

3. (1) $u_n = \frac{1}{2n-1}$；　(2) $u_n = (-1)^{n+1}\frac{n+1}{n}$；　(3) $u_n = \frac{1}{2 \cdot 4 \cdot 6 \cdots 2n}x^{\frac{n}{2}}$；

   (4) $u_n = (-1)^{n+1}\frac{a^{n+1}}{2n+1}$.

4. (1) 发散；　(2) 收敛.

习题 8.2

1. (1) B　(2) B　(3) A　(4) A　(5) C

2. (1) 发散；　(2) 发散；　(3) 收敛；(4) 收敛；　(5) 当 $a > 1$ 时收敛，当 $a \leqslant 1$ 时发散；
   (6) 发散；　(7) 收敛；　(8) 收敛.

3. (1) 条件收敛；　(2) 发散；　(3) 条件收敛；　(4) 绝对收敛；　(5) 发散.

习题 8.3

1. (1) D　(2) B

2. (1) $[-1, 1]$；　(2) $(-\infty, +\infty)$；(3) $[-3, 3]$；　(4) $\left[-\frac{1}{2}, \frac{1}{2}\right]$；

   (5) 仅 $x = 0$ 时收敛；　(6) $[4, 6]$；　(7) $(-\sqrt{3}, \sqrt{3})$；　(8) $(-1, 1)$.

3. (1)收敛域为 $(-1,1)$,和函数 $S(x)=\dfrac{2x}{(1-x)^3}$;

(2)收敛域为 $(-1,1)$,和函数 $S(x)=\dfrac{1}{4}\ln\dfrac{1+x}{1-x}+\dfrac{1}{2}\arctan x$.

习题 8.4

1. (1) $a^x = \sum_{n=0}^{\infty} \dfrac{(x\ln a)^n}{n!}$, $x \in (-\infty, +\infty)$;

(2) $\ln(a+x) = \ln a + \sum_{n=1}^{\infty} (-1)^{n-1} \dfrac{1}{n}\left(\dfrac{x}{a}\right)^n$, $x \in (-a,a)$ 且 $a > 0$.

2. $f(x) = \dfrac{1}{x} = \sum_{n=0}^{\infty} (-1)^n \left(\dfrac{x-3}{3}\right)^n$, $x \in (-2,4)$.

3. $f(x) = \dfrac{1}{x^2+3x+2} = \sum_{n=1}^{\infty} \left(\dfrac{1}{2^{n+1}} - \dfrac{1}{3^{n+1}}\right)(x+4)^n$, $x \in (-6,-2)$.

总习题 8

1. (1)A;(2)B;(3)C;(4)A;(5)D;(6)C;(7)B;(8)A;(9)B;(10)C;
(11)A;(12)B;(13)C;(14)C;(15)D;(16)A;(17)C;(18)C;(19)B;(20)C.

2. (1) $\dfrac{1}{2}$; (2)0; (3)$p<1;p=1;p>1$; (4) $R=1$, $[-1,1)$; (5) $R=0$.

3. (1)发散;(2)收敛;(3)收敛;(4)收敛;(5)收敛;(6)发散;(7)收敛;
(8)收敛;(9)发散;(10)收敛;(11)收敛;(12)发散;(13)绝对收敛;
(14)条件收敛;(15)发散;(16)绝对收敛.

4. (1)收敛半径 $R=\infty$,收敛域为 $(-\infty,+\infty)$,和函数 $S(x)=x\cos x$.

(2)收敛半径 $R=3$,收敛域为 $[-3,3)$,和函数 $S(x)=-3\ln(3-x)$.

(3)收敛半径 $R=1$,收敛域为 $[-1,1)$,和函数 $S(x)=\dfrac{1}{(1-x)^2}$.

(4)收敛半径 $R=2$,收敛域为 $[-2,2]$,和函数 $S(x)=-\ln\left(1+\dfrac{x^2}{4}\right)$.

2. (1) $\dfrac{3x}{x^2+x-2} = \sum_{n=1}^{\infty} \left[\left(-\dfrac{1}{2}\right)^n - 1\right]x^n$, $x \in (-1,1)$.

(2) $(1+x^2)\arctan x = x + \sum_{n=1}^{\infty} \dfrac{2(-1)^{n-1}}{4n^2-1}x^{2n+1}$, $x \in [-1,1]$.

3. $f(x) = \dfrac{1}{x^2+4x+3} = \sum_{n=0}^{\infty} \left(\dfrac{1}{2^{n+2}} - \dfrac{1}{2^{2n+3}}\right)(x-1)^n$, $x \in (-1,3)$.

第 9 章 习题答案

习题 9.1

1. (1)直线,平面； (2)直线,平面； (3)圆,圆柱面； (4)双曲线,双曲线柱面.
2. (1)一点,一直线； (2)一点,一直线.

习题 9.2

1. (1) $\{(x,y,z) \mid x>0, y>0, z>0\}$； (2) $\{(x,y,z) \mid r^2 \leqslant x^2+y^2+z^2 \leqslant R^2\}$.
2. $\{(x,y) \mid y^2 = 2x\}$.

习题 9.3

1. (1) $\Delta_x z = (2x-y)\Delta x + (\Delta x)^2$, $\quad \Delta_y z = (1-x)\Delta y$,
$\Delta z = (2x-y)\Delta x + (1-x)\Delta y - \Delta x \Delta y + (\Delta x)^2$;
(2) $\Delta_x z = 0.21, \Delta_y z = 0.1, \Delta z = 0.32$.

2. $1, 1+2\ln 2$.   2. $1-\dfrac{1}{\sqrt{5}}$.   4. $\dfrac{1}{2}$.   5. $-1, 0$.   6. $\dfrac{3}{2}$.

7. (1) $\dfrac{\partial z}{\partial x} = \dfrac{2}{y\sin\dfrac{2x}{y}}, \dfrac{\partial z}{\partial y} = \dfrac{-2x}{y^2 \sin\dfrac{2x}{y}}$;

(2) $\dfrac{\partial z}{\partial x} = \dfrac{y}{2\sqrt{x(1-xy)^2}}, \dfrac{\partial z}{\partial y} = \sqrt{\dfrac{x}{1-xy^2}}$;

(3) $\dfrac{\partial z}{\partial x} = \dfrac{y}{x^2}\sin\dfrac{x}{y}\sin\dfrac{y}{x} + \dfrac{1}{y}\cos\dfrac{y}{x}\cos\dfrac{x}{y}$,

$\dfrac{\partial z}{\partial y} = -\dfrac{x}{y^2}\cos\dfrac{x}{y}\cos\dfrac{y}{x} - \dfrac{1}{x}\sin\dfrac{x}{y}\sin\dfrac{y}{x}$;

(4) $\dfrac{\partial z}{\partial x} = -\dfrac{y}{x^2}3^{\frac{y}{x}}\ln 3, \quad \dfrac{\partial z}{\partial y} = \dfrac{1}{x}3^{\frac{y}{x}}\ln 3$;

(5) $\dfrac{\partial z}{\partial x} = y\mathrm{e}^{\sin\pi xy}(1+\pi xy\cos\pi xy), \dfrac{\partial z}{\partial y} = x\mathrm{e}^{\sin\pi xy}(1+\pi xy\cos\pi xy)$;

(6) $\dfrac{\partial z}{\partial x} = \dfrac{1}{x+\ln y}, \dfrac{\partial z}{\partial y} = \dfrac{1}{y(x+\ln y)}$;

(7) $\dfrac{\partial z}{\partial x} = \dfrac{1}{2\sqrt{x}}\sin\dfrac{y}{x} - \dfrac{y}{x\sqrt{x}}\cos\dfrac{y}{x}, \dfrac{\partial z}{\partial y} = \dfrac{1}{\sqrt{x}}\cos\dfrac{y}{x}$;

(8) $\dfrac{\partial u}{\partial t} = \rho\varphi \mathrm{e}^{t\varphi}+1, \dfrac{\partial u}{\partial \rho} = \mathrm{e}^{t\varphi}, \dfrac{\partial u}{\partial \varphi} = \rho t\mathrm{e}^{t\varphi} - \mathrm{e}^{-\varphi}$;

(9) $\dfrac{\partial u}{\partial \varphi} = \mathrm{e}^{\varphi+\theta}[\cos(\theta-\varphi)+\sin(\theta-\varphi)], \dfrac{\partial u}{\partial \theta} = \mathrm{e}^{\varphi+\theta}[\cos(\theta-\varphi)-\sin(\theta-\varphi)]$.

8. $\dfrac{\pi}{6}$.

9. (1) $\mathrm{d}z = \left(y\mathrm{e}^{xy}+\dfrac{1}{x+y}\right)\mathrm{d}x + \left(x\mathrm{e}^{xy}+\dfrac{1}{x+y}\right)\mathrm{d}y$;

(2) $dz = \dfrac{dx}{1+x^2} + \dfrac{dy}{1+y^2}$;

(3) $dz = (xdy + ydx)\cos(xy)$;

(4) $dz = \dfrac{4xy(xdy - ydx)}{(x^2 - y^2)^2}$;

(5) $dz = \left(2e^{-y} - \dfrac{\sqrt{3}}{2\sqrt{x}}\right)dx - 2xe^{-y}dy$;

(6) $du = e^{x(x^2+y^2+z^2)}[(3x^2 + y^2 + z^2)dx + 2xydy + 2xzdz]$;

(7) $du = x^{xy}[y(1+\ln x)dx + x\ln x dy]$;

(8) $du = \dfrac{3dx - 2dy + dz}{3x - 2y + z}$;

(9) $du = \dfrac{2(x-y)(dx - dy)}{1 + (x-y)^4}$.

10. (1) $dz = -4(dx + dy)$;   (2) $dz = 2dx - dy$.

11. $dz = -0.2, \Delta z \approx -0.20404$.

12. (1) $\dfrac{\partial^2 z}{\partial x^2} = -a^2\sin(ax+by), \dfrac{\partial^2 z}{\partial x \partial y} = -ab\sin(ax+by), \dfrac{\partial^2 z}{\partial y^2} = -b^2\sin(ax+by)$;

(2) $\dfrac{\partial^2 z}{\partial x^2} = \dfrac{xy^3}{\sqrt{(1-x^2y^2)^3}}, \dfrac{\partial^2 z}{\partial x \partial y} = \dfrac{1}{\sqrt{(1-x^2y^2)^3}}, \dfrac{\partial^2 z}{\partial y^2} = \dfrac{x^3 y}{\sqrt{(1-x^2y^2)^3}}$;

(3) $\dfrac{\partial^2 z}{\partial x^2} = 2y(2y-1)x^{2y-2}, \dfrac{\partial^2 z}{\partial x \partial y} = 2x^{(2y-1)}(1+2y\ln x), \dfrac{\partial^2 z}{\partial y^2} = 4x^{2y}\ln^2 x$;

(4) $\dfrac{\partial^2 z}{\partial x^2} = \dfrac{\ln y(\ln y - 1)}{x^2}y^{\ln x}, \dfrac{\partial^2 z}{\partial x \partial y} = \dfrac{\ln x\ln y + 1}{xy}y^{\ln x}, \dfrac{\partial^2 z}{\partial y^2} = \dfrac{\ln x(\ln x - 1)}{y^2}y^{\ln x}$;

(5) $\dfrac{\partial^2 z}{\partial x^2} = \dfrac{-2xy^3 z}{(z^2 - xy)^3}, \dfrac{\partial^2 z}{\partial x \partial y} = \dfrac{z(z^4 - 2xyz^2 - x^2y^2)}{(z^2 - xy)^3}, \dfrac{\partial^2 z}{\partial y^2} = \dfrac{-2x^3 yz}{(z^2 - xy)^3}$;

(6) $\dfrac{\partial^2 z}{\partial x^2} = \dfrac{\partial^2 z}{\partial x \partial y} = \dfrac{\partial^2 z}{\partial y^2} = 0$.

13. 2,2,0.

习 题 9.4

1. $\dfrac{\partial z}{\partial x} = 3x^2\sin y\cos y(\cos y - \sin y)$,

$\dfrac{\partial z}{\partial y} = x^3(\sin^3 y + \cos^3 y) - 2x^3\sin y\cos y(\sin y + \cos y)$.

2. $\dfrac{\partial z}{\partial x} = \dfrac{2x}{y^2}\ln(3x - 2y) + \dfrac{3x^2}{(3x - 2y)y^2}$,

$\dfrac{\partial z}{\partial y} = -\dfrac{2x^2}{y^3}\ln(3x - 2y) - \dfrac{2x^2}{(2x - 2y)y^2}$.

4. $\dfrac{\partial z}{\partial u} = \dfrac{2(u-2v)(u+3v)}{(u+2u)^2}, \dfrac{\partial z}{\partial v} = \dfrac{(2v-u)(9u+2v)}{(v+2u)^2}$.

5. $\dfrac{\partial z}{\partial x} = 2(2x+y)^{2x+y}[\ln(2x+y) + 1]$,

$\dfrac{\partial z}{\partial y} = (2x+y)^{2x+y}[\ln(2x+) + 1]$.

7. $\dfrac{\partial z}{\partial r} = \dfrac{\partial F}{\partial x}\cos\theta + \dfrac{\partial F}{\partial y}\sin\theta, \dfrac{\partial z}{\partial \theta} = \dfrac{\partial F}{\partial y}r\cos\theta - \dfrac{\partial F}{\partial x}r\sin\theta$.

8. $\dfrac{\mathrm{d}z}{\mathrm{d}t} = -\mathrm{e}^t - \mathrm{e}^{-t}$.

9. $\dfrac{\mathrm{d}z}{\mathrm{d}t} = \mathrm{e}^{\sin t - 2t^4}(\cos t - 6t^2)$.

10. $\dfrac{\mathrm{d}z}{\mathrm{d}t} = \dfrac{3-12t^2}{\sqrt{1-(3t-4t^3)^2}}$.

11. $\dfrac{\mathrm{d}z}{\mathrm{d}t} = \dfrac{\mathrm{e}^x(1+x)}{1+x^2\mathrm{e}^{2x}}$.

12. $\dfrac{\mathrm{d}z}{\mathrm{d}t} = \left(3 - \dfrac{4}{t^3} - \dfrac{1}{2\sqrt{t}}\right)\sec^2\left(3t + \dfrac{2}{t^2} - \sqrt{t}\right)$.

13. $\dfrac{\mathrm{d}u}{\mathrm{d}x} = \mathrm{e}^{ax}\sin x$. 14. -1. 15. 2.

16. $\dfrac{\partial z}{\partial x} = \dfrac{-y}{x^2+y^2}, \dfrac{\mathrm{d}z}{\mathrm{d}x} = \dfrac{1}{1+x^2}$.

17. $\dfrac{\partial z}{\partial x} = yx^{y-1}, \dfrac{\mathrm{d}z}{\mathrm{d}x} = x^y\left[\varphi'(x)\ln x + \dfrac{y}{x}\right]$.

习题 9.5

1. 极大值：$f(2,-1) = 8$. 2. 极大值：a^2b^2.

3. 极小值：$f\left(\dfrac{1}{2}, -1\right) = -\dfrac{\mathrm{e}}{2}$.

4. (1) 极大值：$z\left(\dfrac{1}{2}, \dfrac{1}{2}\right) = \dfrac{1}{4}$;

   (2) 极小值：$z\left(\dfrac{ab^2}{a^2+b^2}, \dfrac{a^2b}{a^2+b^2}\right) = \dfrac{a^2b^2}{a^2+b^2}$;

   (3) 极小值：$u(3,3,3) = 9$.

5. 当两直角边都等于 $\dfrac{l}{\sqrt{2}}$ 时，三角形周长最大.

习题 9.6

1. $\dfrac{1}{\mathrm{e}}$. 2. $\ln\dfrac{4}{3}$. 3. $(\mathrm{e}, -1)^2$. 4. $-\dfrac{\pi}{16}$.

5. (1) $\int_0^1 \mathrm{d}x \int_{x-1}^{1-x} f(x,y)\mathrm{d}y = \int_{-1}^0 \mathrm{d}y \int_0^{y+1} f(x,y)\mathrm{d}x + \int_0^1 \mathrm{d}y \int_0^{1-y} f(x,y)\mathrm{d}x$;

   (2) $\int_1^3 \mathrm{d}x \int_x^{3x} f(x,y)\mathrm{d}y = \int_1^3 \mathrm{d}y \int_1^y f(x,y)\mathrm{d}x + \int_3^9 \mathrm{d}y \int_{y/3}^3 f(x,y)\mathrm{d}x$;

   (3) $\int_0^1 \mathrm{d}x \int_{x/2}^{2x} f(x,y)\mathrm{d}y + \int_1^2 \mathrm{d}x \int_{x/2}^{2/x} f(x,y)\mathrm{d}y = \int_0^1 \mathrm{d}y \int_{y/2}^{2y} f(x,y)\mathrm{d}x + \int_1^2 \mathrm{d}y \int_{y/2}^{2/y} f(x,y)\mathrm{d}x$;

   (4) $\int_3^5 \mathrm{d}x \int_{(3x+1)/2}^{(3x+4)/2} f(x,y)\mathrm{d}y = \int_5^{13/2} \mathrm{d}y \int_3^{(2y-1)/3} f(x,y)\mathrm{d}x + \int_{13/2}^8 \mathrm{d}y \int_{(2y-4)/3}^{(2y-1)/3} f(x,y)\mathrm{d}x +$
   $\int_8^{19/2} \mathrm{d}y \int_{(2y-4)/3}^5 f(x,y)\mathrm{d}x$;

(5) $\int_0^4 \mathrm{d}x \int_{3-\sqrt{4-(x-2)^2}}^{3+\sqrt{4-(x-2)^2}} f(x,y)\mathrm{d}y = \int_1^5 \mathrm{d}y \int_{2-\sqrt{4-(y-3)^2}}^{2+\sqrt{4-(y-3)^2}} f(x,y)\mathrm{d}x$.

6. (1) $\int_0^1 \mathrm{d}x \int_{x^2}^x f(x,y)\mathrm{d}y$;   (2) $\int_0^1 \mathrm{d}y \int_{\mathrm{e}^y}^{\mathrm{e}} f(x,y)\mathrm{d}x$;

   (3) $\int_0^1 \mathrm{d}y \int_{-\sqrt{1-y^2}}^{\sqrt{1-y^2}} f(x,y)\mathrm{d}x$;   (4) $\int_0^1 \mathrm{d}y \int_{\sqrt{y}}^{3-2y} f(x,y)\mathrm{d}x$;

   (5) $\int_{-1}^0 \mathrm{d}y \int_{-\sqrt{1-y^2}}^{\sqrt{1-y^2}} f(x,y)\mathrm{d}x + \int_0^1 \mathrm{d}y \int_{-\sqrt{1-y}}^{\sqrt{1-y}} f(x,y)\mathrm{d}x$;

   (6) $\int_0^a \mathrm{d}y \int_{y^2/2a}^{a-\sqrt{a^2-y^2}} f(x,y)\mathrm{d}x + \int_0^a \mathrm{d}y \int_{a+\sqrt{a^2-y^2}}^{2a} f(x,y)\mathrm{d}x + \int_a^{2a} \mathrm{d}y \int_{y^2/2a}^{2a} f(x,y)\mathrm{d}x$.

7. (1) $76/3$;   (2) 9;   (3) $\dfrac{27}{64}$;   (4) $14a^4$.

8. (1) $\int_0^{\pi/2} \mathrm{d}\theta \int_0^{2R\sin\theta} f(r\cos\theta, r\sin\theta)r\mathrm{d}r$;   (2) $\int_0^{\frac{\pi}{2}} \mathrm{d}\theta \int_0^R f(r^2)r\mathrm{d}r$;   (3) $\int_0^R r\mathrm{d}r \int_0^{\arctan R} f(\tan\theta)\mathrm{d}\theta$.

9. (1) $\dfrac{\pi}{4}(2\ln 2 - 1)$;   (2) $\dfrac{R^3}{3}\left(\dfrac{\pi}{2} - \dfrac{2}{3}\right)$;   (3) $\dfrac{3\pi^2}{64}$;   (4) $-6\pi^2$.

总习题 9

1. (1)D;(2)A;(3)C;(4)B;(5)C;(6)C;(7)C;(8)D;(9)D;(10)A;
   (11)C;(12)D;(13)B;(14)B;(15)C.

2. (1)√;(2)√;(3)×;(4)√;(5)√;(6)×;(7)×;(8)√;(9)×(10)√;(11)√;
   (12)×;(13)×;(14)√;(15)×.

3. (1)$(2,-1,-1)$;(2)$(1,0,0),(5,0,0)$.

4. (1) $\{(x,y) \mid -1 \leqslant x \leqslant 1, -1 \leqslant y \leqslant 1, x$ 与 y 不同时为 $0\}$;

   (2) $\{(x,y) \mid x+y \geqslant 0, x+y \neq 1\}$;

   (3) $\{(x,y) \mid y \geqslant 0, x \geqslant 0, x^2 > y\}$;

   (4) $\{(x,y) \mid -1 \leqslant y \leqslant 1, x > 0\}$.

5. (1) $\dfrac{\partial z}{\partial x} = 2xy + \dfrac{1}{y}$, $\dfrac{\partial z}{\partial y} = x^2 - \dfrac{x}{y^2}$;

   (2) $\dfrac{\partial z}{\partial x} = y\ln(x+y) + \dfrac{xy}{x+y}$, $\dfrac{\partial z}{\partial y} = x\ln(x+y) + \dfrac{xy}{x+y}$;

   (3) $\dfrac{\partial z}{\partial x} = -\mathrm{e}^{-x}\sin y$, $\dfrac{\partial z}{\partial y} = \mathrm{e}^{-x}\cos y$;

   (4) $\dfrac{\partial z}{\partial x} = y\mathrm{e}^{\sin xy}\cos xy$, $\dfrac{\partial z}{\partial y} = x\mathrm{e}^{\sin xy}\cos xy$;

   (5) $\dfrac{\partial z}{\partial x} = \dfrac{y}{\sqrt{1-x^2y^2}}$, $\dfrac{\partial z}{\partial y} = \dfrac{x}{\sqrt{1-x^2y^2}}$;

   (6) $\dfrac{\partial z}{\partial x} = \dfrac{1}{1+x^2}$, $\dfrac{\partial z}{\partial y} = \dfrac{1}{1+y^2}$.

6. (1) $\dfrac{\partial^2 z}{\partial x^2} = 12x^2 - 8y^2$, $\dfrac{\partial^2 z}{\partial y^2} = 12y^2 - 8x^2$;

(2) $\dfrac{\partial^2 z}{\partial x^2} = \dfrac{2}{x^2+y^2} - \dfrac{4x^2}{(x^2+y^2)^2}$, $\dfrac{\partial^2 z}{\partial y^2} = \dfrac{2}{x^2+y^2} - \dfrac{4y^2}{(x^2+y^2)^2}$;

(3) $\dfrac{\partial^2 z}{\partial x^2} = \dfrac{-y}{4x(xy)^{1/2}}$, $\dfrac{\partial^2 z}{\partial y^2} = \dfrac{-x}{4y(xy)^{1/2}}$;

(4) $\dfrac{\partial^2 z}{\partial x^2} = \dfrac{4y}{(x-y)^3}$, $\dfrac{\partial^2 z}{\partial y^2} = \dfrac{4x}{(x-y)^3}$.

7. (1) $\mathrm{d}z = \left(y - \dfrac{y}{x^2}\right)\mathrm{d}x + \left(x + \dfrac{1}{x}\right)\mathrm{d}y$

(2) $\mathrm{d}z = y\mathrm{e}^{xy}\mathrm{d}x + x\mathrm{e}^{xy}\mathrm{d}y$

(3) $\mathrm{d}z = \dfrac{y}{x^2+y^2}\mathrm{d}x + \dfrac{x^2}{x^3+y^2}\mathrm{d}y$

(4) $\mathrm{d}z = \cos(x-y)\mathrm{d}x - \cos(x-y)\mathrm{d}y$

8. (1) 0.05; (2) 0.2.

9. 证明：

因为 $\dfrac{\partial z}{\partial x} = \dfrac{1}{2}\dfrac{1}{x+(xy)^{1/2}}$, $\dfrac{\partial z}{\partial y} = \dfrac{1}{2}\dfrac{1}{y+(xy)^{1/2}}$, 所以 $x\dfrac{\partial z}{\partial x} + y\dfrac{\partial z}{\partial y} = \dfrac{1}{2}$.

10. (1) $\dfrac{\partial z}{\partial x} = (x+2y)^x\left(\ln(x+2y) + \dfrac{x}{x+2y}\right)$, $\dfrac{\partial z}{\partial y} = \dfrac{2(x+2y)^x x}{x+2y}$

(2) $\dfrac{\mathrm{d}z}{\mathrm{d}x} = \dfrac{\mathrm{e}^x + x\mathrm{e}^x}{1+x^2\mathrm{e}^{x^2}}$;

(3) $\dfrac{\partial z}{\partial x} = yf_1' + \dfrac{f_2'}{y}$; $\dfrac{\partial z}{\partial y} = xf_1' - \dfrac{xf_2'}{y^2}$;

(4) $\dfrac{\partial z}{\partial x} = 2xf_1' + y\mathrm{e}^{xy}f_2'$; $\dfrac{\partial z}{\partial y} = -2yf_1' + x\mathrm{e}^{xy}f_2'$.

11. (1) $\dfrac{\partial z}{\partial x} = \dfrac{2x+2}{2y+\mathrm{e}^z}$, $\dfrac{\partial z}{\partial y} = \dfrac{2y-2z}{2y+\mathrm{e}^z}$;

(2) $\dfrac{\partial z}{\partial x} = \dfrac{yz}{z^2-xy}$, $\dfrac{\partial z}{\partial y} = \dfrac{xz}{z^2-xy}$;

(3) $\dfrac{\mathrm{d}y}{\mathrm{d}x} = \dfrac{2x^3-xy^2}{x^2y-2y^3}$;

(4) $\dfrac{\partial z}{\partial x} = \dfrac{1}{x+1}$, $\dfrac{\partial z}{\partial y} = \dfrac{1}{y(x+1)}$.

12. (1) 8; (2) $-\dfrac{\mathrm{e}}{2}$.

13. $\dfrac{1}{4}$.

14. $\dfrac{\pi}{6}(8\sqrt{2}-7)$.

15. $36\pi \leqslant \iint\limits_D (x^2+4y^2+9)\mathrm{d}\sigma \leqslant 100\pi$

16. (1) 9/4; (2) $\mathrm{e}-\mathrm{e}^{-1}$; (3) $\dfrac{3}{4}\ln 2$; (4) $\dfrac{5}{6}+\dfrac{\pi}{4}$.

17. (1) $\displaystyle\int_0^1 \mathrm{d}y\int_0^y f(x,y)\mathrm{d}x + \int_1^2 \mathrm{d}y\int_0^{\sqrt{2-y}} f(x,y)\mathrm{d}x$;

(2) $\int_0^1 dy \int_{\sqrt{y}}^{\sqrt[3]{y}} f(x,y) dx$;

(3) $\int_1^2 dx \int_{\sqrt{x}}^{x} f(x,y) dy + \int_2^4 dx \int_{\sqrt{x}}^{2} f(x,y) dy$;

(4) $\int_0^1 dy \int_{e^y}^{e} f(x,y) dx$.

18. (1) $\frac{1}{3} R^3 \left(\pi - \frac{4}{3} \right)$;(2) $\frac{\pi}{2} \ln 2$.

第7~9章 模拟试卷(一)答案

一、

1. $f(x)$;0 ;$f(x)$ 2. $a = 3$. $f(b) - f(a)$. 3. 3, $\frac{1}{3} x^3 + c_1 x + c_2$.

4. $c_1 e^{-x} + c_2 e^{2x}$. 5. 0,3.

二、1. D.   2. C.   3. B.   4. A.

三、

1. 原式 $= \int_0^1 \frac{2x}{1+x^2} dx + 3 \int_0^1 \frac{1}{1+x^2} dx = \ln 2 + \frac{3\pi}{4}$

2. $\int_1^b \ln x dx = (x \ln - x) \big|_1^b = b \ln b - b + 1, \ln b = 1, b = e$

3. $y' = x(y+1) + (y+1) = (x+1)(y+1)$,分离变量得
$$\frac{dy}{y+1} = (x+1) dx,$$

两边积分得 $\ln(y+1) = \frac{1}{2}(x+1)^2 + \ln c, y+1 = c e^{\frac{1}{2}(x+1)^2}$,所以 $y = c e^{\frac{1}{2}(x+1)^2} - 1$.

4. 方程整理为 $y' - \frac{2}{x} y = -x$,由公式,$y = e^{\int \frac{2}{x} dx} \left(c + \int -x e^{-\int \frac{2}{x} dx} dx \right) = x^2 (c - \ln x)$.

5. $\lim_{n \to \infty} \frac{|u_{n+1}|}{|u_n|} = \lim_{n \to \infty} \frac{(n+1) \left(\frac{1}{3} \right)^{n+1}}{n \left(\frac{1}{3} \right)^n} = \frac{1}{3} < 1$,所以级数收敛.

四、

1. 图略.

由 $\begin{cases} y = x^2 + 1 \\ y = x + 1 \end{cases}$,求出交点为$(-1,0),(2,3)$,

面积 $S = \int_{-1}^{2} [(x+1) - (x^2 - 1)] dx = \frac{9}{2}$ (平方单位)

2. 所给方程为 $\frac{dy}{dx} = \frac{y}{y-x}$,即 $\frac{dy}{dx} = \frac{y-x}{y}$,整理为 $\frac{dy}{dx} + \frac{x}{y} = 1$,此处 $P(y) = 1/y$,$Q(y) = 1$,由公式,有
$$x = e^{-\int \frac{1}{y} dy} \left(c + \int e^{\int \frac{1}{y} dy} dy \right) = \frac{1}{y} \left(c + \frac{1}{2} y^2 \right).$$

第7～9章 模拟试卷(二)答案

一、
1. $1/2$. 2. $-2\mathrm{e}^{-\frac{1}{2}x}+C$. 3. $y=\dfrac{1}{x}(c+3x)$. 4. 1. 5. $p>2$. 6. 6. 7. $1+\mathrm{e}^2$.

二、1. A. 2. B. 3. C. 4. D. 5. A. 6. B.

三、

1. 整理为 $y'-\dfrac{1}{x}y=x\mathrm{e}^x$，由公式

$$y=\mathrm{e}^{\int\frac{1}{x}\mathrm{d}x}\left(c+\int x\mathrm{e}^x\mathrm{e}^{-\int\frac{1}{x}\mathrm{d}x}\right)=\mathrm{e}^{\ln x}\left(c+\int x\mathrm{e}^x\mathrm{e}^{-\ln x}\mathrm{d}x\right)=x\left(c+\int\mathrm{e}^x\mathrm{d}x\right)=x(c+\mathrm{e}^x)$$

由 $y|_{x=1}=1$，得 $c=1-\mathrm{e}$，故所求特解为 $y=x(\mathrm{e}^x+1-\mathrm{e})$

2. 其特征方程为 $r^2+1=0$，特征方程为 $r_1=i$，$r_2=-i$，其通解为
$x=c_1\cos t+c_2\sin t$，代入 $x|_{t=0}=1$，$x'|_{t=0}=1$，

又 $\begin{cases}c_1\cos 0+c_2\sin 0=1\\ -c_1\sin 0+c_2\cos 0=1\end{cases}$，解得 $c_1=c_2=1$，故所求特解为 $x=\cos t+\sin t$.

3. 用达朗贝尔判别法，$\lim\limits_{n\to\infty}\left|\dfrac{(\ln x)^{n+1}}{(\ln x)^n}\right|=|\ln x|$，知当 $|\ln x|<1$，而 $\dfrac{1}{\mathrm{e}}<x<\mathrm{e}$ 时，级数收敛，在 $x=\mathrm{e}$ 进，级数变为 $\sum\limits_{n=1}^{\infty}1^n$.

因 $\lim\limits_{n\to\infty}1^n\neq 1\neq 0$，知在 $x=\mathrm{e}$ 处发散.

在 $x=\dfrac{1}{\mathrm{e}}$ 处，级数变为 $\sum\limits_{n=1}^{\infty}(-1)^n$，因 $\lim\limits_{n\to\infty}(-1)^n\neq 0$，知在 $x=\dfrac{1}{\mathrm{e}}$ 处发散.

综上，收敛域为 $\left(\dfrac{1}{\mathrm{e}},\mathrm{e}\right)$.

4. $f(x)=\dfrac{1}{3-x}=\dfrac{1}{2-(x-1)}=\dfrac{1}{2}\cdot\dfrac{1}{1-\dfrac{x-1}{2}}=\dfrac{1}{2}\cdot\sum\limits_{n=0}^{\infty}\dfrac{1}{2^{n+1}}(x-1)^n$，

因 $\lim\limits_{n\to\infty}\dfrac{1}{2^{n+1}}\Big/\dfrac{1}{2^n}=\dfrac{1}{2}$，知其收敛半径 $R=2$，从而收敛区间为 $(-2,2)$，即 $-1<x<3$.

在 $x=-1$ 处，级数变为 $\sum\limits_{n=0}^{\infty}\dfrac{1}{2^{n+1}}(-2)^n=\dfrac{1}{2}\sum\limits_{n=0}^{\infty}(-1)^n$，

因 $\lim\limits_{n\to\infty}(-1)^n\neq 0$，知在 $x=-1$ 处发散.

在 $x=3$ 处，级数变为 $\dfrac{1}{2}\sum\limits_{n=0}^{\infty}1^n$，因 $\lim\limits_{n\to\infty}1^n\neq 0$，知在 $x=3$ 处发散.

故展开式在 $(-1,3)$ 成立，即 $f(x)=\dfrac{1}{3-x}=\sum\limits_{n=0}^{\infty}\dfrac{1}{2^{n+1}}(x-1)^n$，$x\in(-1,3)$.

5. $\dfrac{1}{(\mathrm{e}-\mathrm{e}^{-t})^2}(2\mathrm{e}^{1-2t}-3\mathrm{e}^t)$.

四、

1. 将方程整理为 $\dfrac{dx}{dy} - \dfrac{3}{y}x = -\dfrac{y}{2}$，$P(y) = -\dfrac{3}{y}$，$Q(y) = -\dfrac{y}{2}$，

由公式，有 $x = e^{\int \frac{3}{y} dy}\left(c + \int -\dfrac{y}{2} e^{-\int \frac{3}{y} dy} dy\right) = y^3\left(c + \dfrac{1}{2y}\right)$.

2. 该级数缺偶次项，用达朗贝尔判别法，

$$\lim_{n \to \infty} \dfrac{2(n+1)}{2n} = 1 = e,$$

收敛半径 $R = \dfrac{1}{e} = 1$，其收敛区间为 $(-1, 1)$.

在 $x = -1$ 处，级数变为 $\sum\limits_{n=1}^{\infty} 2n(-1)^{2n-1}$，因 $\lim\limits_{n \to \infty}(-1)^{2n-1} 2n = -\lim\limits_{n \to \infty} 2n \ne 0$，所以级数发散；

在 $x = 1$ 处，级数变为 $\sum\limits_{n=1}^{\infty} 2n$，因 $\lim\limits_{n \to \infty} 2n \ne 0$，所以级数发散.

故其收敛域为 $(-1, 1)$.

设 $S(x) = \sum\limits_{n=1}^{\infty} 2nx^{2n-1}$，$x \in (-1, 1)$，则

$$\int_0^x S(x) dx = \sum_{n=1}^{\infty} \int_0^x 2nx^{2n-1} dx = \dfrac{x^2}{1-x^2},$$

故
$$S(x) = \dfrac{2x}{(1-x^2)^2}.$$

第7～9章 模拟试卷(三)答案

一、单选题(每题 3 分，共 24 分)
1. C 2. C 3. C 4. C 5. D 6. D 7. D 8. A

二、填空题(每题 4 分，共 28 分)
1. $2e^x$ 2. $y = C_1 e^{2x} + C_2 e^{-2x}$ 3. $\alpha \leqslant 0$ 4. 1 5. $R = 3$ 6. $(-2, 2)$

7. e^{x^2}，$x \in (-\infty, +\infty)$

三、解答题(每题 6 分，共 48 分)

1. $\dfrac{11}{4}$. 2. 利用极限审敛法，收敛.

3. 利用比值审敛法，收敛.

4. 有一个发散则级数和肯定发散.

5. $\dfrac{1}{2} y^2 = \ln \dfrac{1}{2}(1 + e^x)$.

6. $y = C_1 e^{11x} + C_2 e^{-x}$.

7. $f(x) = e^{x+1} = e\sum\limits_{n=0}^{\infty} \dfrac{x^n}{n!}$，$x \in (-\infty, +\infty)$.

8. $x = y^2(c - \ln y)$.